现代遗传学概论(第二版)

主编　石春海

编委　吴建国　许国辉　吴　伟

ZHEJIANG UNIVERSITY PRESS
浙江大学出版社

图书在版编目(CIP)数据

现代遗传学概论 / 石春海主编. —2 版. —杭州：
浙江大学出版社，2017.3
ISBN 978-7-308-16316-3

Ⅰ.①现… Ⅱ.①石… Ⅲ.①遗传学—高等学校—教
材 Ⅳ.①Q3

中国版本图书馆 CIP 数据核字(2016)第 246388 号

现代遗传学概论(第二版)

石春海 主编

责任编辑	张 鸽
责任校对	潘晶晶 林允照
封面设计	黄晓意
出版发行	浙江大学出版社
	(杭州市天目山路 148 号 邮政编码 310007)
	(网址：http://www.zjupress.com)
排 版	杭州星云光电图文制作有限公司
印 刷	杭州钱江彩色印务有限公司
开 本	710mm×1000mm 1/16
印 张	15.5
字 数	350 千
版 印 次	2017 年 3 月第 2 版 2017 年 3 月第 1 次印刷
书 号	ISBN 978-7-308-16316-3
定 价	35.00 元

再版前言

遗传学是生命科学的重要组成部分,也是发展最快的学科之一,其知识与生物育种、消费者生活以及人类健康有着极其密切的关系。非生物类专业的学生在日常生活中也会经常碰到许多与遗传学知识有关的问题,对生物多样性、生物变异和育种、杂种优势利用、转基因生物与克隆技术,以及人类遗传病和优生优育等也有着浓厚的兴趣,渴望增加遗传学方面的知识。为此开设的"现代遗传学概论"课程属于交叉学科性质的通识课,主要是为了增加非生物类专业学生的遗传学知识,帮助其解决学习和生活中遇到的一些遗传学问题,拓展科学素质。

自 2007 年出版《现代遗传学概论》第一版教材以来,已有 10 年。随着遗传学大量新技术、新方法、新成果的出现,有必要对通识课教材《现代遗传学概论》进行修订和补充,以更好地适应通识课程的教学。在编写过程中,本教材延续了上一版《现代遗传学概论》教材的编写目的,主要是作为多媒体教材以供教学使用。教材编写是以遗传学精髓为主线,涵盖群体、个体、细胞、染色体、分子等各个层次的核心内容,概述基因工程、基因组学和生物信息学等方面的最新进展,能够反映出当代遗传学的最新发展成就。编写中始终把培养非生物类专业学生的遗传学认知能力和分析能力放在首位,特别注意增加了与生活紧密相关的一些实用性遗传学知识,以符合非生物类专业学生在遗传学方面的认知水平和教学要求,避免过深、过难、过繁。编写时也特别重视教学内容的推陈出新,包括遗传学最新研究进展、科学家正在探索的前沿命题、公众关心的遗传学问题以及今后学生在日常生活中可能会用到的遗传学知识,如遗传物质与自然界生物多样性、人类遗传病的表现和基因治疗、优生优育、动植物育种、杂种优势的表现和利用、基因工程和克隆技术、基因组学、基因表达与生物体发育,以及人类基因组计划、人类基因组研究的伦理学问题、基因与专利、转基因技术与安全性问题等。此外,在上一版《现代遗传学概论》的基础上,增加和修改了大量有关遗传学知识的图片和实物照片。

《现代遗传学概论》教材按照 24 学时的教学时间安排内容,包括绪论和正文,共八章。内容知识点稳步过渡、相互衔接;说明层层推进、深入浅出、精炼有序,重点阐述非生物类专业本科生应该和需要掌握的遗传学基础知识和最新发展动态。第一章为绪论,主要介绍遗传学学科的发展概况。第二章介绍遗传的细胞学基础,使学生能更好地了解细胞结构、功能和分裂方式与遗传的关系。第三章主要介绍遗传物质的载体——染色体,基因突变的分子基础和特征,以及染色体结构和数目等非基因重组引起的变异,进一步阐明遗传物质变异与生物多样性的关系。第四章介绍分离规律、独立分配规律和连锁遗传规律这三大基本规律,同时阐明伴性遗传的特点以及与人类健康的关系。第五章主要介绍数量性状遗传和基因定位方法,说明近亲繁殖与杂种优势的遗传学原理。第六章重点介绍基因表达与生物体发育的内容,明确两者的关系;并介绍基因对个体发育的调控、基因组学以及生物信息学等相关内容。第七章主要介绍基因工程相关技术以及细胞的全能性和克隆技术。第八章着重介绍当前人们所关心的基因社会学方面的一些问题,主要在人类遗传病治疗、基因组计划、人类基因组研究的伦理学问题、基因与专利、转基因技术与安全性问题等方面进行一些探讨。

再版教材在整体上具有内容新颖、编排独特、结构紧凑、界面美观、文字精练、图文并茂、信息量大等特点,可方便教师与学生的教学互动。希望本书的编写能够更好地解决遗传学内容丰富、教学时数有限、教学速度快,以及学生在多媒体教学中存在的笔记难记、图片信息再现难等实际问题。授课时,通过对大量遗传学方面典型案例和形象图片的生动讲解,满足非生物类专业学生的学习需求,使学生更好地掌握遗传学的基本概念和核心知识,了解遗传学在促进生命科学发展中的重要意义,以及与生产实践、医学保健等方面的密切关系,提高学生分析和解决日常遗传学问题的能力。

在本教材的编写过程中,参考了一些相关书籍和文献资料,编者在此表示衷心的感谢! 学习过程中,学生还可参考国家精品资源共享课"遗传学"(http://www.icourses.cn/coursestatic/course_4267.html)中的各种教学资源。它能为学习者提供一个跨越时间和空间的学习环境。对于遗传学中一些抽象性概念和内容,学生也能够通过精品资源共享课中提供的课件、视频及图片等补充资料来深入了解。

编者希望本教材的再版能为进一步提高"现代遗传学概论"课程的教学质量提供帮助,也敬请广大读者对书中欠妥或错误之处惠予指正。

编 者

2017 年 2 月

目　　录

第一章 绪 论

公元前 4000 年,伊拉克的古代巴比伦石刻上记载了 5 个世代马头部性状的表现。

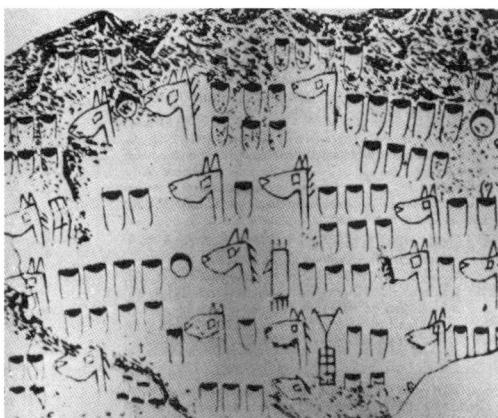

第一节 遗传学研究的对象和任务

一、遗传学的研究内容

1.遗传学是研究生物遗传和变异的科学:遗传学与生命起源和生物进化有关。

2.遗传学是研究生物体遗传信息和表达规律的科学。

解决问题:

①物种是如何代代相传的?

②性状又是如何遗传的?

3.遗传学是研究和了解基因本质的科学。

解决问题:

①遗传物质是什么?

②遗传物质如何来控制性状表现?

遗传学是一门涉及生命起源和生物进化的理论科学,同时也是一门密切联系生产实际的基础科学,它直接指导医学研究和动物、植物、微生物育种。

二、遗传和变异的概念

1. 遗传(heredity):亲子间的相似现象。"种瓜得瓜、种豆得豆。"
2. 变异(variation):个体之间的差异。"母生九子,各子有别。"

同卵双胞胎

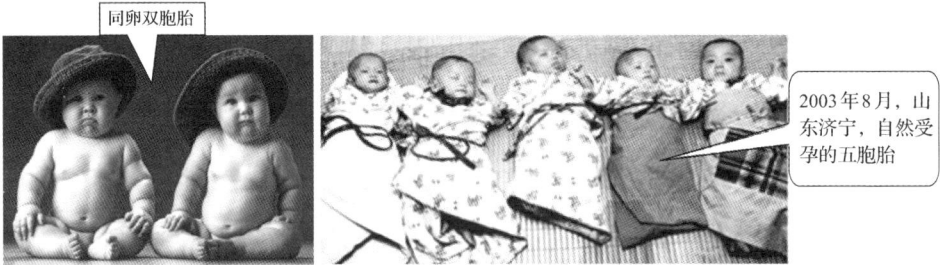

2003年8月,山东济宁,自然受孕的五胞胎

3. 遗传和变异是一对矛盾。
4. 遗传、变异及选择是生物进化和新品种选育的三大因素。
    遗传+变异+自然选择→物种
    遗传+变异+人工选择→动、植物品种
5. 遗传和变异的表现与环境条件有关。

方形西瓜最早由日本于2001年培育,属不可遗传的变异

自然选择

人工选择

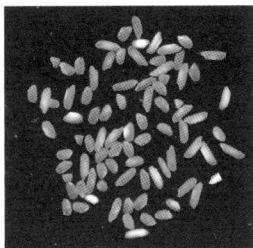

三、遗传学研究的对象

以微生物(细菌、真菌、病毒)、植物、动物及人类为对象,研究其遗传变异规律。

四、遗传学研究的任务

遗传学主要任务有以下三个方面:

1.阐明生物遗传和变异的现象及其表现规律。

2.探索遗传和变异的原因及其物质基础。

3.指导动植物和微生物的育种实践,提高医学水平。

第二节 遗传学的发展

一、遗传学发展前

生物多样性是如何产生的?

1. 遗传学起源于育种实践。

人类在长期的生产实践过程中已认识到生物体遗传和变异的现象,通过人工定向选择,可选育出人类需要的优良品种。

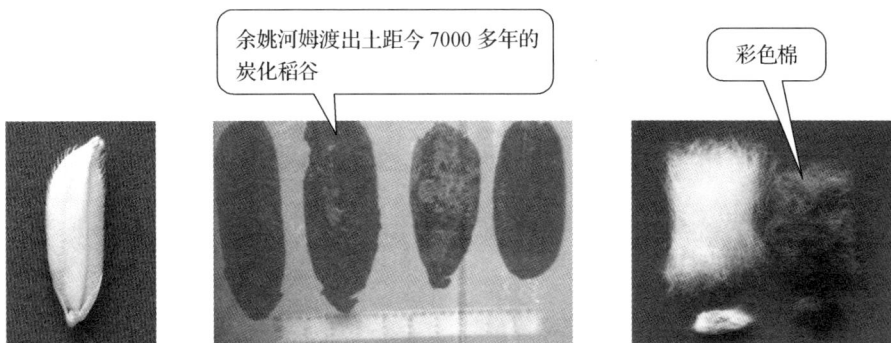

余姚河姆渡出土距今 7000 多年的炭化稻谷

彩色棉

2. 18 世纪下半叶至 19 世纪上半叶,拉马克、达尔文和魏斯曼等对生物界遗传和变异进行了系统的研究。

(1)拉马克(Lamarck J. B.,1744—1829):

①环境条件改变是生物变异的根本原因。

②用进废退学说,如长颈鹿的长脖子、家鸡翅膀的退化现象。

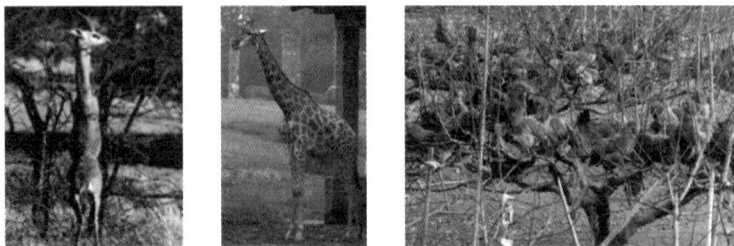

(2)达尔文(Darwin C.,1809—1882):广泛研究遗传变异与生物进化的关系。

1859 年达尔文发表著作《物种起源》，提出了自然选择和人工选择的进化学说，认为生物是由简单到复杂、低级向高级逐渐进化而来的。

达尔文以博物学家的身份进行了5年的环球考察工作

"贝格尔"巡洋舰的航行路线(1831—1836)

（3）魏斯曼（Weismann A.，1834—1914）：

①种质连续论：种质是世代间连续不绝的。

②支持选择理论：适者生存。

③否定后天获得性遗传：老鼠 22 代割尾巴实验。

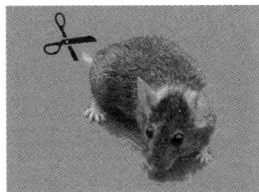

二、现代遗传学的发展阶段

生物性状是怎样传递的？

1.个体遗传学向细胞遗传学过渡时期(1910 之前)

（1）孟德尔（Mendel G. J.，1822—1884）：系统研究了生物的遗传和变异。

豌豆杂交实验(1856—1864)；1866 年，孟德尔发表《植物杂交实验》，提出分离规律和独立分配规律；假定细胞中有"遗传因子"，认为遗传受细胞里的遗传因子所控制。

（2）孟德尔遗传规律的重新发现：1900年三位植物学家在《德国植物学会杂志》发表各自的研究结果，进一步证实孟德尔实验结论。

①荷兰狄·弗里斯（de Vries H.）：月见草。

②德国科伦斯（Correns C.）：玉米。

③奥地利冯·切尔迈克（von Tschermak E.）：豌豆。

1900年孟德尔遗传规律的重新发现标志着遗传学的建立和开始发展，孟德尔被公认为现代遗传学的创始人。从1910年起，孟德尔发现的遗传规律被定名为孟德尔定律。

为纪念孟德尔，在奥地利圣彼得修道院建立了纪念馆。

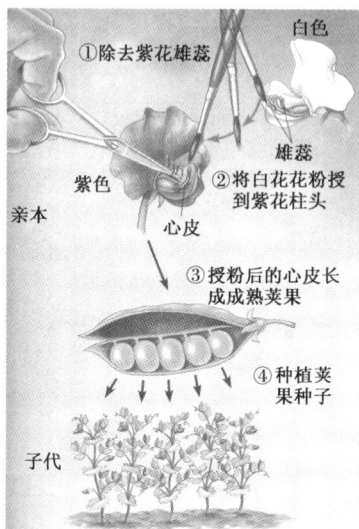

（3）狄·弗里斯（de Vries H.，1848—1935）提出"突变学说"（1901—1903），突变是生物进化的因素。

2. 细胞遗传学时期（1910—1939）

当时，细胞学和胚胎学已有很大发展，对于细胞结构、有丝分裂、减数分裂、受精及细胞分裂过程中染色体动态都已比较了解。

研究工作的主要特征:由个体水平逐渐向细胞水平发展,从而建立了染色体遗传学说。

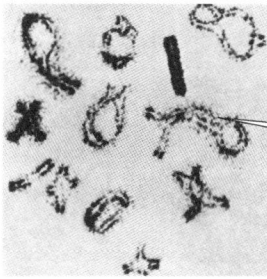

昆虫双线期染色体

(1)约翰生(Johannsen W.,1859—1927):

①1909 年发表"纯系学说":明确区别基因型和表现型。

②最先提出"基因"(gene)一词:替代遗传因子概念。

CC

(2)鲍维里(Boveri T.,1862—1915)和萨顿(Sutton W.,1877—1916):分别于 1902 年和 1903 年发现遗传因子的行为与染色体行为呈平行关系。这是染色体遗传学说的初步论证,促进了细胞遗传学的发展。

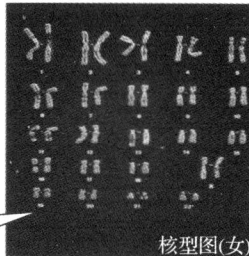 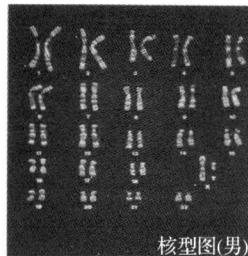

人的染色体($2n=46$)

核型图(女)　　核型图(男)

(3)贝特生(Bateson W.,1861—1926):

①1906 年,从香豌豆中发现性状连锁。

②创造"genetics(遗传学)"一词。

贝特生:英国生物学家,曾重复过孟德尔的实验

GENETICS

花柱花药

(4)摩尔根(Morgan T. H.,1866—1945):

①提出"性状连锁遗传规律"。

②提出染色体遗传理论,促进了细胞遗传学的建立。

摩尔根荣获1933年度诺贝尔奖

③著《基因论》:认为基因在染色体上直线排列,创立基因学说。

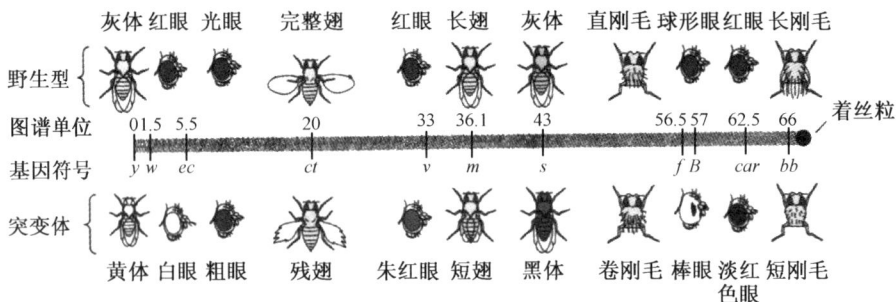

| | 灰体 红眼 光眼 | 完整翅 | 红眼 长翅 | 灰体 | 直刚毛 球形眼红眼 长刚毛 | 着丝粒 |

野生型
图谱单位 01.5 5.5 20 33 36.1 43 56.5 57 62.5 66
基因符号 y w ec ct v m s f B car bb
突变体
黄体 白眼 粗眼 残翅 朱红眼 短翅 黑体 卷刚毛 棒眼 淡红色眼 短刚毛

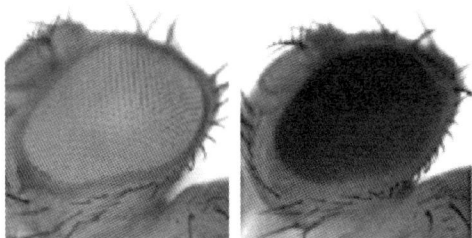

3. 数量遗传学和群体遗传学的诞生(1930—1932)

(1)费希尔(Fisher R. A.,1890—1962):成功运用多基因假说分析资料,首次将数量变异划分为各个分量,开创数量性状遗传研究的思想方法。

费希尔

1925年,他首次提出了方差分析(analysis of variance, ANOVA)方法,为数量遗传学的发展奠定了基础。

(2)哈德(Hardy G. H.,1877—1947,英国数学家)和魏伯格(Weinberg W.,1862—1937,德国医生):1908年,分别提出了遗传平衡定律。

遗传平衡定律:在一个完全随机交配的大群体中,如无其他因素(突变、选择、迁移、遗传漂变等)的干扰,则群体内基因频率和基因型频率可保持一定,各代不变。

定律意义:揭示群体遗传学中基因频率和基因型频率的规律,使一个群体的遗传特性能够保持相对稳定。

4.从细胞水平向分子水平过渡时期(1940—1952)

遗传物质是什么？

微生物遗传学和生化遗传学研究的广泛开展,使遗传学进入微观层次,其主要特征是以微生物为研究对象,采用生化方法探索遗传物质的本质及其功能。

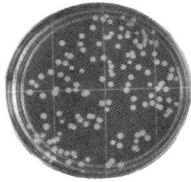
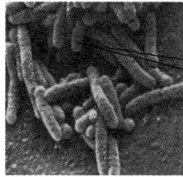

大肠杆菌

(1)比德尔(Beadle G. W.,1903—1989):在红色面包霉的生化遗传研究中,分析了许多生化突变体。

①提出"一个基因一种酶"假说。

②发展了微生物遗传学、生化遗传学。

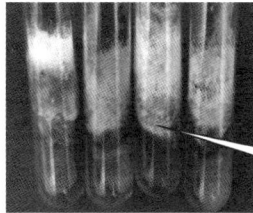

比德尔

红色面包霉

之后的研究表明,基因决定着蛋白质(包括酶)的合成,后又改为"一个基因一个蛋白质或多肽"。

(2)卡斯佩森(Caspersson T. O.,1910—1997):20 世纪 40 年代初,用定量细胞化学方法证明 DNA 存在于细胞核中。

(3)以后又有人证明:

①DNA 是构成染色体的主要物质。

②同种生物不同细胞中 DNA 的质与量恒定。

③性细胞中 DNA 的含量为体细胞的一半。

20 世纪 40 年代,细胞遗传学、微生物遗传学和生化遗传学的巨大成就,使一些物理学家、化学家对研究生物学问题产生浓厚的兴趣。

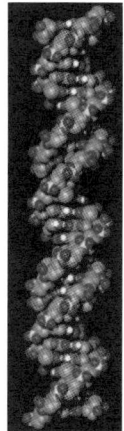

1944 年,量子力学家薛定谔(Schrödinger E., 1887—1961)编著了《生命是什么(What is Life)?》,一些物理学家和化学家在该书的影响下开始研究遗传的分子基础和基因的自我复制这两个当时生物学的中心问题。

生物研究中有了物理学等学科的理论、概念和方法。

薛定谔

What is Life?
with Mind and Matter and Autobiographical Sketches
ERWIN SCHRÖDINGER

5.分子遗传学时期(1953—现在)

生命是什么?

(1)沃森(Watson J. D., 1928—)和克里克(Crick F. H. C.,1916—2004):受《生命是什么?》的影响,他们意识到可用物理学和化学的概念思考生物学问题。

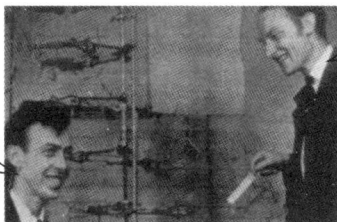

克里克(物理学家)
沃森(生物学家)

1953 年,他们根据 DNA 化学分析和 X 射线晶体学研究结果,提出 DNA 分子结构模式理论——双螺旋结构,并在 *Nature* 上发表。

资料:

沃森和克里克提出的 DNA 分子双螺旋结构模型是以 1952 年 5 月富兰克林(Franklin R. E.,1920—1958)得到的 DNA 的 X 射线照片为依据的,当时富兰克林也接近得出 DNA 的螺旋模型(1958 年因癌症过世)。

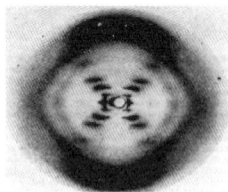

沃森、克里克和威尔金斯(Wilkins M.,1920—2004,提供了宝贵的数据资料)于 1962 年荣获诺贝尔生理学或医学奖。

意义:

①为 DNA 分子结构、自我复制、相对稳定性和变性提出了合理解释。

②明确了 DNA 是储存和传递遗传信息的物质。

③基因是 DNA 上的一个片段。

④分子生物学的诞生将生物学各分支学科及相关的农学、医学研究推进到了分子水平,这是遗传学发展到分子遗传学的重要转折点。

遗传密码的破译解决了遗传信息本身的物质基础及含义等问题。

至 20 世纪 60 年代末已基本明确蛋白质生物合成的过程,验证了 1958 年克里克提出的"中心法则"。

"中心法则"解决了遗传信息的传递途径和流向问题。

(2)克里克等用移码突变实验证明他在 1958 年提出的关于遗传三联密码的推测。

(3)1961 年,尼伦伯格(Nirenberg M. W.,1927—)等开始解译遗传密码。经多人努力,至 1969 年,64 种遗传密码已全部被解译出。20 世纪 60 年代,先后明确了 mRNA、tRNA 和核糖体的功能。

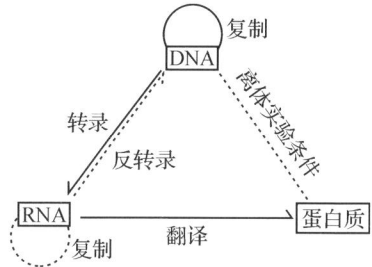

第二字母

		U	C	A	G	
第一字母5'	U	UUU UUC }Phe UUA UUG }Leu	UCU UCC UCA UCG }Ser	UAU UAC }Tyr UAA 终止密码 UAG 终止密码	UGU UGC }Cys UGA 终止密码 UGG Trp	U C A G
	C	CUU CUC CUA CUG }Leu	CCU CCC CCA CCG }Pro	CAU CAC }His CAA CAG }Gln	CGU CGC CGA CGG }Arg	U C A G
	A	AUU AUC AUA }Ile AUG Met (起始密码)	ACU ACC ACA ACG }Thr	AAU AAC }Asn AAA AAG }Lys	AGU AGC }Ser AGA AGG }Arg	U C A G
	G	GUU GUC GUA }Val GUG (起始密码)	GCU GCC GCA GCG }Ala	GAU GAC }Asp GAA GAG }Glu	GGU GGC GGA GGG }Gly	U C A G

第三字母3'

分子遗传学取得的许多成就来自原核生物的研究,20世纪70年代开始逐渐开展对真核生物的研究。

细菌质粒、噬菌体、限制性核酸内切酶、人工分离和合成基因取得进展,1973年成功实现DNA的体外重组,人类开始进入按照需要设计并能动改造物种和创造新物种的新时代。

当代遗传学中已成功实现:人工分离或合成基因;人工有目的转移基因;动、植物体细胞克隆技术。

目前,基因工程可以定向改变遗传性状:更自由和有效地改变生物性状;打破物种界限,克服远缘杂交困难;培育优良动、植物新品种;治疗人类的一些遗传性疾病。

普通的斑马鱼

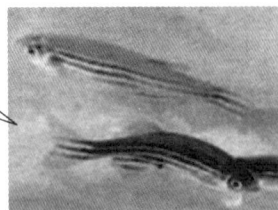

转基因发光鱼

遗传学发展:

①整体水平到细胞水平,再到分子水平。

②宏观到微观。

③染色体深入至基因。

④逐步深入研究遗传物质结构和功能。

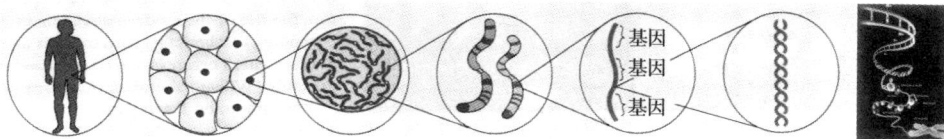

现代遗传学已发展出许多分支:细胞遗传学、数量遗传学、生统遗传学、发育遗传学、进化遗传学、微生物遗传学、辐射遗传学、医学遗传学、分子遗传学、表观遗传学、遗传工程、生物信息学、基因组学等。

与遗传学有关的新学科:分子数量遗传学、生物信息学和基因组学。

第三节　遗传学在科学和生产中的作用

一、在科学发展上的作用

1. 解释生物进化原因,阐明生物进化的遗传机制。
2. 遗传学表明高等生物和低等生物所表现的遗传规律相同。
3. 分子遗传学的发展,促进人们对生命本质(DNA、蛋白质)的认识。

二、在生产实践上的作用

1. 丰富和更新动、植物育种新技术。
2. 指导医学研究,提高人们的健康水平。

三、当代遗传学特点

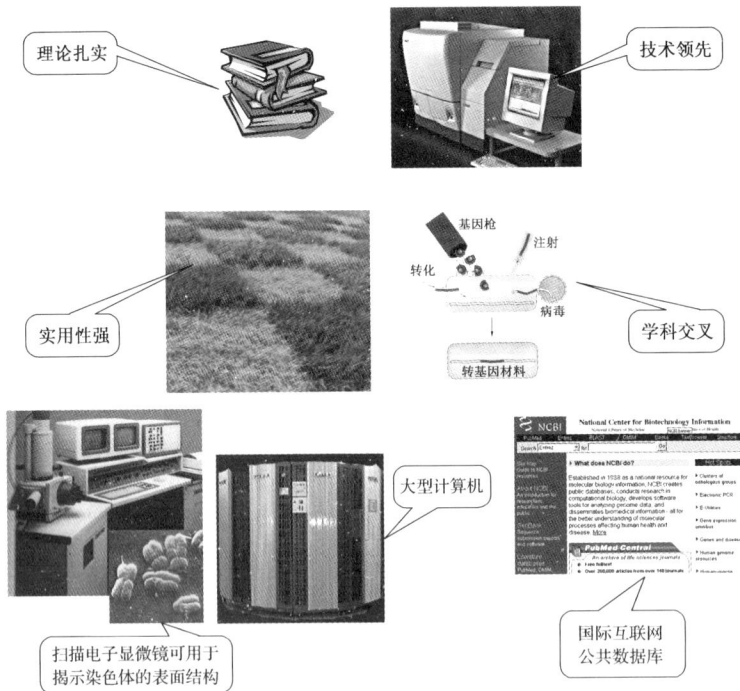

理论扎实

技术领先

实用性强

基因枪
注射
转化
病毒
学科交叉
转基因材料

大型计算机

国际互联网
公共数据库

扫描电子显微镜可用于
揭示染色体的表面结构

四、遗传学仍在发展

理论和实践上仍有许多需要解决的问题;广泛利用丰富的生物资源,提高改良效果。

遗传学是一门处于发展巅峰时期的学科。目前,遗传学前沿已从对原核生物的研究转向了对高等真核生物的研究,从性状传递规律研究深入对基因的序列、表达及其调控的研究。

1. 基因组测序。

(1)人类基因组作图及测序计划:1990 年,美国开始实施人类基因组作图及测序计划;2000 年 6 月,美、德、日、法、英、中公布"工作框架图";2001 年 2 月 12 日,公布人类基因组图谱及初步分析结果;2003 年 4 月 14 日,宣布完成人类基因组的测序工作。

人体基因组全部核苷酸序列(31.647 亿对碱基),揭示携带的全部遗传信息(共 3.0 万～3.5 万个基因),阐明遗传信息表达规律和最终生物学效应。

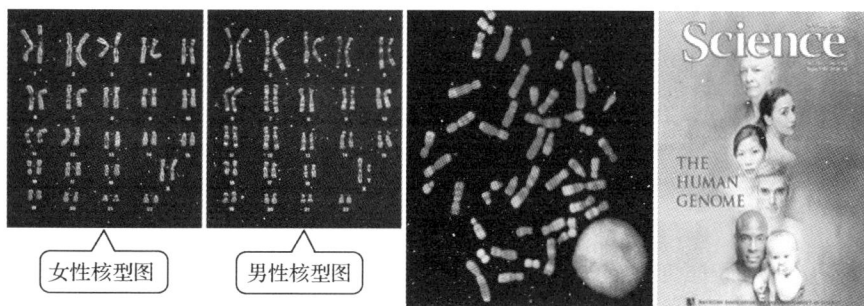

女性核型图　　男性核型图

对生物学和医学产生革命性变革,是生物学中最重大的事件和遗传学领域中一项跨世纪的宏伟计划。

我国参与研究的第 3 号染色体,共计 3000 万对碱基,约占人类基因组全部序列的 1%。

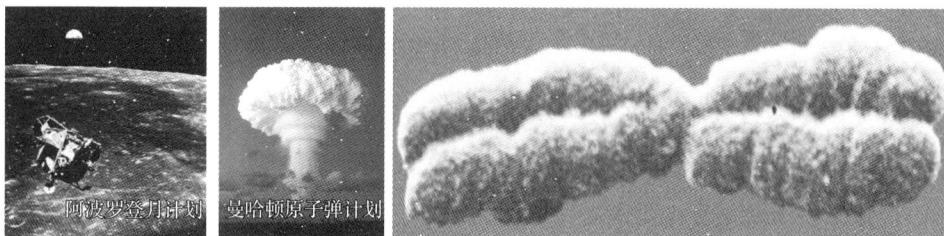

阿波罗登月计划　曼哈顿原子弹计划

(2)水稻基因组计划:2002 年 4 月 5 日,*Science* 刊登由中国独立完成的水稻基因组草图序列(总数 4.6 亿对碱基)。2005 年,全基因组精细图完成。

材料:籼稻"9311"。

MegaBACE 测序仪

完成单位:华大基因研究院、中科院遗传与发育生物学研究所等12个单位。

水平:总基因数约为3.8万~4.0万个。

方法:"鸟枪射击法",利用国产曙光2000、3000超级计算机(1000亿次/秒)对随机DNA碎片进行排序和组装,确定其在基因组中的正确位置。

计划:功能基因分析和蛋白质研究。

(3)大熊猫:深圳华大基因研究院于2008年10月宣布,大熊猫"晶晶"的基因组框架图绘制完成。这是我国科学家继完成第一个黄种人基因组后在生命科学领域内又一里程碑式的贡献。

大熊猫"晶晶"

大熊猫是熊科的一个亚种,基因组约为30亿对碱基(2万~3万个基因),与人的大小相似,与狗的基因组最为接近。

该成果可从基因组学层面、分子水平上为大熊猫这种濒危物种的保护、疾病的监控和人工繁殖提供科学依据,为保护其他濒危动物提供范例。

(4)其他基因组计划:花叶病毒(1985年)、流感嗜血杆菌(1995年)、酿酒酵母(1996年)、大肠杆菌(1997年)、线虫(1998年)、果蝇(2000年)、拟南芥(2000年)、小鼠(2002年)、肝螺旋杆菌(2003年)、蚕(2003年)、鸡(2004年)、白杨(2004年)、大鼠(2004年)、狗(2005年)、牛(2006年)、杨树(2006年)、猫(2007年)、伊蚊(2007年)、葡萄(2007年)、马(2007年)、番木瓜(2008年)、老鼠(2009年)、玉米(2009年)、血吸虫(2009年)、大豆(2010年)、野草莓(2010年)、水螅(2010年)、珊瑚(2011年)、朱鹮(2011年)、番茄(2012年)、牡蛎(2012年)、大麦(2012年)、东北虎(2013年)、辣椒(2014年)、小麦(2014年)、陆地棉(2015年)、榨菜(2016年)等。

蚕　　　　珊瑚　　　　东北虎　　　　辣椒

2.基因组的结构及其功能研究,在很长时间内都是分子生物学、细胞生物学和分子遗传学共同关注的问题,并开始形成一门新的遗传学分支——基因组学(genomics)。

基因组学将取得突破性进展,并带动生命科学其他学科的研究取得重大进展。遗传学仍会占据未来生物学的核心地位。

3. 遗传学发展得益于生命科学的众多成就,以及与物理学、化学、数学和技术科学的相互交叉与渗透。

随着人类基因组计划的进展,出现了一门新的学科——生物信息学(bioinformatics)。当用生物信息学处理、分析和解释遗传信息时,需有数学、逻辑学、计算机科学和分子遗传学、生物化学等多学科科学家参加,由他们一起破译"遗传语言",从而阐明基因组的生物学意义。

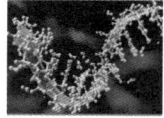

生物信息学

第二章 生物的生长和繁殖

第一节 细胞结构和功能

细胞是构成生物体结构和生命活动的单位。

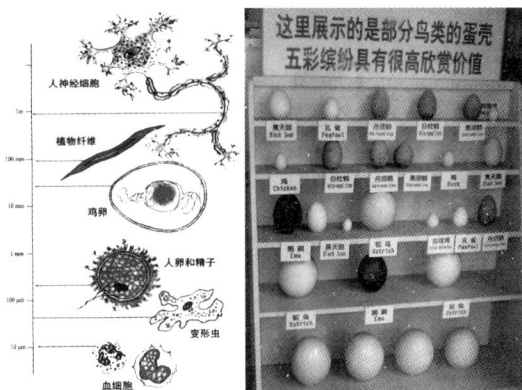

一、原核细胞

1. 细胞组成

细胞壁：蛋白聚糖等。

细胞膜：磷脂、蛋白质等。

细胞质：核糖体等。

核区：DNA、RNA 等。

2. 原核生物

各种细菌、蓝藻等低等生物由原核细胞构成，统称为原核生物（prokaryote）。

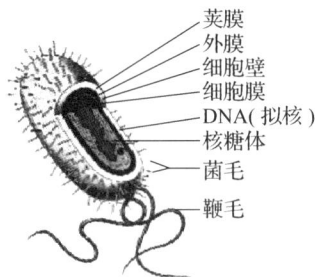

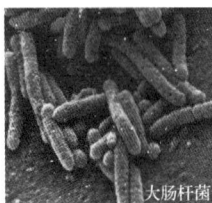

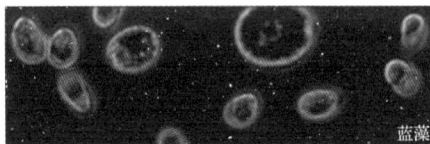

大肠杆菌　　　　　　　蓝藻

二、真核细胞

1.真核生物

由真核细胞组成的生物体,具有典型的细胞核结构,如单细胞藻类、真菌、原生动物、高等植物和动物等。

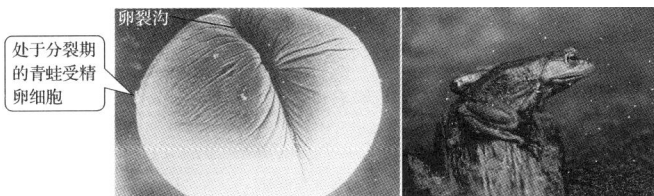

处于分裂期的青蛙受精卵细胞

2.真核细胞结构

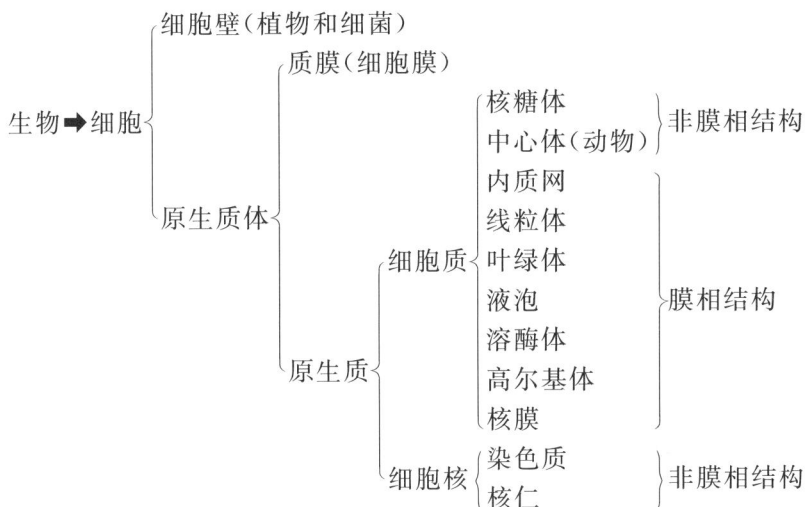

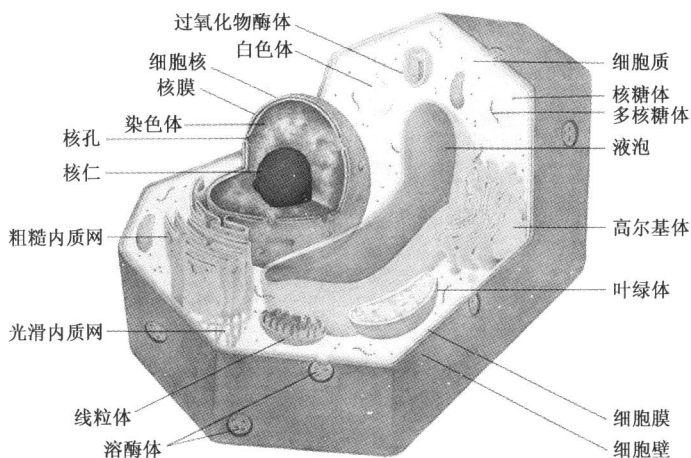

三、不同类型细胞间的比较

细菌、动物与植物细胞的比较

部 位	结 构	细 菌	动 物	植 物
外部	细胞壁	有(蛋白聚糖)	无	有(纤维素、果胶质)
	细胞膜	有	有	有
	鞭毛	有的有	有的有	除少数物种的精子外,一般无
内部	内质网	无	一般有	一般有
	微丝	无	有	有
	中心体	无	有	一般无
	高尔基体	无	有	有
	细胞核	无	有	有
	线粒体	无	有	有
	叶绿体	无	无	有
	染色体	一般单个环状分子	多个DNA与蛋白质结合的染色体	多个DNA与蛋白质结合的染色体
	核糖体	有	有	有
	溶酶体	无	一般有	类似的结构称为圆球体
	过氧化物酶体	无	一般有	有
	液泡	无	无或小	成熟细胞一般有中央大液泡

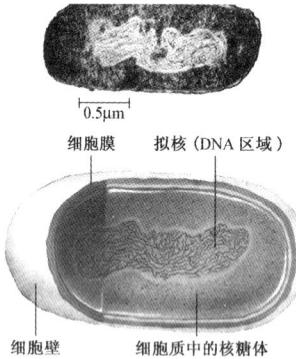

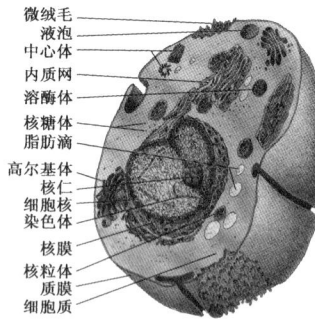

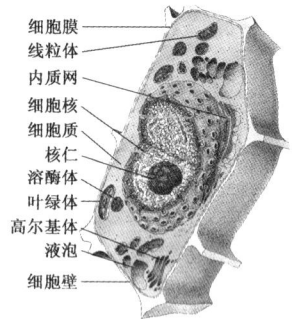

四、非细胞生命

非细胞生命是否存在?

19世纪末,研究人员发现了比细菌还小的"传染性活性成分"——病毒。

1930—1940 年,明确了病毒的化学本质和结构。最简单的病毒仅由核酸大分子和蛋白质大分子组成。

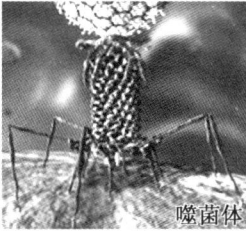

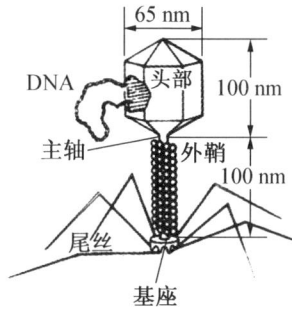

噬菌体

65 nm
DNA
头部
100 nm
主轴
外鞘
100 nm
尾丝
基座

病毒颗粒必须进入寄主活细胞,才能表现出生命特性。

所以,病毒是一类没有细胞结构的生命形态,如人类免疫缺陷病毒(human immunodeficiency virus,HIV)、非典型肺炎(severe acute respiratory syndromes,SARS)、λ 噬菌体等。

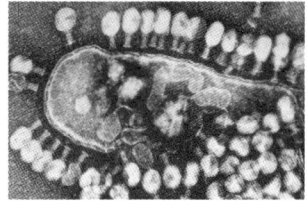

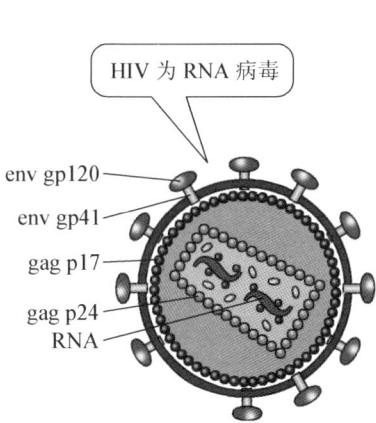

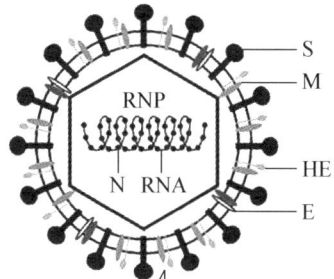

HIV 为 RNA 病毒

env gp120
env gp41
gag p17
gag p24
RNA

S
M
RNP
HE
N RNA
E

"非典"冠状病毒(RNA 病毒)
(2002 年 11 月 16 日,"非典"最早
出现在广东省佛山市)

第二节 细胞的有丝分裂和减数分裂

一、细胞周期

细胞从前一次分裂开始到后一次分裂开始前的这段时间称为细胞周期。

细胞周期的调控非常精确,如在 G_1 期控制点失控往往会导致肿瘤的发生。

G_1 期:第一个间隙,细胞体积增长,为 DNA 合成做准备。不分裂细胞则停留在 G_1 期,也称为G_0 期。

S 期:DNA 合成时期,染色单体数目加倍。

G_2 期:DNA 合成后至细胞分裂开始之前的第二个间隙,为细胞分裂做准备。

M 期:细胞分裂期,易观察。

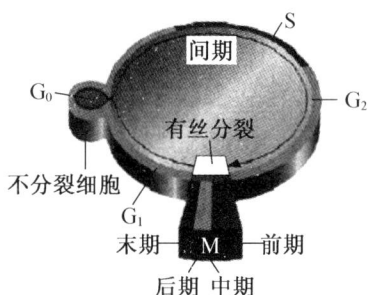

二、细胞分裂过程

细胞分裂可分为无丝分裂(amitosis,亦称直接分裂)、有丝分裂(mitosis)、减数分裂(meiosis)。

(一)无丝分裂

1. 原核生物的无丝分裂

细菌:细胞生长增大→DNA 复制→形成两个 DNA 分子,分别移到拉长细胞的两端→中间形成新的细胞间隔→形成细胞壁→成为两个细胞。

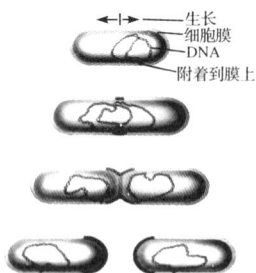

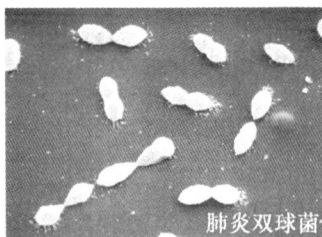

2. 真核生物的无丝分裂

细胞核拉长后缢裂为二→细胞质分裂→两个子细胞→染色体分裂无规律→整个过程看不到纺锤丝。

在高等植物的某些生长迅速部分可以发生无丝分裂,例如:

①一些植物发生在新枝处。

②一些肿瘤和愈伤组织常发生无丝分裂。

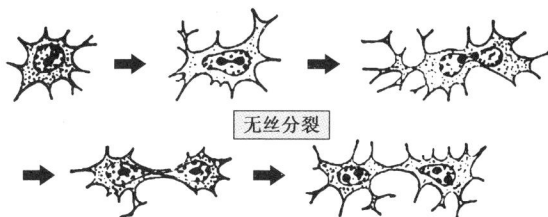

无丝分裂

(二)有丝分裂

1.分裂过程有序性

有丝分裂包括两个紧密过程:核分裂→细胞质分裂,两个子细胞中各含一个核。

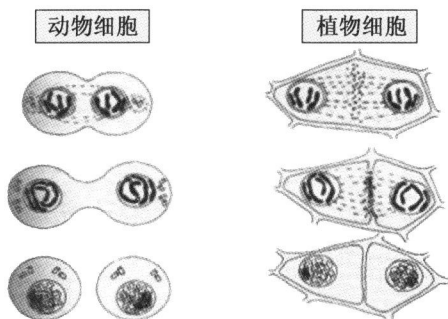

动物细胞　植物细胞

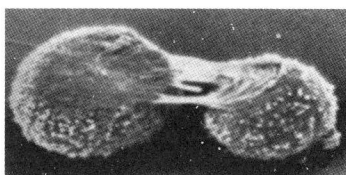

在整个过程中,染色体会产生有规律的变化。根据核分裂的变化特征可将有丝分裂分为:间期→前期→中期→后期→末期。

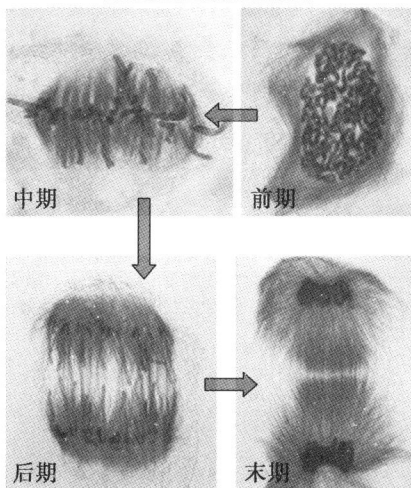

有丝分裂四个时期

中期　前期

后期　末期

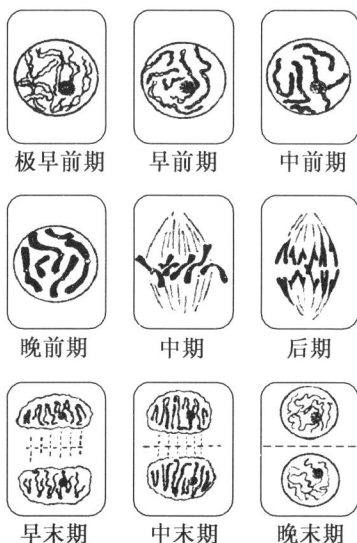

植物细胞有丝分裂

极早前期　早前期　中前期

晚前期　中期　后期

早末期　中末期　晚末期

2.有丝分裂的特殊情况

正常:间期 DNA 复制→2 条染色单体→着丝点裂开→染色体→核分裂→胞质分裂→间期 DNA 复制。

这一过程发生异常的后果:

(1)多核细胞:细胞核多次分裂而细胞质不分裂,形成具有多个游离核的多核细胞。

(2)核内有丝分裂:核内染色体中的染色质线连续复制,但着丝点不裂开,形成多线染色体。

芸薹类　绒毡层多核细胞

例如:双翅昆虫摇蚊、果蝇幼虫唾腺细胞中的巨型染色体,其染色体中染色质线可以多达 1000 条以上,并有不同的条纹和条带。

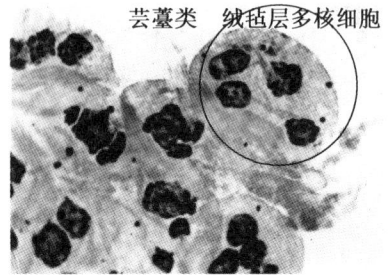

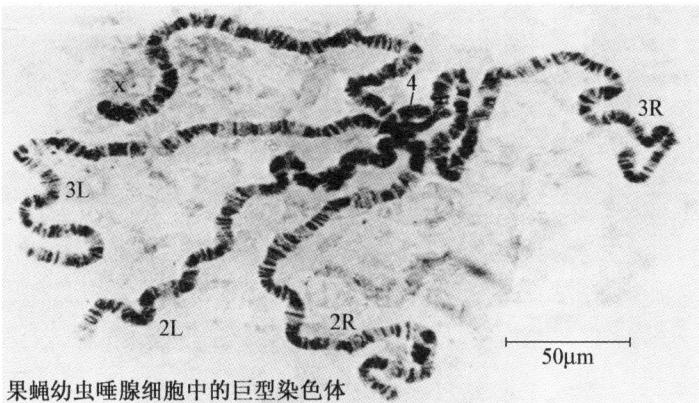

果蝇幼虫唾腺细胞中的巨型染色体

3.有丝分裂的意义

(1)生物学意义:

①增加细胞数目和体积。

②维持个体正常生长和发育,保证物种的连续性和稳定性。

(2)遗传学意义:

①复制的各对染色体有规则而均匀地分配到两个子细胞中,子、母细胞具有同样质量和数量的染色体。

②核内各染色体准确复制为二,两个子细胞的遗传基础与母细胞完全相同。

(三)减数分裂

1.概念

减数分裂:性母细胞成熟时形成配子过程中发生的一种特殊有丝分裂,使体细胞染色体数目减半。

例如：

番茄 $2n＝24$、果蝇 $2n＝8$、人类 $2n＝46$

$$⇓ \qquad ⇓ \qquad ⇓ \quad 减数分裂$$

$$n＝12 \qquad n＝4 \qquad n＝23$$

$$n（卵子）＋n（精子）➡2n（体细胞）$$

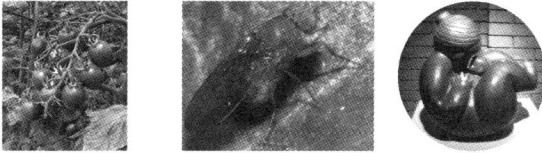

受精作用可保证物种染色体数恒定。

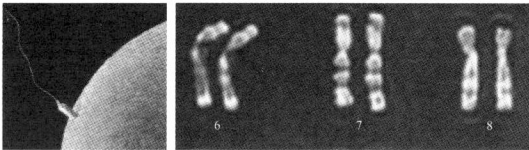

2.特点

（1）各对同源染色体在细胞分裂前期配对（联会）。

（2）细胞分裂过程中包括两次分裂：

第一次分裂：DNA 复制一次，细胞分裂一次，着丝点不裂开，染色体减数；其中前期分为 5 期（细线期→偶线期→粗线期→双线期→终变期）。

第二次分裂：DNA 不复制，细胞再分裂一次，着丝点裂开，染色体等数，与有丝分裂相似。

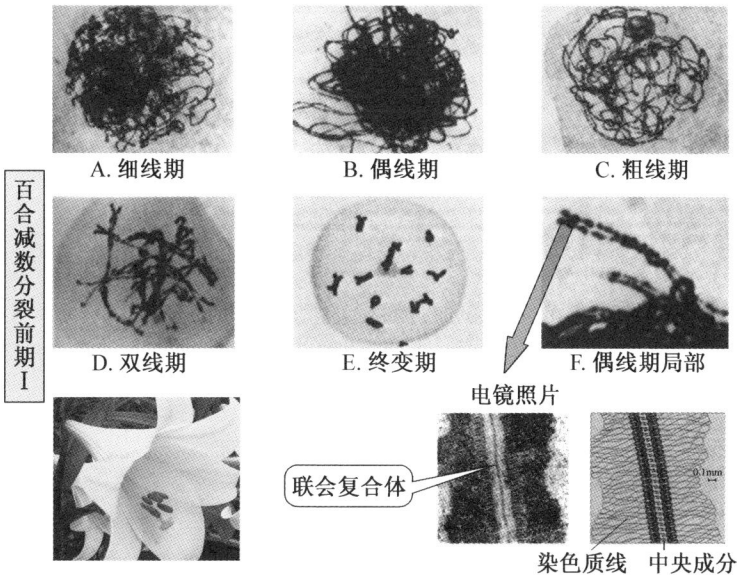

A.细线期　　　　B.偶线期　　　　C.粗线期

百合减数分裂前期 I

D.双线期　　　　E.终变期　　　　F.偶线期局部

电镜照片

联会复合体

染色质线　中央成分

减数分裂模式图

1. 细线期　　2. 偶线期
3. 粗线期　　4. 双线期
5. 终变期　　6. 中期Ⅰ
7. 后期Ⅰ　　8. 末期Ⅰ
9. 前期Ⅱ　　10. 中期Ⅱ
11. 后期Ⅱ　　12. 末期Ⅱ

5μm

核仁

水稻粗线期染色体

玉米减数分裂粗线期

猪的减数分裂
粗线期二价体
a. 箭头示性二价体;
b. 箭头示性泡;
c. 有丝分裂中期染
色体(2n=38)

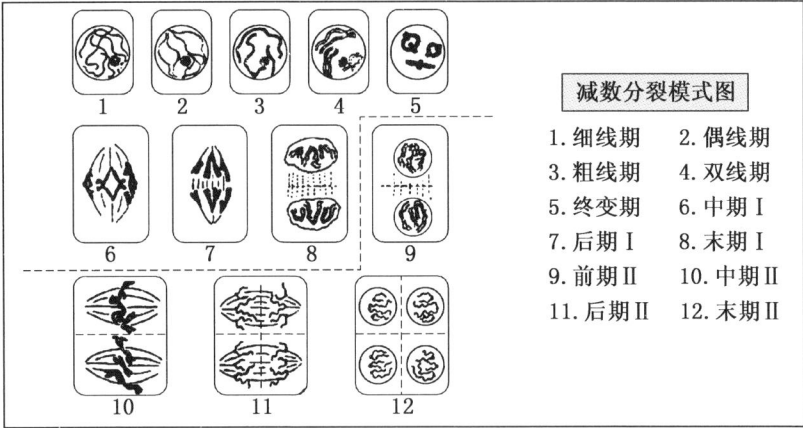

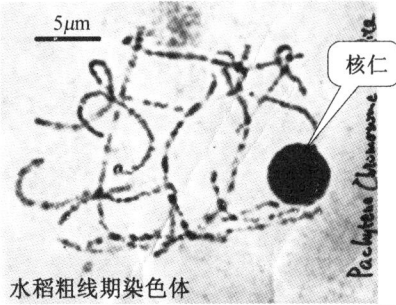

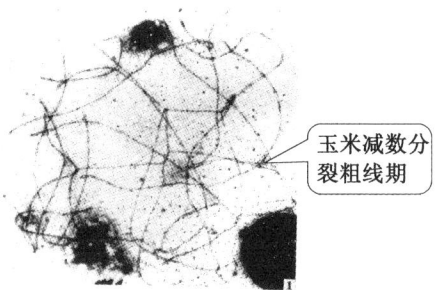

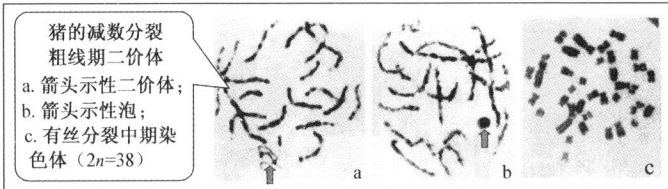

3.减数分裂的意义

（1）生物生活周期和配子形成过程中的必要阶段。

（2）最后形成雌雄性细胞,各具半数染色体(n)。

雌雄性细胞受精($n+n \rightarrow 2n$)产生合子(全数染色体),保证亲子代间染色体数目的恒定和物种的相对稳定性。"种瓜得瓜,种豆得豆"。

减数分裂

（3）中期Ⅰ各对同源染色体排列在赤道板上,在后期Ⅰ染色体被随机分别拉向两极,自由组合。

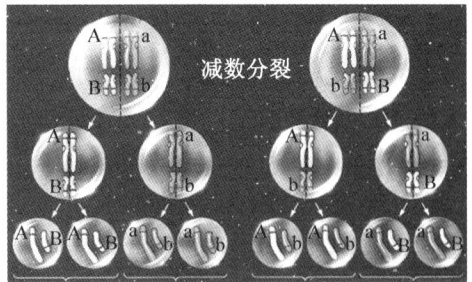

n 对染色体,非同源染色体分离时可能组合数为 2^n,如:

水稻 $n=12$,组合数为 $2^n=2^{12}=4096$

猪 $n=19$,组合数为 $2^n=2^{19}=524288$

人类 $n=23$,组合数为 $2^n=2^{23}=8.389\times10^6$

(4)各对同源染色体的非姐妹染色单体间片段可以发生各种方式的交换,这为生物变异提供物质基础,有利于生物生存及进化,也为人工选择提供材料。

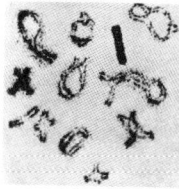

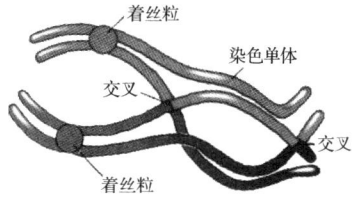

4.有丝分裂与减数分裂的比较

(1)减数分裂前期有同源染色体配对(联会)。

(2)减数分裂遗传物质交换(非姐妹染色单体片段交换)。

(3)减数分裂Ⅰ中期后染色体独立分离,而有丝分裂则着丝点裂开后均衡分向两极。

(4)减数分裂完成后染色体数减半。

(5)分裂中期着丝点在赤道板上的排列有差异:减数分裂中,同源染色体的着丝点分别排列于赤道板两侧;而有丝分裂时,则整齐地排列在赤道板上。

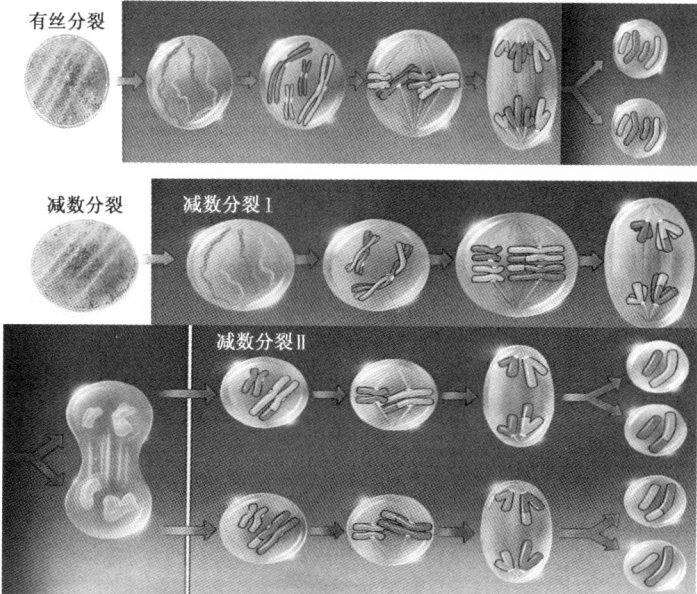

第三节 配子的形成和受精

生物体如何繁衍后代？

一、雌雄配子的形成

有性生殖（sexual reproduction）：亲本雌雄配子受精而形成合子，随后进一步分裂、分化和发育而产生后代的生殖方式。

有性生殖是最普遍、最重要的生殖方式：大多数动、植物都是通过有性生殖来繁育后代的。

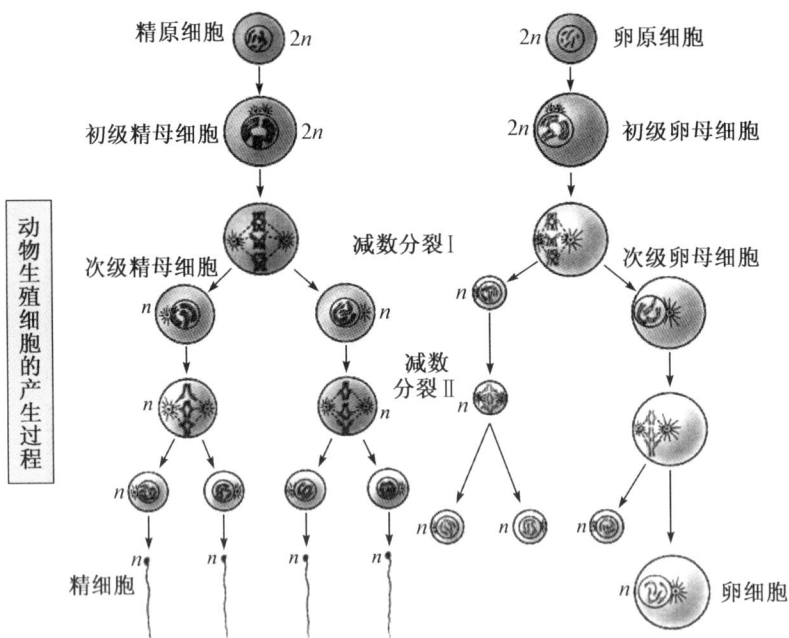

动物生殖细胞的产生过程

精原细胞 $2n$

$2n$ 卵原细胞

初级精母细胞 $2n$

$2n$ 初级卵母细胞

次级精母细胞 　　减数分裂Ⅰ　　次级卵母细胞

n　　　　　n

减数分裂Ⅱ　n

n　　　　n

n　n　n　n

n　n　n

精细胞

n 卵细胞

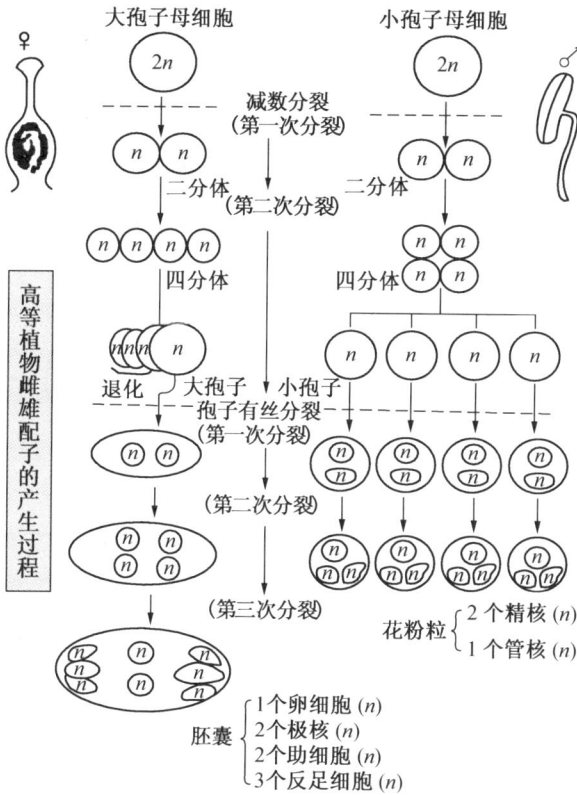

大孢子母细胞　　　　　　小孢子母细胞

2n　　　　　　　　　　　　2n

减数分裂
（第一次分裂）

n　n　　　　　　　　　　n　n

二分体　　　　　　　　二分体
（第二次分裂）

n　n　n　n　　　　　　　n　n　n　n

四分体　　　　　　　　四分体

n n n　n　　　　　n　n　n　n

退化　大孢子　小孢子
孢子有丝分裂
（第一次分裂）

（第二次分裂）

（第三次分裂）

花粉粒 { 2个精核 (n)
　　　　1个管核 (n)

胚囊 { 1个卵细胞 (n)
　　　2个极核 (n)
　　　2个助细胞 (n)
　　　3个反足细胞 (n)

高等植物雌雄配子的产生过程

二、受精

受精（fertilization）：雄配子（精子）与雌配子（卵子）融合为一个合子。

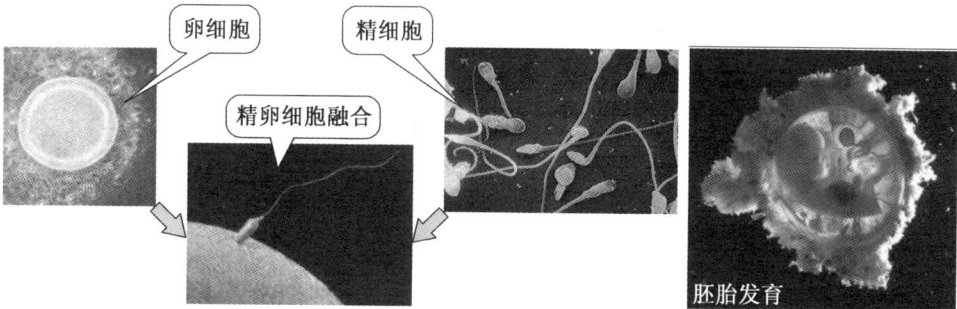

卵细胞　精细胞　精卵细胞融合　胚胎发育

植物的授粉方式：
异花授粉（cross-pollination）：不同株的花朵间授粉。

玉米是异花授粉植物

自花授粉(self-pollination)：同一朵花内或同株上花朵间的授粉。

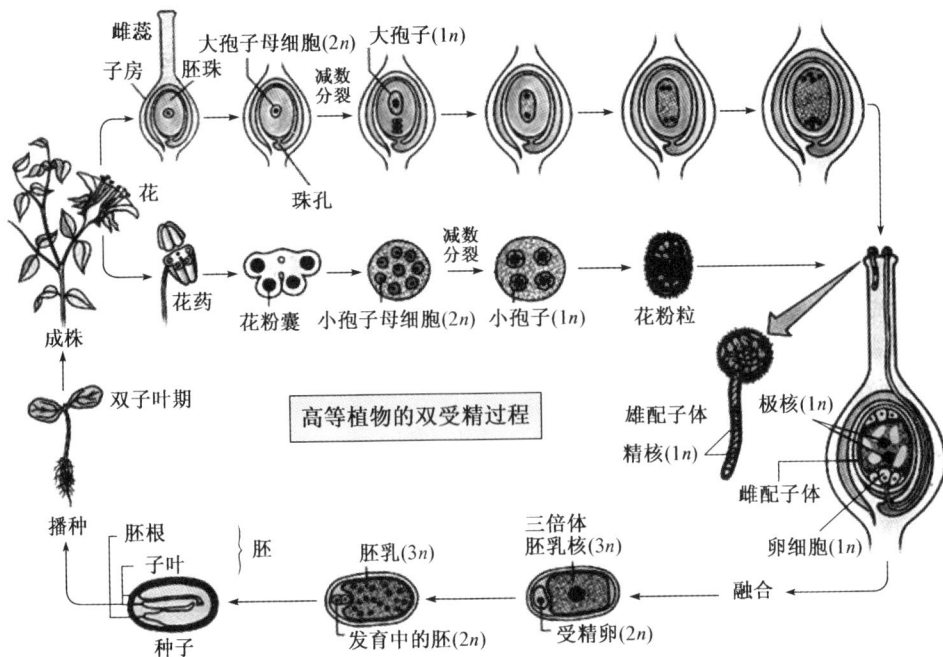

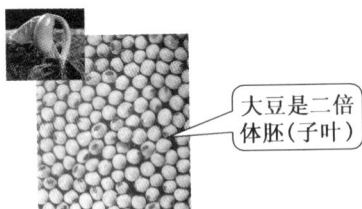

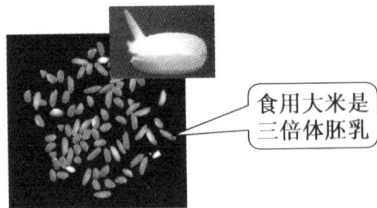

水稻是自花授粉植物

高等植物的双受精过程

大豆是二倍体胚(子叶)

食用大米是三倍体胚乳

第四节　低等生物和高等生物的生活周期

一、低等生物的生活周期

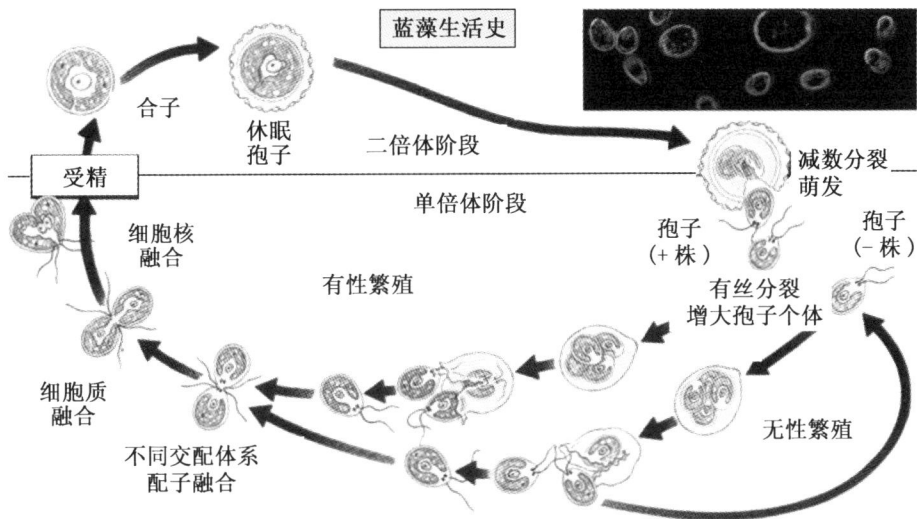

蓝藻生活史

合子　休眠孢子　二倍体阶段　减数分裂萌发

受精　单倍体阶段

细胞核融合　有性繁殖　孢子（＋株）　孢子（－株）

细胞质融合　有丝分裂增大孢子个体

不同交配体系配子融合　无性繁殖

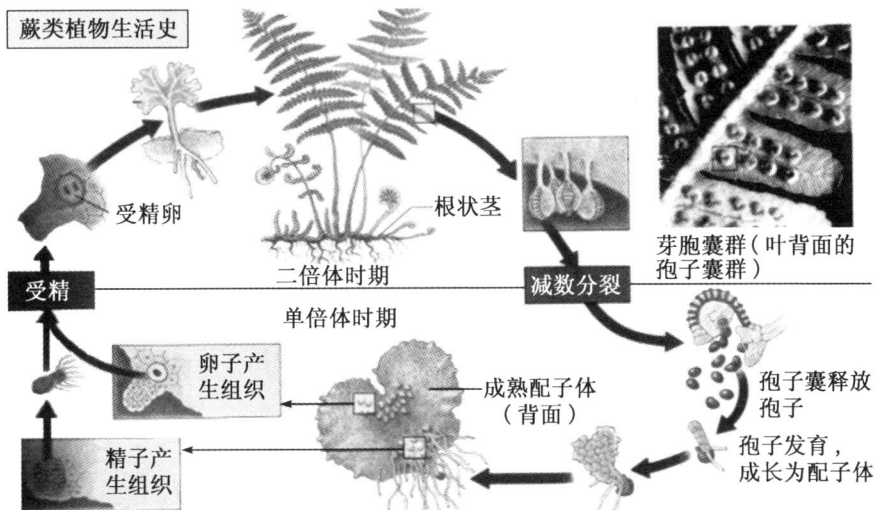

蕨类植物生活史

受精卵　根状茎

受精　二倍体时期　减数分裂

单倍体时期　芽胞囊群（叶背面的孢子囊群）

卵子产生组织　成熟配子体（背面）　孢子囊释放孢子

精子产生组织　孢子发育，成长为配子体

蕨类植物的配子体（n）和孢子体（$2n$）均为自养型，能够进行光合作用而生存。

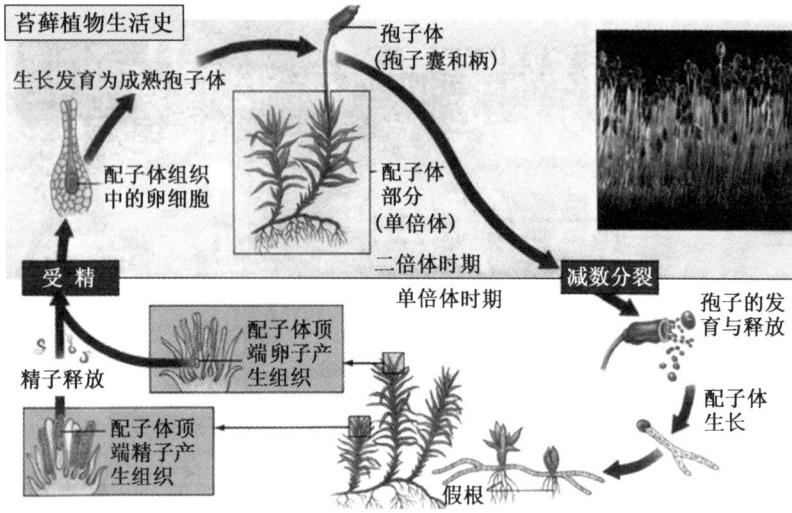

苔藓植物生活史

生长发育为成熟孢子体

孢子体
(孢子囊和柄)

配子体组织
中的卵细胞

配子体
部分
(单倍体)

受 精

二倍体时期

减数分裂

孢子的发
育与释放

单倍体时期

精子释放

配子体顶
端卵子产
生组织

配子体
生长

配子体顶
端精子产
生组织

假根

苔藓植物配子体(n)为自养型,孢子体($2n$)寄生在配子体上。

二、高等植物的生活周期

裸子植物的孢子体($2n$)为自养型,配子体(n)寄生在孢子体上。

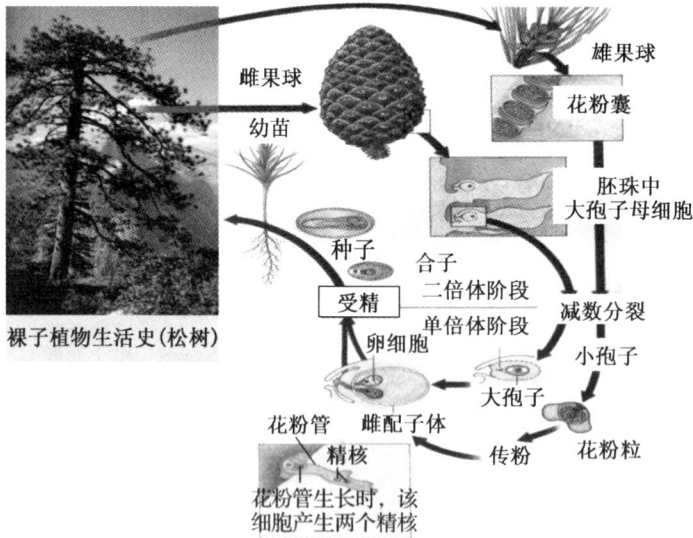

雌果球

雄果球

幼苗

花粉囊

胚珠中
大孢子母细胞

种子

合子

二倍体阶段

受 精

单倍体阶段

减数分裂

卵细胞

小孢子

裸子植物生活史(松树)

大孢子

雌配子体

传粉

花粉粒

花粉管

精核

花粉管生长时,该
细胞产生两个精核

被子植物的孢子体（2n）为自养型，配子体（n）寄生在孢子体上。

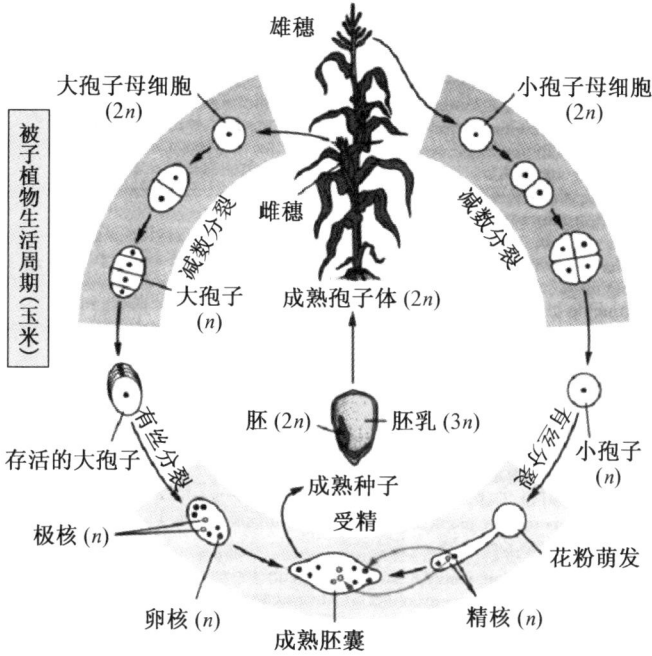

被子植物生活周期（玉米）

雄穗

大孢子母细胞
(2n)

小孢子母细胞
(2n)

雌穗

减数分裂

减数分裂

大孢子
(n)

成熟孢子体 (2n)

胚 (2n) — 胚乳 (3n)

存活的大孢子

有丝分裂

成熟种子
受精

小孢子
(n)

极核 (n)

卵核 (n)

成熟胚囊

精核 (n)

花粉萌发

三、高等动物的生活周期

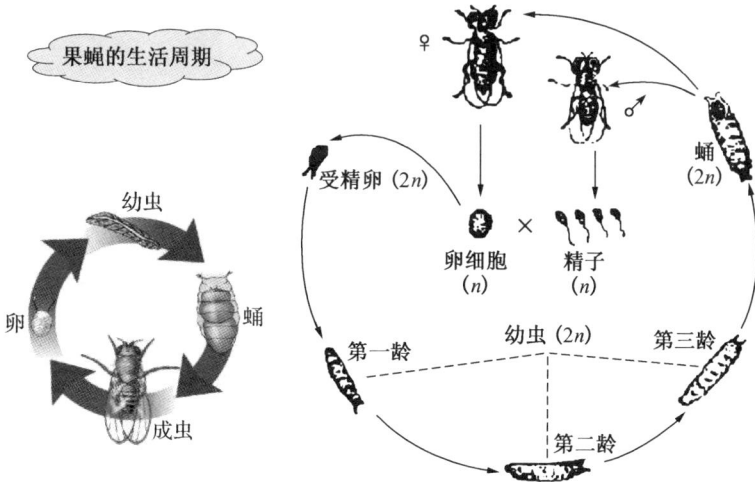

果蝇的生活周期

幼虫

卵

蛹

成虫

受精卵 (2n)

♀

♂

蛹
(2n)

卵细胞
(n)

×

精子
(n)

幼虫 (2n)

第一龄

第二龄

第三龄

第三章　遗传物质与自然界生物多样性

　　生物多样性（植物、动物和微生物等）主要包括物种多样性和遗传（基因）多样性。

　　物种多样性：生物多样性在物种上的表现形式。

　　遗传（基因）多样性：指生物体内决定性状的遗传因子和组合的多样性。

　　在很大程度上，人类的生存取决于人们保存种质资源的数量和多样性。

　　种质资源的重要性：种质资源是品种改良的物质基础。

　　变异是生物多样性的主要源泉：

　　变异类型 ┤基因突变
　　　　　　　染色体结构变化
　　　　　　　染色体数目变化

第一节　染色体的形态、数目和结构

一、染色体的形态特征

1.重要性

(1)几乎所有生物细胞中均存在染色体。

(2)各物种染色体均有特定的形态特征,在细胞分裂的中期和早后期最为明显和典型。

(3)中期染色体分散排列在赤道板上,通常在这个时期进行染色体形态的识别和研究。

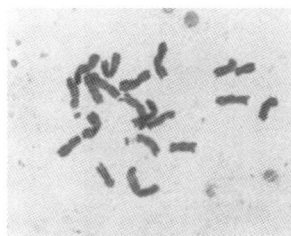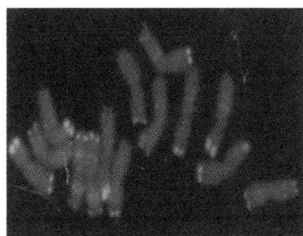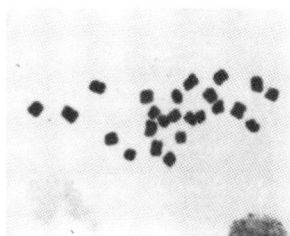

2.形态

(1)组成:着丝粒、长臂和短臂。

(2)细胞分裂时,着丝点对染色体向两极的牵引具有决定性作用。

(3)次缢痕、随体是识别特定染色体的重要标志。

(4)某些次缢痕具有组成核仁的特殊功能。

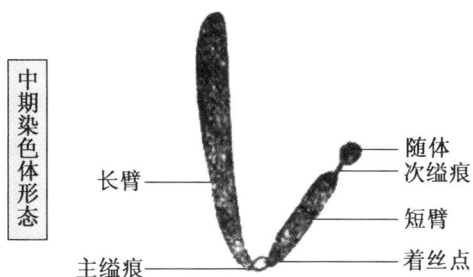

中期染色体形态

长臂

随体
次缢痕

短臂

主缢痕

着丝点

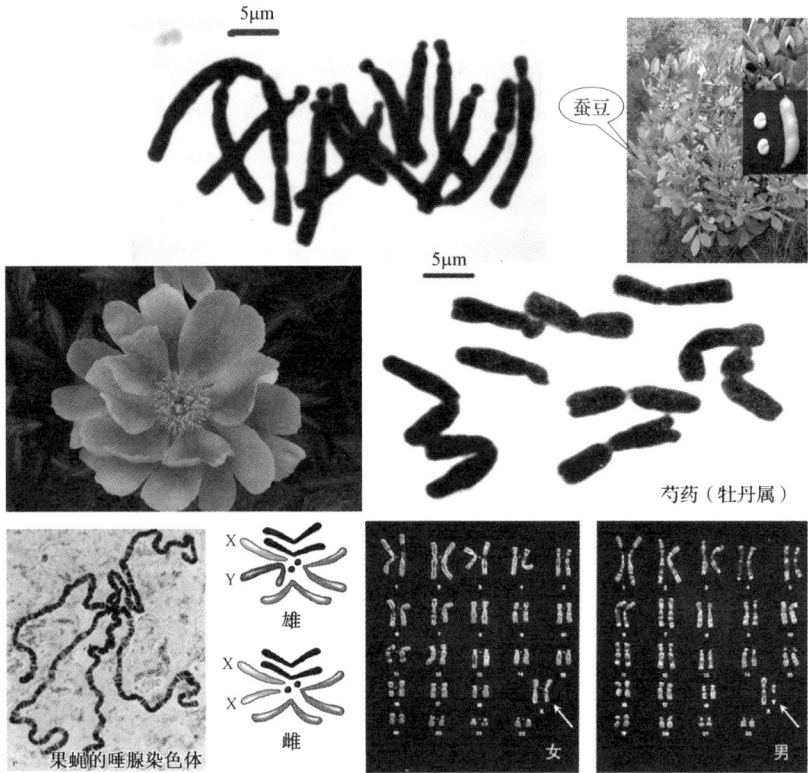

5μm

蚕豆

5μm

芍药（牡丹属）

X
Y
雄

X
X
雌

果蝇的唾腺染色体

女

男

3. 类型

根据着丝点的位置来分类。

后期染色体的形态

V形染色体　　L形染色体　　棒状染色体　粒状染色体

染色体形态及分类

染色体形态	长臂/短臂	着丝点位置	染色体分类	缩写
V形	1.00	正中	正中着丝点染色体	M
V形	1.01～1.70	中部	中着丝点区染色体	m
L形	1.71～3.00	近中	近中着丝点区染色体	sm
L形	3.01～7.00	近端	近端着丝点区染色体	st
棒形	＞7.00	端部	端着丝点区染色体	t
粒形	长短臂极其粗短	端部	端着丝点染色体	T

4. 大小

(1)各物种差异很大

染色体大小主要指长度,同一物种染色体宽度相近。

一般植物:长约 0.2～5.0μm,宽约 0.2～2.0μm。

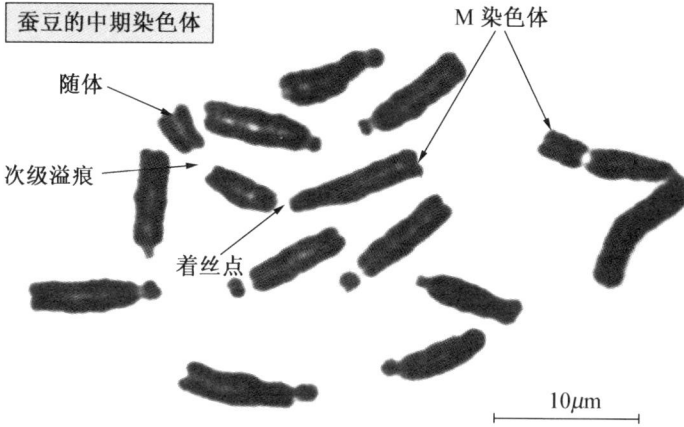

蚕豆的中期染色体

随体

M 染色体

次级溢痕

着丝点

10μm

细胞减数分裂粗线期的染色体长度

染色体编号	水 稻		玉 米	
	全长(μm)	长臂/短臂	全长(μm)	长臂/短臂
1	79.0	1.72	82.40	1.30
2	47.5	2.16	66.50	1.25
3	47.0	1.23	62.00	2.00
4	38.5	2.08	58.78	1.60
5	30.5	2.05	59.82	1.10
6	27.5	4.00	48.73	7.10
7	26.5	1.03	46.78	2.80
8	23.0	1.70	47.78	3.20
9	21.0	3.20	43.24	1.80
10	21.0	6.00	36.93	2.80
11	20.5	1.56	—	—
12	18.0	3.00	—	—

(2)高等植物中染色体的大小

单子叶植物的染色体一般大于双子叶植物,如:小麦、大麦>棉花、猕猴桃、十字花科物种。但单子叶植物中也有小染色体物种,如水稻。

双子叶植物中,牡丹和蚕豆等也具有较大染色体。

动物的染色体一般比较大,如果蝇和人类等。

普通小麦根尖细胞:中期染色体 $2n=42$。

$10\mu m$

大麦根尖细胞:中期染色体 $2n=14$。

$5\mu m$

棉属各物种的染色体较小。

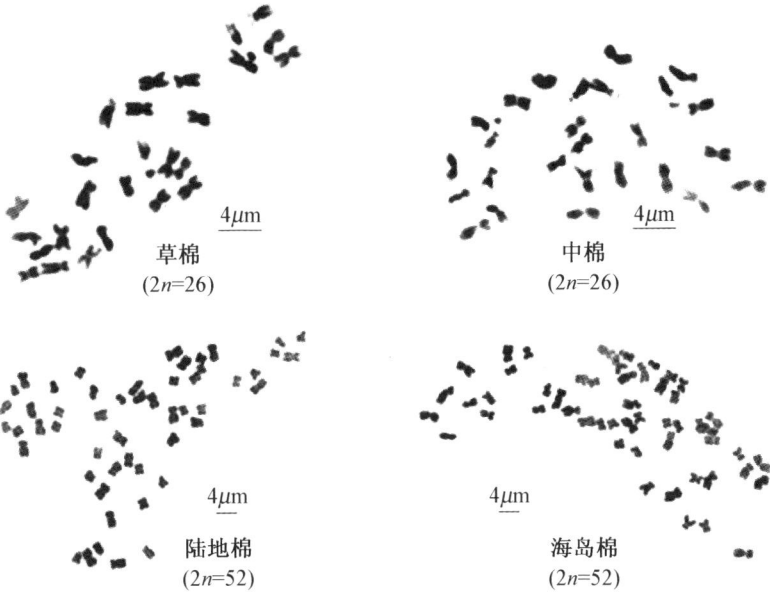

草棉
(2n=26)

中棉
(2n=26)

陆地棉
(2n=52)

海岛棉
(2n=52)

单子叶植物的染色体较小,如水稻(2n＝24)。

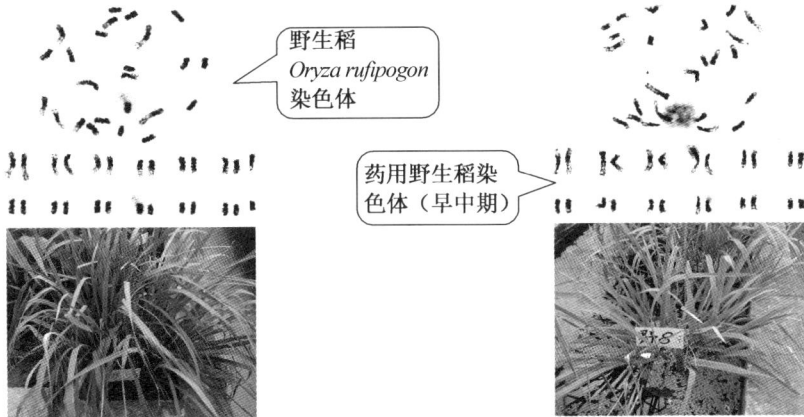

野生稻
Oryza rufipogon
染色体

药用野生稻染
色体(早中期)

5.类别

各生物的染色体不仅形态结构相对稳定,而且数目成对。

同源染色体:形态和结构相同的一对染色体。

异源染色体:这一对染色体与另一对形态结构不同的染色体,互称为异源染色体。

6.核型分析

根据染色体长度、着丝点位置、长短臂比、随体有无等进行编号和分析。

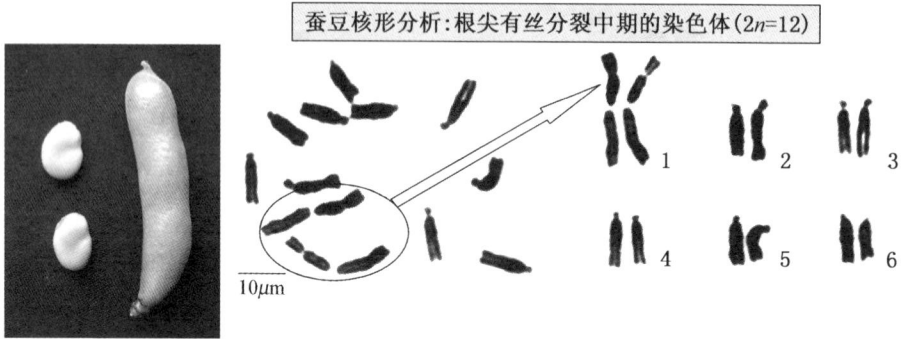

蚕豆核形分析:根尖有丝分裂中期的染色体(2n=12)

10μm

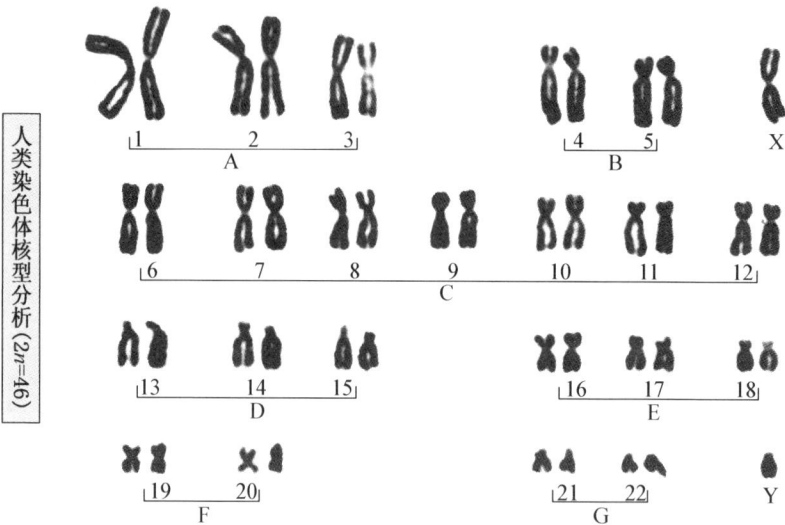

人类染色体核型分析(2n=46)

人类染色体组型的分类

类　别	染色体编号	染色体长度	着丝点位置	随　体
A	1—3	最长	中间,近中	无
B	4—5	长	近中	无
C	6—12,(X)	较长	近中	无
D	13—15	中	近端	有
E	16—18	较短	中间,近中	无
F	19—20	短	中间	无
G	21—22,(Y)	最短	近端	有

人类染色体Q带带型分析(主要显示着丝粒和区段异染色质部分)

每组从左至右分别为：人类、黑猩猩、大猩猩、猩猩

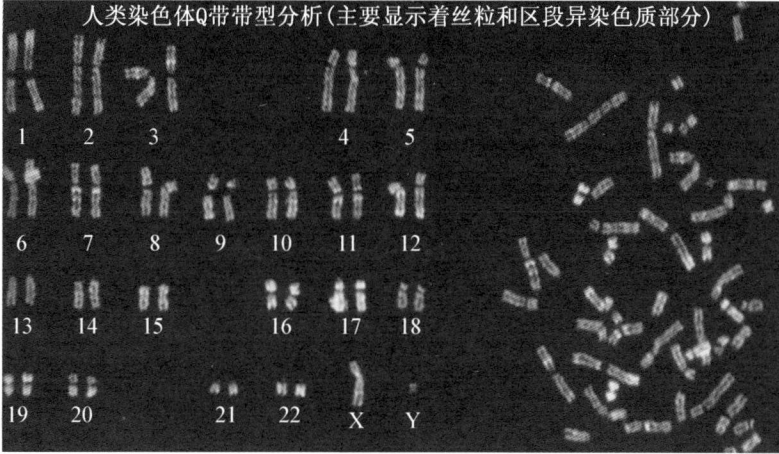

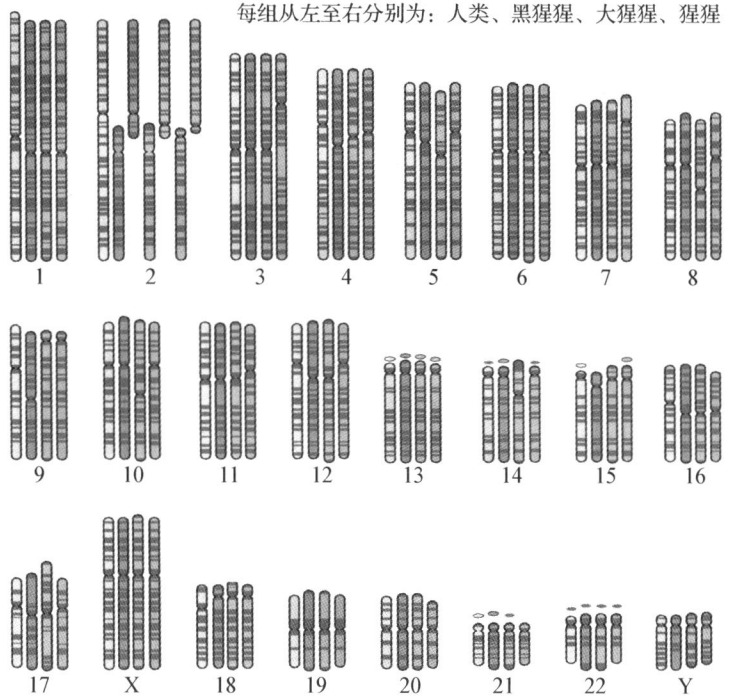

人类与黑猩猩、大猩猩、猩猩的染色体G带带型的比较(一般富含AT碱基的DNA区段表现为暗带)

核型分析常用于医学诊断。

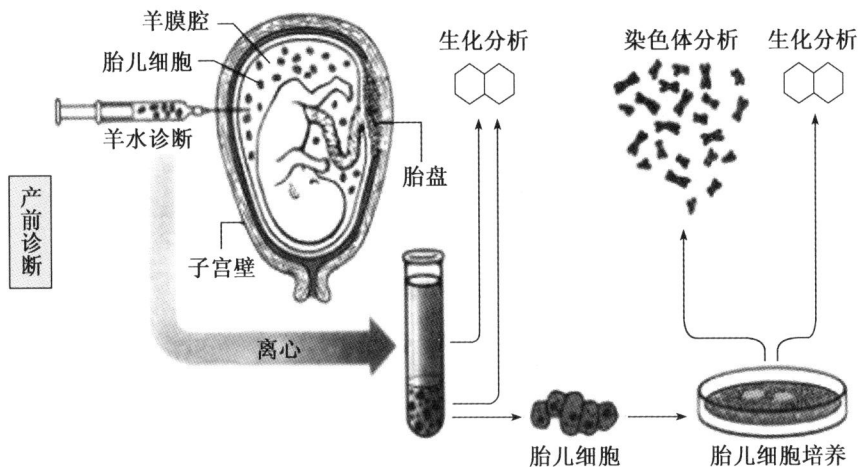

羊膜腔
胎儿细胞
羊水诊断
产前诊断
子宫壁
胎盘
生化分析
离心
胎儿细胞
胎儿细胞培养
染色体分析
生化分析

唐氏综合征患儿的核型表现为 21 染色体三体(47,XX,+21)。

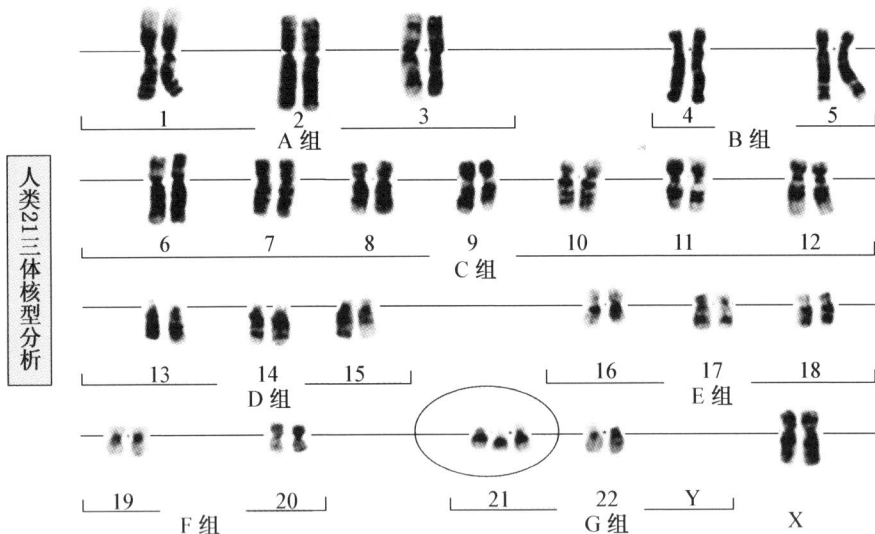

人类21三体核型分析

1　2　3
A组
4　5
B组

6　7　8　9　10　11　12
C组

13　14　15
D组
16　17　18
E组

19　20
F组
21
22　Y
G组
X

唐氏综合征的特征为严重智力迟钝、先天性心脏病和消化系统发育畸形等。发病率约 1/1000~1/800,可在怀孕 11~14 周进行胎儿鉴定。

二、染色体数目

不同的物种染色体数目差异很大（2n）。

不同的物种染色体数目（2n）

物　种	染色体数	物　种	染色体数	物　种	染色体数
人	46	小鼠	40	果蝇	8
水稻	24	大豆	40	烟草	48
普通小麦	42	蚕豆	12	陆地棉	52
大麦	14	豌豆	14	茶树	30
玉米	20	马铃薯	48	甘薯	90
高粱	20	大籽猕猴桃	116	甘蓝型油菜	38

扁虫中的旋口涡虫（*Gyratrix hermaphroditus*）只有 4 条染色体（$n=2$）。

蚂蚁、线虫类马蛔虫只有 2 条染色体（$n=1$）。

Lymanadra 蝴蝶多达 446 条染色体（$n=223$）。

长白山瓶尔小草（$n=630$）

染色体数目最少的一种动物：蚂蚁（$2n=2$）

染色体数目最少的一种植物：雏菊（$2n=4$）

植物：棕榈（$2n=596$）

生物染色体的一般特点有：

1.数目恒定。

2.性细胞(n)是体细胞($2n$)的一半。

3.与生物进化无关。可用于物种间的分类。

4.染色体数目恒定也是相对的(如动物的肝、单子叶植物种子的胚乳)。

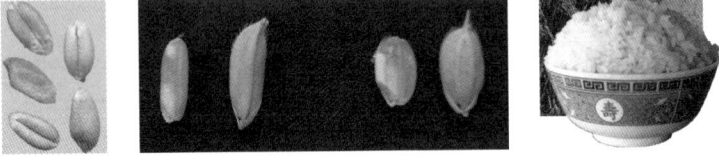

三、染色体的分子结构

(一)病毒的染色体

1.特点

染色体简单,遗传信息少。

遗传物质：

DNA 分子:如多数噬菌体和多数动物病毒。

RNA 分子:如植物病毒、某些噬菌体和动物病毒。

蛋白质:少数病毒有类组蛋白。

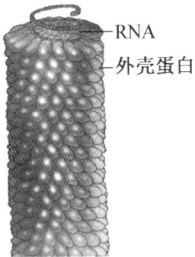
烟草花叶病毒 (RNA)
RNA
外壳蛋白

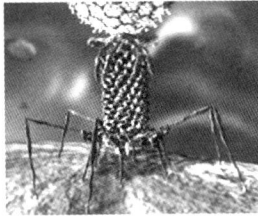
噬菌体 (DNA)

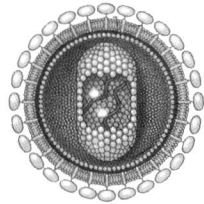
HIV(RNA)

2.结构

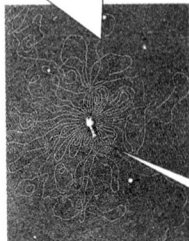
T_2噬菌体的环状 DNA 长达 500000Å
T_2噬菌体

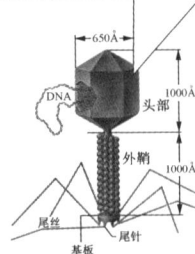
T_2噬菌体头部直径为 1000Å
650Å
DNA
头部
1000Å
外鞘
1000Å
尾丝
尾针
基板

（二）原核生物的染色体

1. 特点

染色体简单,遗传信息少。

只有一条染色体,DNA 含量远低于真核生物。

大肠杆菌($E.\ coli$)只有一个环状染色体,其 DNA 分子含核苷酸对为 3×10^6,长度为 1.1mm。

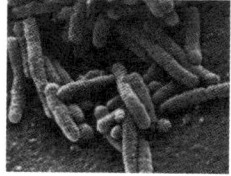

2. 染色体结构

与大肠杆菌染色体 DNA 结合的物质:几种 DNA 结合蛋白、RNA。

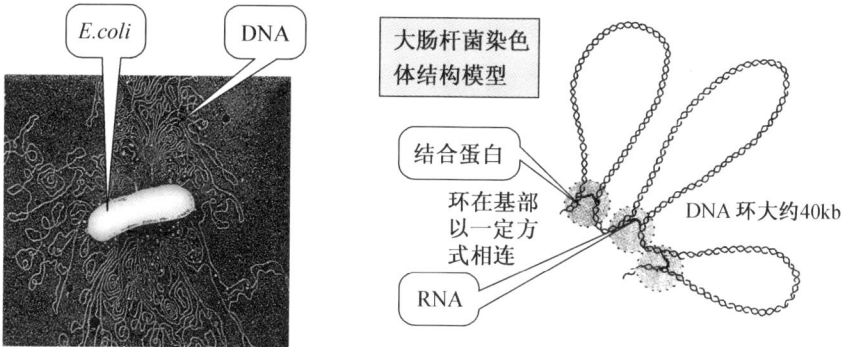

大肠杆菌染色体结构模型

结合蛋白

环在基部以一定方式相连

RNA

DNA 环大约40kb

大肠杆菌的多级折叠模式

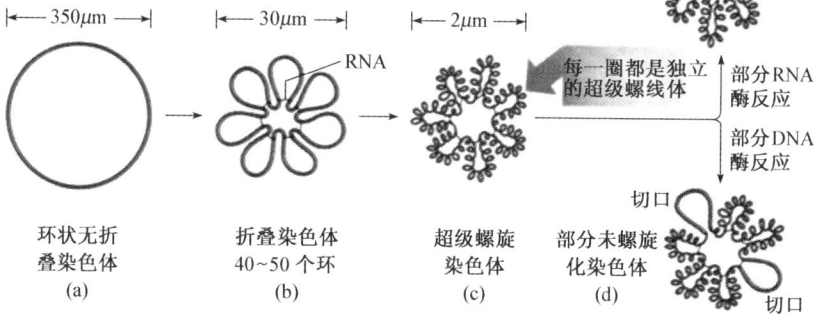

RNA 裂解

（e）部分未折叠染色体

每一圈都是独立的超级螺线体

部分RNA酶反应

部分DNA酶反应

| 350μm | 30μm | 2μm |

RNA

环状无折叠染色体
(a)

折叠染色体
40~50 个环
(b)

超级螺旋染色体
(c)

部分未螺旋化染色体
(d)

切口

（三）真核生物的染色体

1. 染色质的基本组成

（1）DNA:占染色质重量的 $30\%\sim40\%$。

（2）蛋白质:含量比例与 DNA 相近,结构上起决定作用;非组蛋白与基因的调控有关。

（3）其他:RNA 和一些脂类。

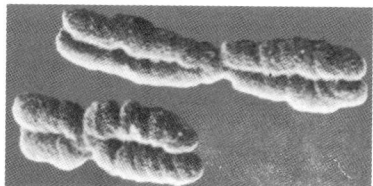

2.结构

奥林斯(Olins A. L.)于 1974、1978 年,科恩柏格(Kornberg R. D.)于 1974、1977 年,尚邦(Chambon P.)于 1978 年通过电镜观察和研究,提出染色质结构的串珠模型。

染色质:分裂间期细胞核内 DNA 分子盘绕在一些蛋白质上组成核小体,多个核小体串在一起形成染色质。

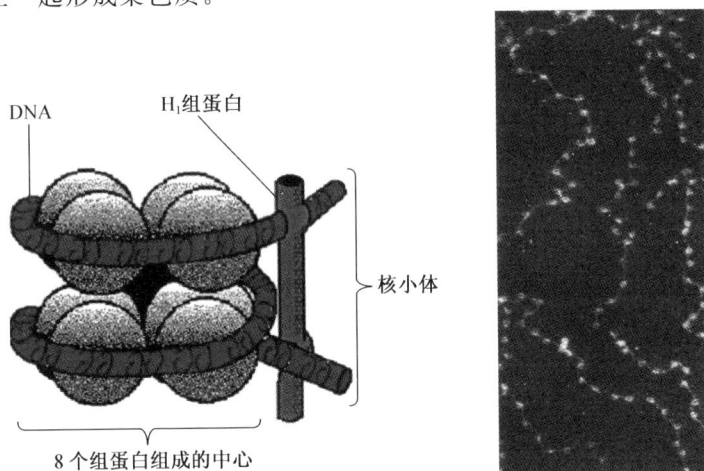

染色质是在细胞分裂间期遗传物质存在的形式。

3.染色体的结构模型

有丝分裂中期,核中染色质卷缩成一定形状:1 条染色体→2 条染色单体(即1 条染色单体由 1 条染色线组成)。

$$染色质 \xrightarrow{\text{螺旋化}} 染色体$$

(1)四级螺旋结构(Bak A. L.,1977):

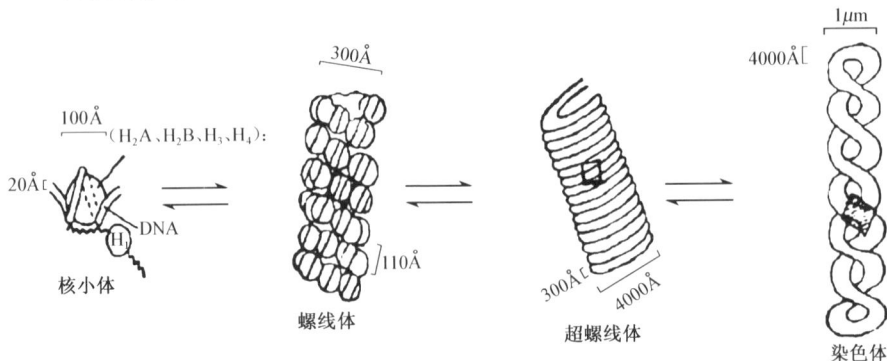

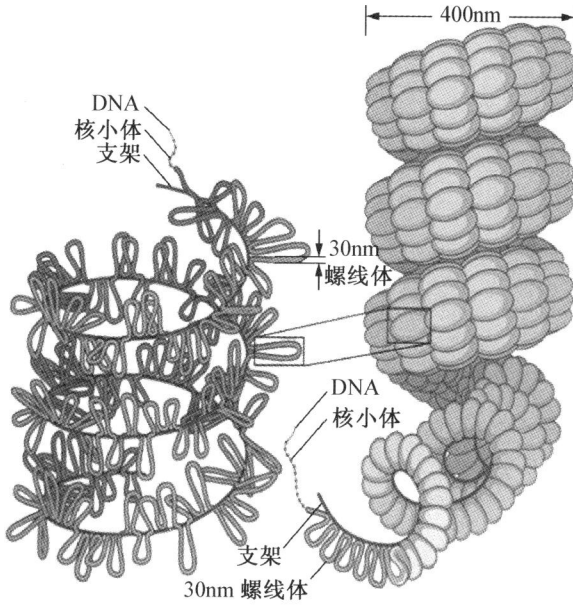

为前一级长度的

		DNA 双螺旋化
		↓ H_2A、H_2B、H_3、H_4
1/7	一级	核小体
		↓ 螺旋化＋H_1
1/6	二级	螺线体
		↓ 超螺旋化和卷缩
1/40	三级	超螺旋体
		↓ 折叠螺旋化
1/5	四级	染色体

总计:1/8400

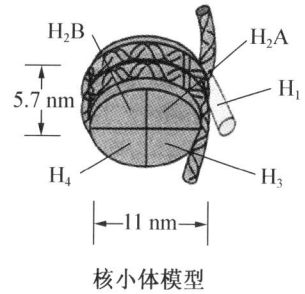

核小体模型

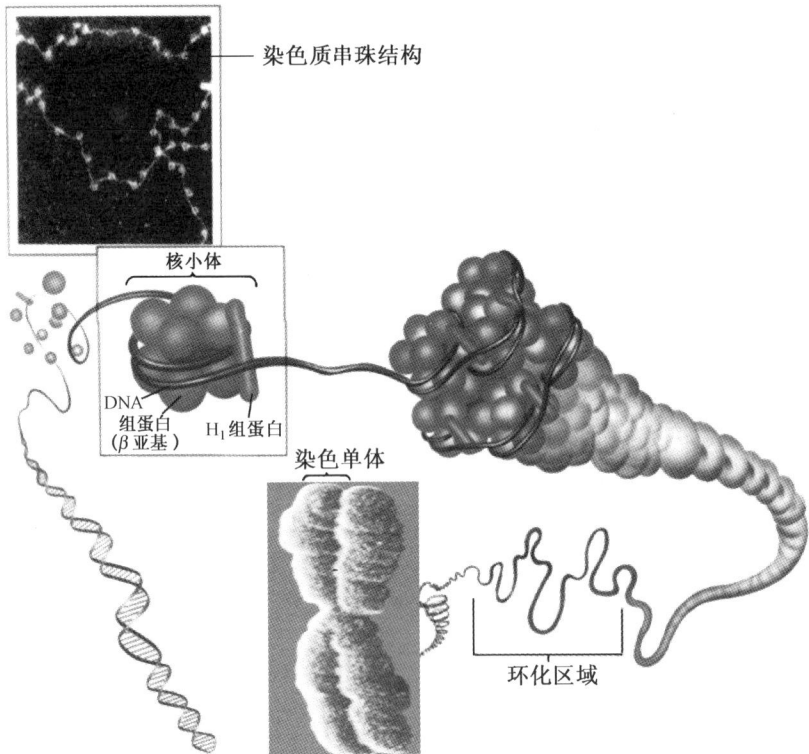

四级螺旋化后 DNA 双链长度可压缩 8000～10000 倍。

(2)染色体骨架-放射环结构模型(Painta J. 和 Coffey D. ,1984):

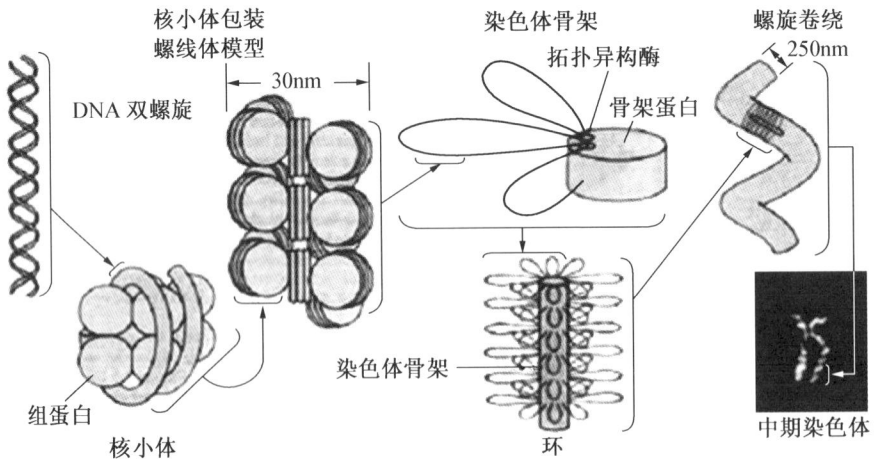

第二节　基因突变

基因突变是摩尔根于1910年首先肯定的现象,他在大量红眼果蝇中发现了一只白眼突变果蝇。

动、植物以及细菌、病毒中广泛存在基因突变的现象。

基因突变(gene mutation):指染色体上某一基因位点内部发生了化学性质的变化,与原来基因形成对性关系,如高秆基因(D)→突变为矮秆基因(d)。

基因突变亦称点突变(point mutation),是生物进化原材料的主要来源。

$$
突变\begin{cases}狭义——基因突变\\[1em]广义\begin{cases}基因突变\\染色体结构变化\\染色体数目变化\end{cases}\end{cases}
$$

一、自然界生物性状突变的现象

在自然界中,基因突变广泛存在。

例如:黑眼睛老鼠→红眼白老鼠;

　　　黄种人→白化人[频率约1/(5万~10万)];

　　　小麦红粒→白粒;

　　　水稻高秆→矮秆等。

因基因突变而表现突变性状的细胞或个体称为突变体(mutant),或称突变型。

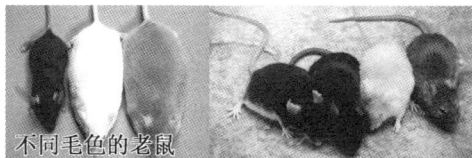

不同毛色的老鼠

不同肤色的蛇　　　　　　　　　娃娃鱼体色突变　　　　不同肤色的鱼

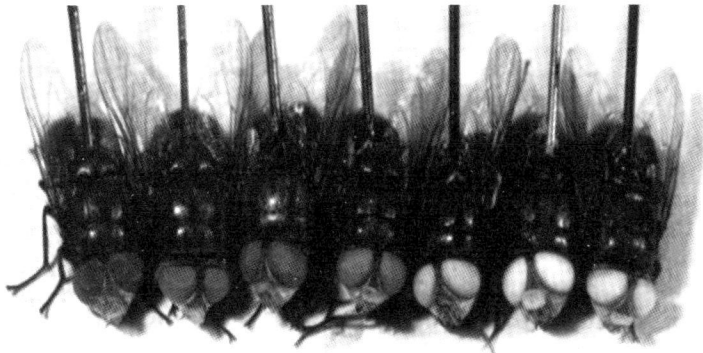

不同眼色的果蝇

突变表型	野生型	鲜红	红	橘色	黄	柠檬黄	白色
		ch	*re*	*or*	*ye*	*je*	*wh*

正常

翅膀无羽毛

正常猫

无毛猫的变异

正常刺猬

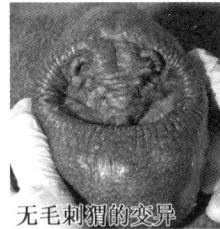

无毛刺猬的变异

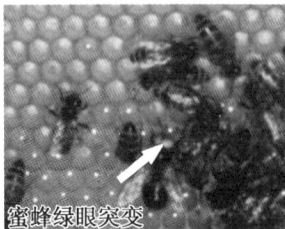

蜜蜂绿眼突变

猫眼色的变异

孔雀翅膀羽色变化

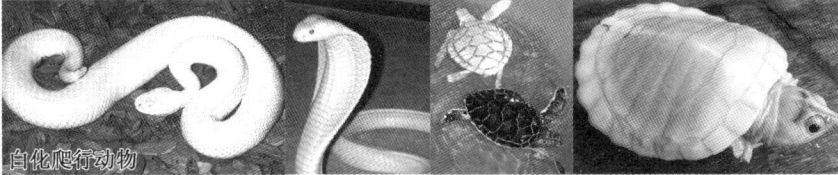

白化爬行动物

白化水生动物

白化飞行类动物

白化行走动物

英国长耳猎犬　　　牛角大王　　　矮小的萨姆比林娜

双头乌龟　　　双头蛇　　　6只腿青蛙　　　5只脚乌龟

植物形状变异

荷花变异　　　　　　　　　　　　　　　　CK　　　CK

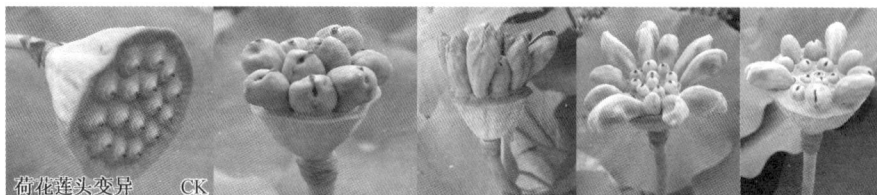

荷花莲头变异　　　CK

南瓜外形和皮色变异

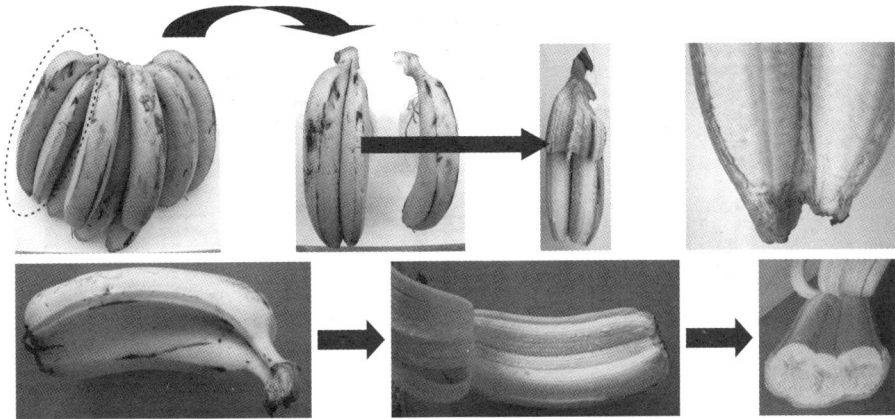

方竹

竹子形状变异

金鱼草花色变异

蟹爪兰花色变异

红花和白花

水稻粒形变异

稻米直链淀粉含量变异

15.58%　0.76%　5.32%　6.48%　7.22%　3.80%　5.32%

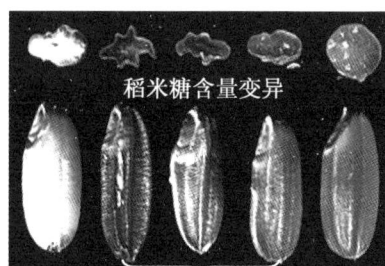

稻米糖含量变异

WT　　　*sug*1　　　*sug*2

茶树双胚芽变异

水稻双胚苗变异

水稻

株高突变

小麦　玉米　向日葵

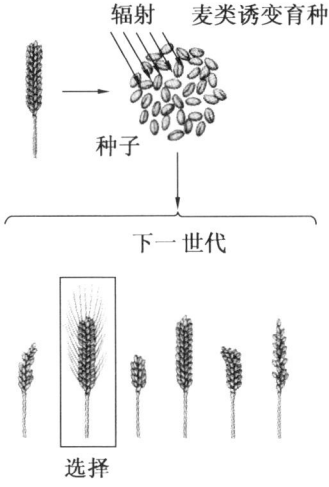

辐射　麦类诱变育种

种子

下一世代

选择

小麦穗部突变

小麦耐盐突变

大麦抗病突变

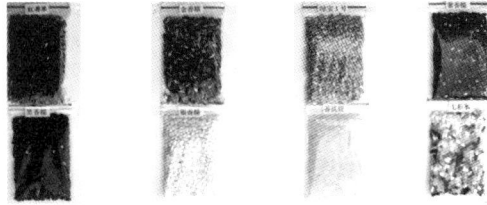

水稻稻谷和稻米的颜色变异

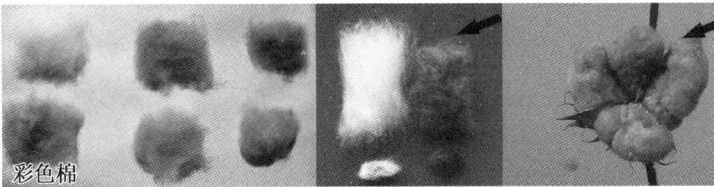

彩色棉

正常棉花

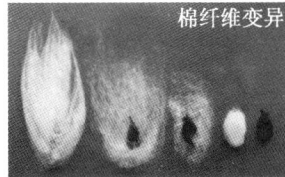

棉纤维变异

玉米叶色变异

芭蕉叶色变异

熟期变异

水稻分蘖变异

玉米分枝变异

玉米穗数

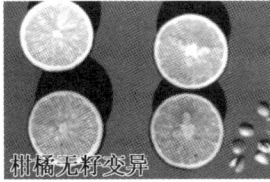

柑橘无籽变异

苹果熟色变异

突变株 | 对照 |

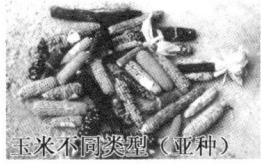

玉米不同类型（亚种）

玉米籽粒颜色突变

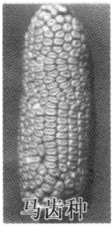

马齿种

硬粒种

甜质种

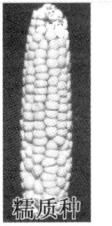

糯质种

粉质种

爆裂种

有稃种

果穗中下部带有苞叶

玉米短花须突变

正常

大豆皮色变异

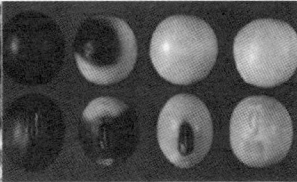

甘薯薯块颜色变异

马铃薯薯块颜色变异

二、基因突变的时期

1.生物个体在发育的任何时期中均可发生突变,即体细胞和性细胞均能发生突变。

2.性细胞的突变率高于体细胞。性细胞在减数分裂末期对外界环境条件的敏感性较大,性细胞发生的突变可以通过受精过程直接传递给后代。

3.突变体细胞竞争力弱,会受到抑制或最终消失,因此需及时与母体分离,先通过无性繁殖,再经有性繁殖传递。

许多植物的"芽变"属于体细胞突变:性状优良的芽变通过及时扦插、压条、嫁接或组织培养,可繁殖和保留。

芽变意义:可以育成果树新品种。如:温州蜜橘→温州早橘。

但芽变一般只涉及某一性状,较少同时涉及很多性状。

4.基因突变通常独立发生

某一基因位点的一个等位基因发生突变时,不影响另一个等位基因,即等位基因中两个基因不会同时发生突变(AA、aa)。

①性细胞:隐性突变:AA→Aa,当代不表现,自交下一代表现。

显性突变:aa→Aa,当代即能表现。

②体细胞:aa→Aa,当代即能表现,与原性状并存,表现为镶嵌现象或嵌合体。

突变早,镶嵌范围大,如叶芽发生突变,产生突变枝。

突变迟,镶嵌范围小,突变范围局限于一个花瓣或果实,甚至仅限于其中一部分。

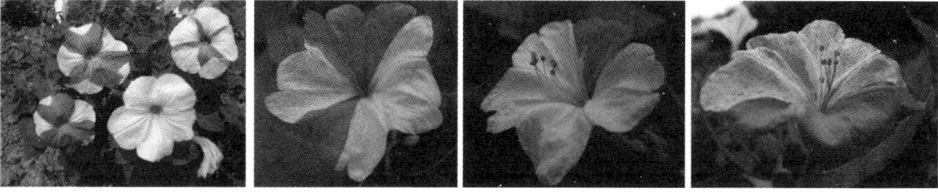

花色体细胞变异

牵牛花颜色变异

桂花树花色变异

梅花花色变异

碧桃树花色变异

叶色变异

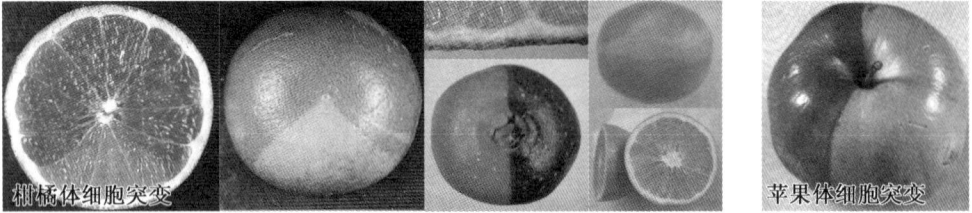

柑橘体细胞突变　苹果体细胞突变

阴阳脸的猫　阴阳脸的金毛狗　金鱼体色突变

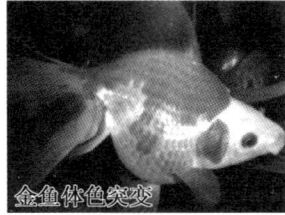

三、基因突变的一般特征

1. 突变的重演性和可逆性

(1)重演性：同一生物不同个体间可以多次发生同样的突变。

如：玉米 *br-2* 矮生基因(*brachtic-2*)的主要遗传效应是抑制节间伸长。不同玉米品种中均已发现 *br-2* 矮生基因突变，如辽宁的"马圈快"、山西的"金皇后"、河南的"武步矮"、四川的"龙门大心"和"搬不倒"。

(2)可逆性：像许多生化反应过程一样是可逆的。

显性基因 A 通过正突变(*u*)形成的隐性基因 a，又可能经过反突变(*v*)形成显性基因 A。例如：

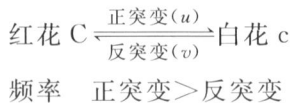

$$\text{红花 C} \underset{\text{反突变}(v)}{\overset{\text{正突变}(u)}{\rightleftharpoons}} \text{白花 c}$$

频率　正突变＞反突变

自然突变多为隐性突变，而隐性突变多为有害突变。

2. 突变的多方向性和复等位基因

(1)基因突变的方向不定，可多方向发生：如 A→a，可以 A→a_1，a_2，a_3，……，a_n（隐性基因）。

$a_1, a_2, a_3, \cdots\cdots, a_n$ 对 A 来说都是对性关系,但其之间的生理功能与性状表现各不相同。它们位于同一基因位点,即同一染色体的相同位置上。

(2)复等位基因:指位于同一基因位点上各个等位基因的总体。

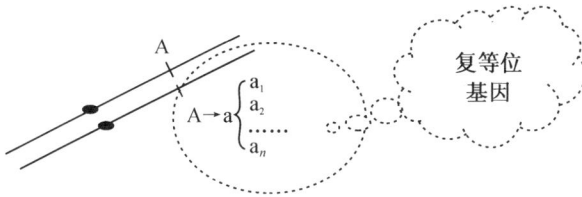

复等位基因不存在于同一个体中(多倍体除外),而是存在于同一生物群内。

复等位基因的出现能增加生物多样性,提高生物的适应性,提供育种工作更丰富的资源,使人们在分子水平上进一步了解基因内部结构。

(3)复等位基因广泛存在于生物界。

①烟草:普通烟草为自花授粉植物,但烟草属中有的野生种表现为自交不亲和性,现已明确 15 个自交不亲和的复等位基因 $S_1, S_2, \cdots\cdots, S_{15}$ 控制着自花授粉的不结实性。

自交不亲和性:指自花授粉不结实,而不同基因型株间授粉可结实的现象。

②人类血型(1901 年发现血型遗传系统):由三个复等位基因 I^A、I^B 和 i 决定,其中 I^A、I^B 对 i 基因均为显性,I^A 与 I^B 间无显隐性关系(两者同时存在,表现各自作用)。

这三个复等位基因可组成 6 种基因型和 4 种表现型:

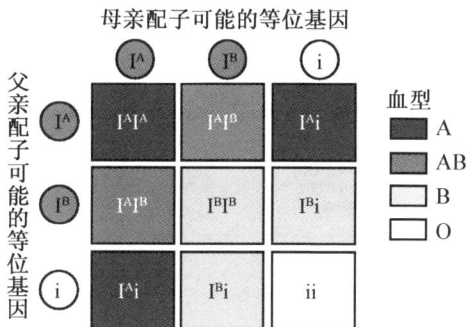

献血者、受血者的血型匹配				
献血者血型	受血者的血型			
	O	A	B	AB
O	可	可	可	可
A	×	可	×	可
B	×	×	可	可
AB	×	×	×	可

人类血型基因在亲代与子代间传递：

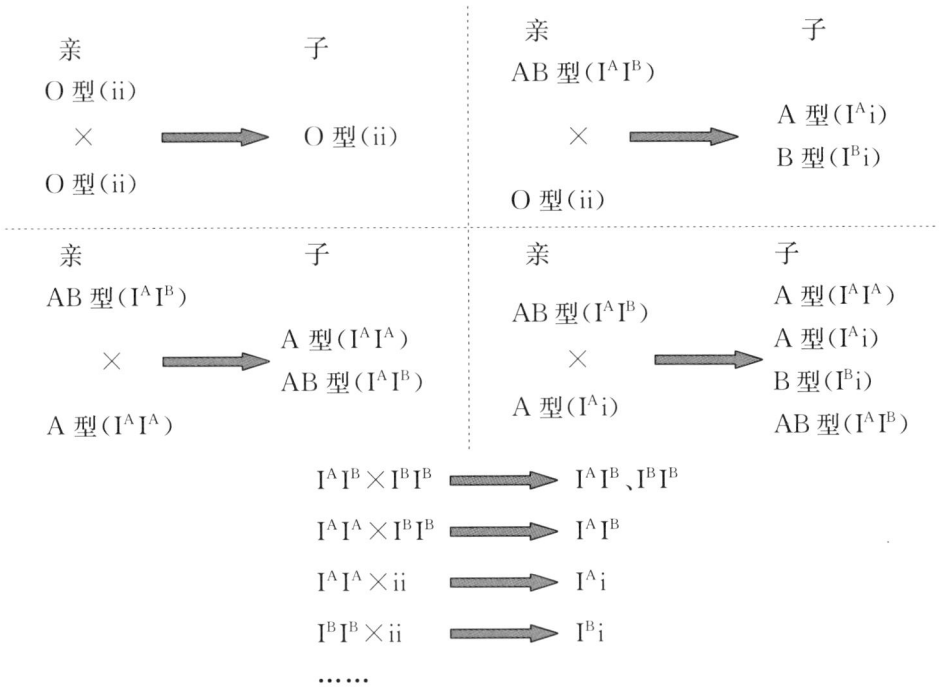

亲　　　　　　　　子

O 型(ii)

×　　→　　O 型(ii)

O 型(ii)

亲　　　　　　　　子

AB 型(I^AI^B)

×　　→　　A 型(I^Ai)

　　　　　　　　　　B 型(I^Bi)

O 型(ii)

亲　　　　　　　　子

AB 型(I^AI^B)

×　　→　　A 型(I^AI^A)

　　　　　　　　　　AB 型(I^AI^B)

A 型(I^AI^A)

亲　　　　　　　　子

AB 型(I^AI^B)

×　　→　　A 型(I^AI^A)

　　　　　　　　　　A 型(I^Ai)

　　　　　　　　　　B 型(I^Bi)

A 型(I^Ai)　　　　AB 型(I^AI^B)

$I^AI^B \times I^BI^B$ → I^AI^B、I^BI^B

$I^AI^A \times I^BI^B$ → I^AI^B

$I^AI^A \times ii$ → I^Ai

$I^BI^B \times ii$ → I^Bi

……

除血型鉴定之外,医学的亲子鉴定还有外貌特征对比、皮肤纹理检查、遗传疾病的检查、耳垢的区别、味盲检查、生殖能力检查等。

DNA 指纹技术(1985)包括多位点 DNA 指纹技术和单个基因位点 DNA 指纹技术。

多位点 DNA 指纹技术:通过限制性片段长度多态性技术检测基因组的差异和多态性。

单个基因位点 DNA 指纹技术:利用血液、头发、指甲、上皮细胞、精斑、羊水、绒毛等进行 DNA 指纹技术,肯定率达 99.99%。

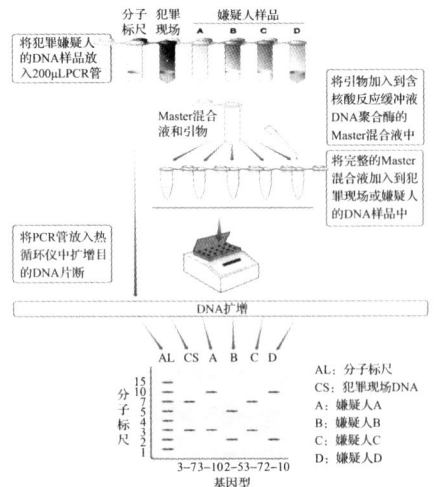

将犯罪嫌疑人的DNA样品放入200μLPCR管

分子标尺　犯罪现场　嫌疑人样品
A B C D

将引物加入到含核酸反应缓冲液 DNA聚合酶的 Master混合液中

Master混合液和引物

将完整的Master混合液加入到犯罪现场或嫌疑人的DNA样品中

将PCR管放入热循环仪中扩增目的DNA片断

DNA扩增

AL CS A B C D

分子标尺

15
10
7
5
4
3
2
1

3-73-102-53-72-10
基因型

AL: 分子标尺
CS: 犯罪现场DNA
A: 嫌疑人A
B: 嫌疑人B
C: 嫌疑人C
D: 嫌疑人D

将电泳产物加在琼脂糖凝胶中,100V电泳30min,用Fast Blast™DNA染液染色

鉴定犯罪现场和嫌疑人的基因型,通过甄别基因型之间的相似性来确定罪犯

③植物"血型":日本法医山本茂偶然发现植物有"血型"存在,通过对 500 多种植物的化验发现:

O 型:苹果、草莓、西瓜、萝卜、辣椒、芜菁、山茶、梨、辛夷、南天竹、山槭、卫予等。

B 型:枝状水藻、珊瑚树、扶芳藤、罗汉松、大黄杨等。

AB 型:荞麦、花椒、咖啡、李子、金银花、单叶枫等。

A 型:梧桐、玉米、葫芦等。

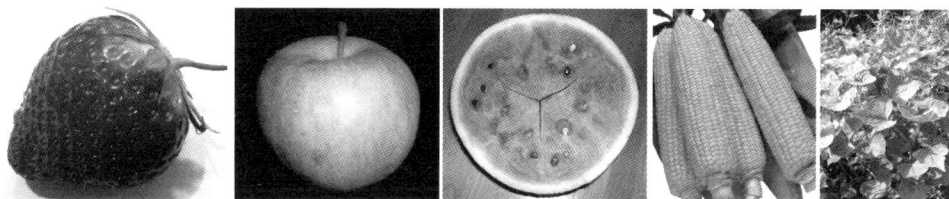

现代分子生物学理论认为,人类血型是指血液中红细胞膜表面分子结构的类型。

植物无血液,为什么有"血型"之分?

植物体内也存在汁液,其汁液细胞膜表面也具有不同分子结构的类型(如植物糖基合成到一定程度,其尖端会形成黏性大的"血型"类似物质),从而导致植物产生不同"血型"。

3. 突变的有害性和有利性

(1)突变的有害性:多数突变对生物的生长和发育往往是有害的。

某一基因发生突变后,长期自然选择进化形成的平衡关系就会被打破或削弱,进而打乱代谢关系,引起程度不同的有害后果,一般表现为生育反常或导致死亡。

(2)致死突变:导致个体死亡的突变。

1)植物:隐性白化是最常见的突变。

白化苗不能正常形成叶绿素。当子叶或胚乳养料耗尽时,幼苗一般死亡。

遗传表现:

$$绿株 \xrightarrow{\text{突变}} 绿株 \xrightarrow{\text{自交}} 3 绿株 ： 1 白化苗(死亡)$$
$$WW \qquad\quad Ww \qquad\quad WW＋Ww \qquad\quad ww$$

白化苗现象在大麦中最易发现(2n＝14),水稻中也较多。

小麦(2n＝42,为异源六倍体 AABBDD)白化苗少于大麦。

2)动物:致死突变包括纯合显性、杂合显性、纯合隐性和伴性致死突变等。

①纯合显性致死(小鼠毛色遗传):黑色→黄色,但无黄色纯合体。

黄色鼠×黑色鼠	黄色鼠×黄色鼠
Aa ↓ aa	Aa ↓ Aa
1黄：1黑	2黄：1黑色
Aa(2378)　　aa(2398)	AA(死亡)　Aa(2396)　aa(1235)
凡黄色毛的小鼠与黑色毛小鼠交配,其后代小鼠的黄色：黑色总是1：1,说明没有AA的纯合型存在。	黄色鼠与黄色鼠交配的结果发现其分离比例总是2黄：1黑,说明已缺少1/4的黄色鼠纯合体。

原因:突变的黄色基因 A 对黑色基因 a 为显性,但 A 具有纯合致死效应。AA 基因型的胚胎在母体内已死亡,只有 Aa 可存活。

②杂合显性致死突变:这种致死突变在杂合状态时即可死亡,不产生纯合体。

例如:神经胶症突变基因可引起皮肤的畸形生长、严重的智力缺陷、多发性肿瘤,具有这种杂合基因型的人在年轻时就死亡。

③纯合隐性致死突变:"异染白痴脑病"由 aa 基因控制(隐性纯合致死)。

病症:发病初期可以活动,后期成为植物人,直至死亡。何时发病不知,可以一直到成年结婚后发病。至1999年,全世界仅发现200例,我国有18例,其发病概率为亿分之一。

④伴性致死突变:致死突变可发生在常染色体上,也能发生在性染色体上而引起伴性致死。

(3)中性突变:控制次要性状的基因发生突变,不影响该生物的正常生理活动,因而仍保持其正常的生活力和繁殖力,被自然选择保留下来。

例如:水稻有芒→无芒,水稻以无芒为主。小麦红皮→白皮,南方以红粒为主。

(4)有利突变:不但无害,而且有利,如抗倒、抗病、早熟等突变。

（5）突变有害性的相对性：如高秆突变为矮秆。

有害性：矮秆株在高秆群体中受光不足、发育不良。

有利性：矮秆株在多风或高肥地区有更强的抗倒伏性、生长苗壮。

（6）人类需要与生物本身突变利弊的不一致性：禾谷类作物的落粒性对生物有利，对人类无益。

水稻、玉米、高粱等植物的雄性不育对生物不利，对人类有益，可以省去制种时的去雄麻烦。

第三节　染色体结构变异

染色体是遗传物质的载体。

遗传现象和规律均依靠染色体形态、结构、数目的稳定。细胞分裂时,染色体能够进行有规律的传递。

染色体稳定是相对的,变异则是绝对的。

1927年,研究发现电离辐射可导致染色体结构变异。引起染色体结构变异的原因——先断后接假设:染色体折断→重接错误→结构变异→新染色体。染色体折断是结构变异的前奏。

染色体结构变异的因素:

①自然条件:营养、温度、生理等异常变化(环境污染)。

②人工条件:物理因素、化学药剂的处理。

电子垃圾通过焚烧、破碎、浓酸提取贵金属,产生的废液直接排放会造成严重的环境污染等生态问题

四大类型:缺失、重复、倒位、易位。

一、缺失

1. 概念

缺失:染色体的某一区段丢失。

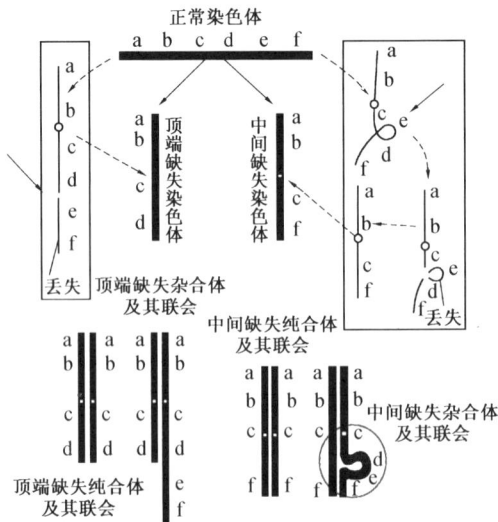

2. 类别

顶端缺失:染色体臂的外端缺失。

中间缺失:染色体臂的内段缺失。

顶端着丝点染色体:染色体整条臂的丢失。

猫叫综合征(第 5 号染色体短臂缺失):婴儿啼哭如猫叫,一般伴随有小头症和智力迟钝。

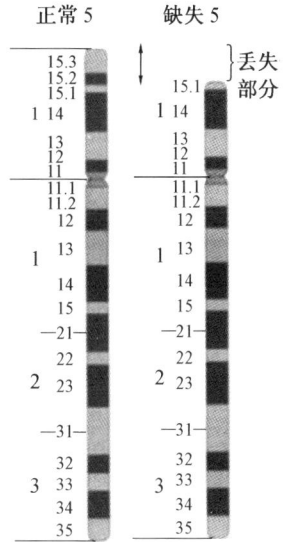

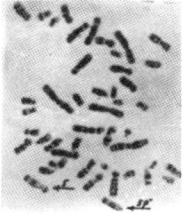

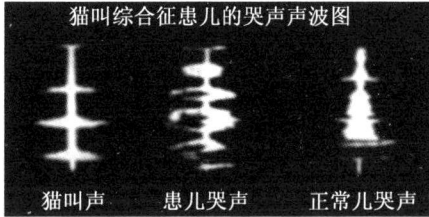

猫叫综合征患儿的哭声声波图

猫叫声　　患儿哭声　　正常儿哭声

利用缺失进行基因定位:1931 年,麦克林托克(McClintock)进行玉米 X 射线辐射实验。

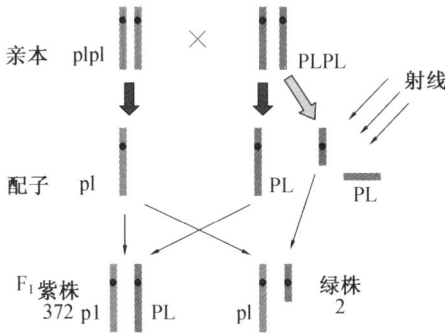

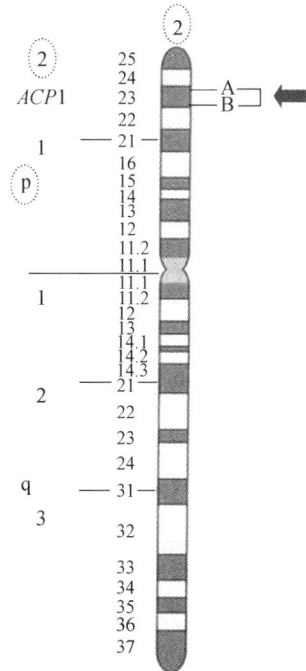

人类磷酸酶基因,定位于 2p2.23 中。

因为 A 之外缺失仍存在 ACP1 基因,而 B 之外缺失则无 ACP1 基因,所以该基因被定于 A 与 B 之间。

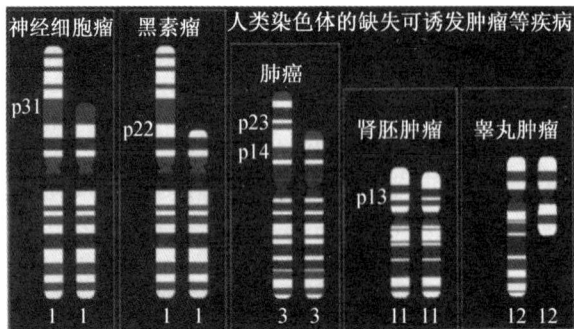

人类染色体的缺失可诱发肿瘤等疾病

二、重复

1.概念

重复:染色体多了与自己相同的某一区段。

2.类别

顺接重复:指某区段按照染色体上的正常顺序重复。

反接重复:某区段在重复时颠倒了自己在染色体上的正常直线顺序。

着丝点所在区段重复会形成双着丝点染色体,由于将继续发生结构变异,难以稳定成型。

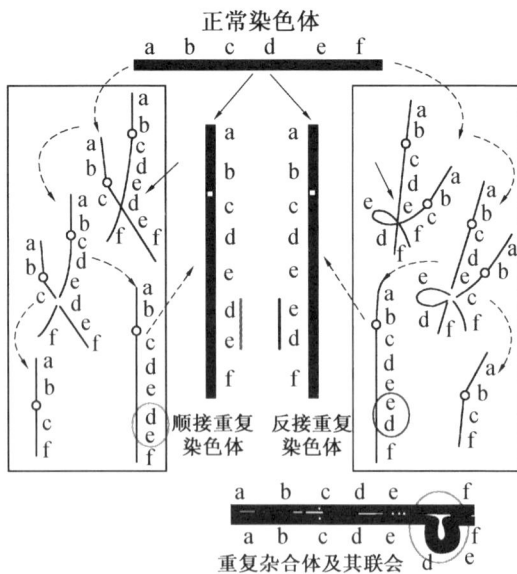

染色体非对等交换产生重复。

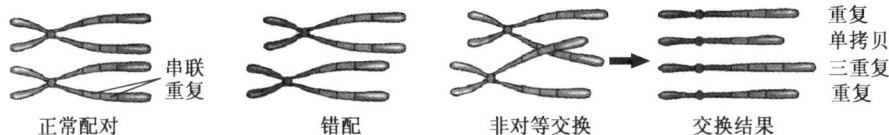

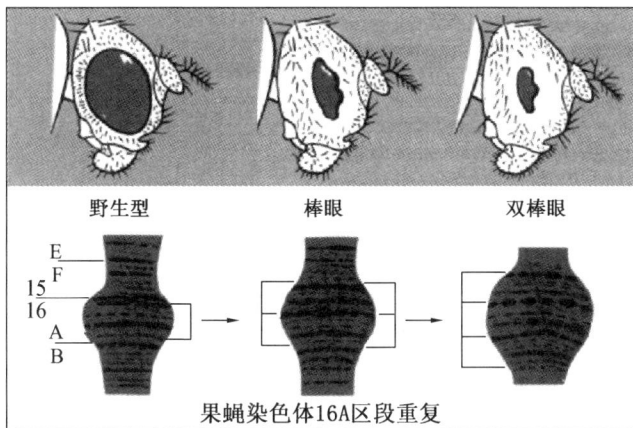

正常配对　　　　　　错配　　　　　　非对等交换　　　　交换结果

重复
单拷贝
三重复
重复

野生型　　　　　棒眼　　　　　双棒眼

果蝇染色体16A区段重复

果蝇X染色体16A区A段的重复与棒眼变异的关系

人体第 7 号染色体的重复导致手指并指畸形,呈"鹅掌状"。

部分唐氏综合征患儿的 8 号短臂部分缺失,12 号染色体短臂的部分片段增加,另一条同源染色体均正常。

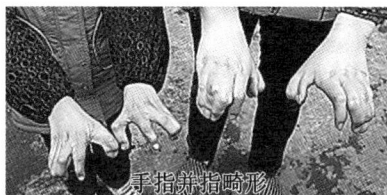

手指并指畸形

三、倒位

1. 概念

倒位:染色体某一区段的正常顺序颠倒了。

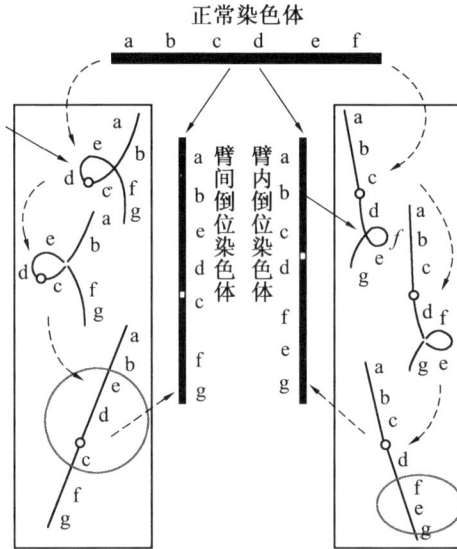

2. 类别

臂间倒位:倒位区段涉及染色体两个臂,倒位区段内有着丝点。

臂内倒位:倒位区段发生在染色体的某一臂上。

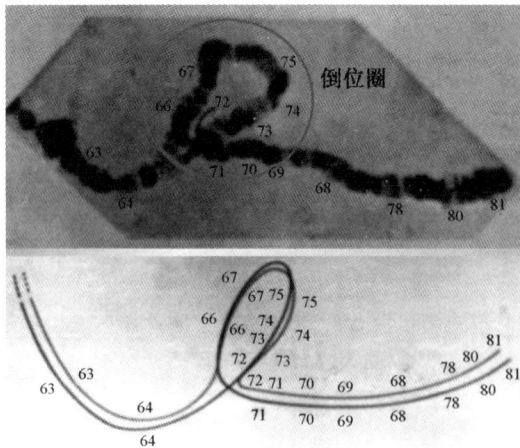

倒位圈由一对染色体形成(缺失杂合体、重复杂合体的环或瘤则由单个染色体形成)。

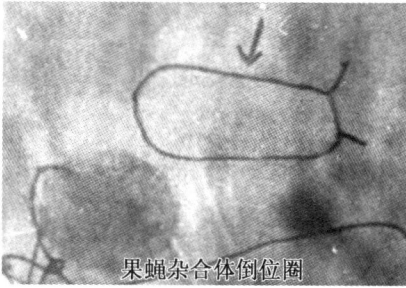
果蝇杂合体倒位圈

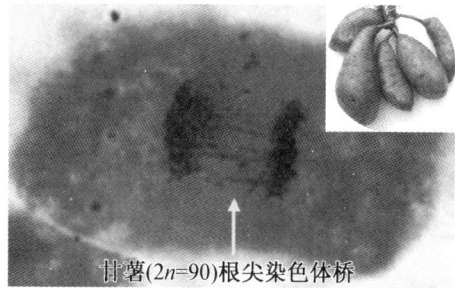
甘薯(2n=90)根尖染色体桥

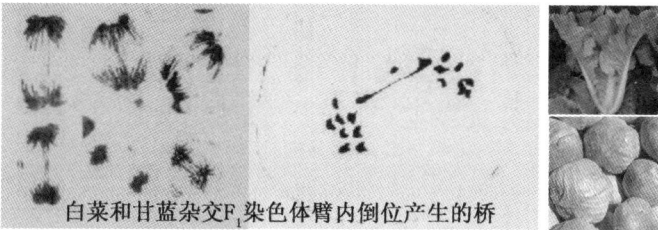
白菜和甘蓝杂交F₁染色体臂内倒位产生的桥

倒位可以形成新种,促进生物进化。

倒位会改变基因间相邻关系,使遗传性状变异。种与种之间的差异常由多次倒位所形成。

果蝇($n=4$):不同倒位特点的种,分布在不同的地理区域。

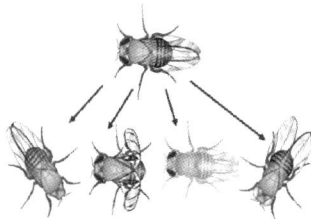

百合($n=12$):两个种(头巾百合、竹叶百合)间的分化是由 M1、M2、S1、S2、S3、S4 六个相同染色体发生臂内倒位形成的(两个种间的其他染色体仍相同)。

头巾百合

竹叶百合

四、易位

1. 概念

易位:染色体一个区段移接在非同源的另一个染色体上。

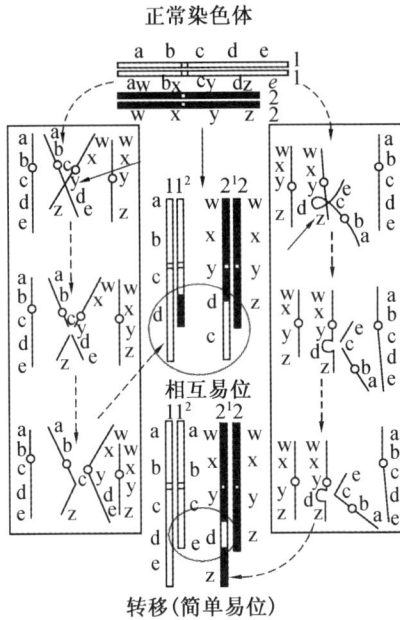

正常染色体

相互易位

转移(简单易位)

2. 类别

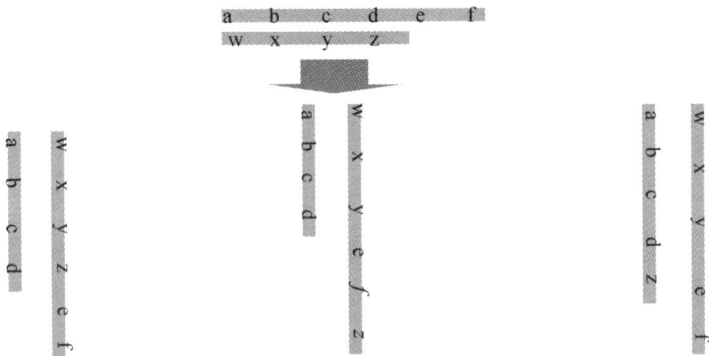

简单易位：指某一染色体一个臂端区段移接在非同源染色体的臂端上

嵌入易位：指某一染色体的一个臂内区段嵌入非同源染色体的一个臂内

相互易位：指两个非同源染色体同时折断，彼此交换后重新连接易位可以改变原来的基因连锁群。

基因:连锁遗传→独立遗传。

在进化过程中,不断发生易位的植物可以形成许多变种。例如:直果曼陀罗($n=12$)许多变系就是不同染色体的易位纯合体。

月见草($2n=14$)Renner复合体为Ⅻ价体。

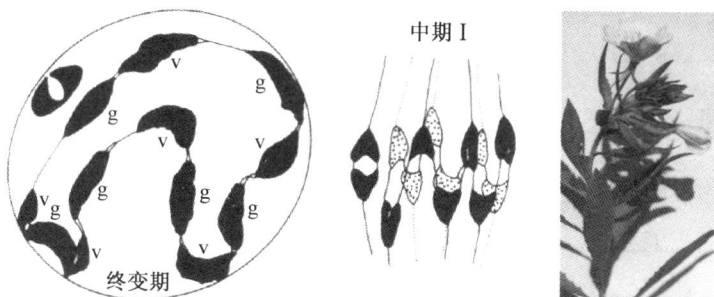

人类染色体相互易位容易导致肿瘤的产生。

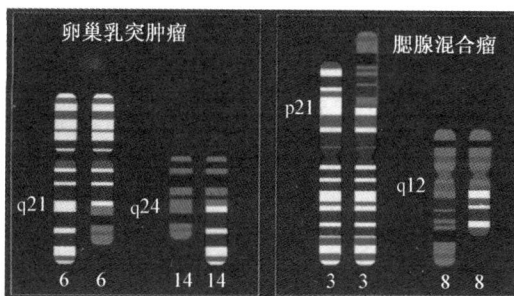

2013年6月,研究发现X片段易位到1号染色体上,3号染色体片段颠倒$180°$后插入13号染色体。

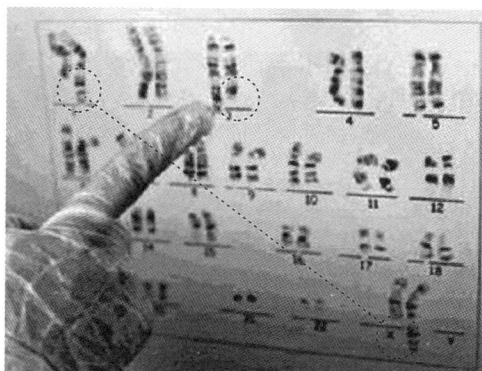

慢性粒细胞性白血病由染色体简单易位造成:22号染色体的长臂部分易位到9号染色体的长臂外端。

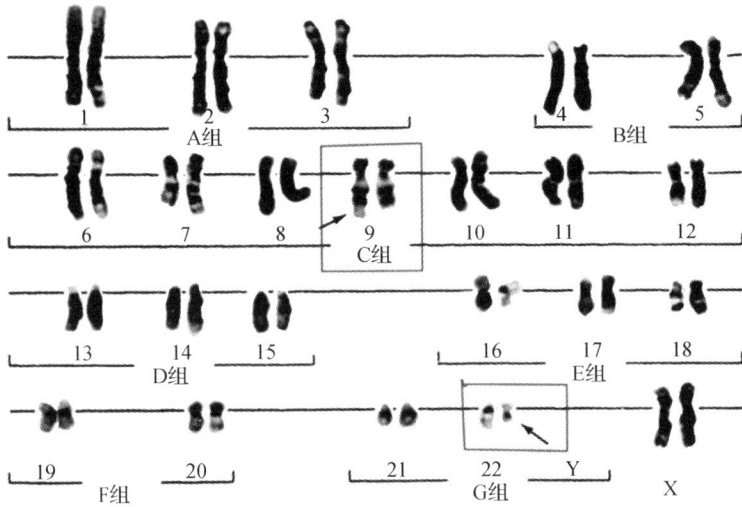

大麦中也存在染色体相互易位。

两对相互易位

两对相互易位

三对相互易位

易位融合造成染色体数目减少(人体 46→45)。

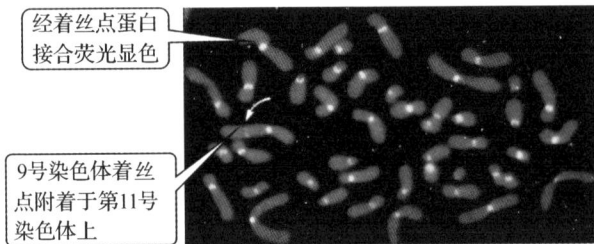

经着丝点蛋白接合荧光显色

9号染色体着丝点附着于第11号染色体上

通过带型分析可揭示人染色体的相互易位。

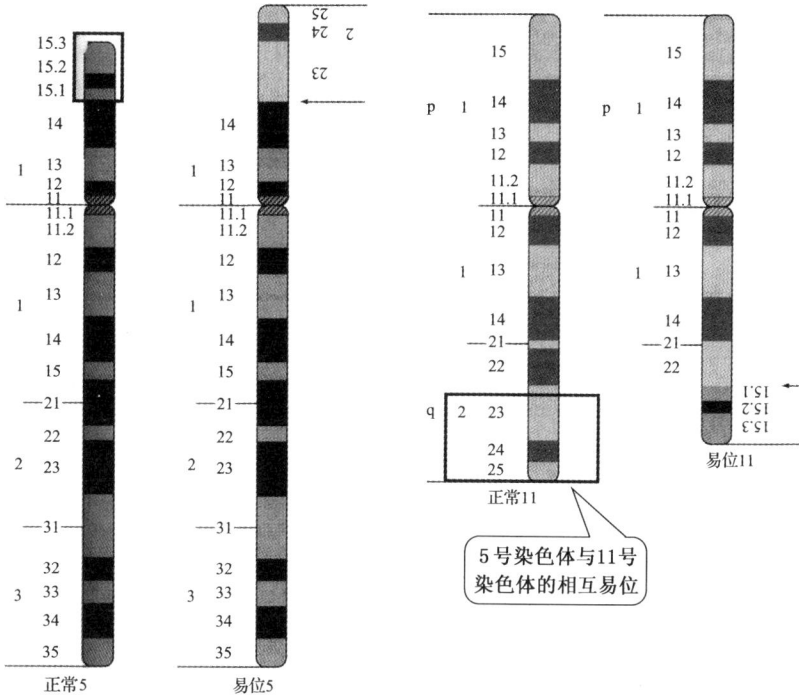

正常5　　　易位5

正常11

易位11

5号染色体与11号染色体的相互易位

易位造成染色体融合而改变染色体数。

两个染色体易位产生一个很小的染色体,形成配子时该染色体未被包在配子核内而丢失,后代中可能出现缺少一对染色体的易位纯合体。植物还阳参属因此出现 $n＝8$、7、6、5、4、3 等染色体数目不同的种。

这种易位在人类中被称为罗伯逊易位,1966 年 Brown 研究过 1870 例个体,该易位频率为 0.43％,其他相互易位频率为 0.16％。

A　　　B　　　C

中国毛冠鹿($2n＝46$)通过连续的易位集中小染色体,从而进化成哺乳类动物中染色体数目最少的物种(印度毛冠鹿,$2n＝7$)。两种鹿的外形比较相似。

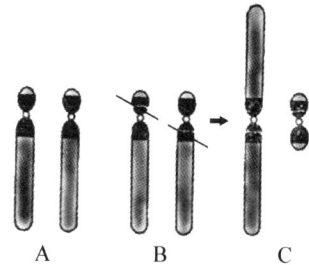

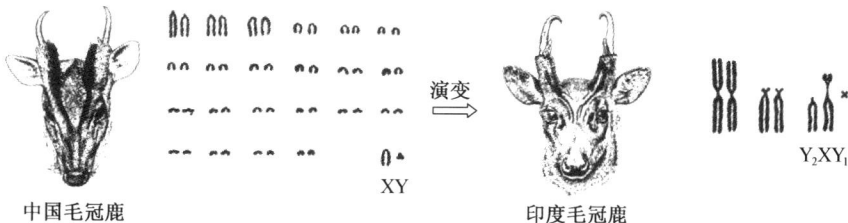

中国毛冠鹿　　演变　　印度毛冠鹿

XY

Y_2XY_1

　　易位在家蚕生产上被广泛应用,如用 X 射线处理使第 2 染色体上载有斑纹基因的片段易位到决定雌性的 W 性染色体上,斑纹基因成为限性遗传。因而可在幼蚕期鉴别雌、雄,分别上蔟(雄蚕的蚕丝品质好)。

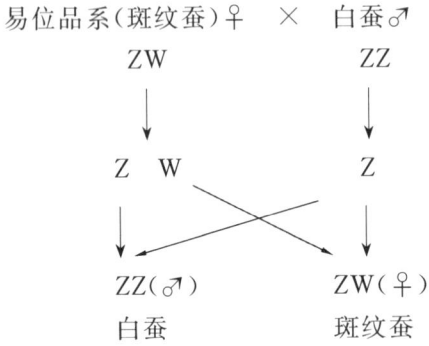

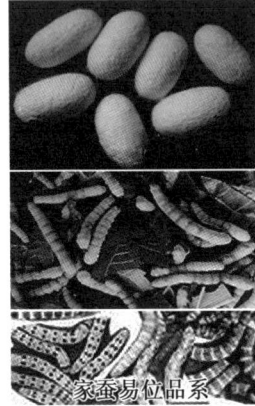

易位品系(斑纹蚕)♀ 　×　 白蚕♂

ZW 　　　　　　　 ZZ

Z　W 　　　　　 Z

ZZ(♂) 　　　　 ZW(♀)

白蚕 　　　　　　 斑纹蚕

家蚕易位品系

第四节　染色体数目变异

19世纪末,狄·弗里斯发现:普通月见草($2n=14$)发生特大变异。1901年,该变异型月见草被命名为巨型月见草。

1907年,细胞学研究表明巨型月见草$2n=28$。人们开始认识到染色体数目变异可以导致遗传性状的变异。

变异特点是按一个基本的染色体数目(基数)成倍地增加或减少。

一、染色体的倍数性变异

(一)染色体组及其整倍性

1.染色体组

维持生物体生命活动所需的最低限度的一套基本染色体,或称为基因组,以 X 表示。

整倍体:合子染色体数以基数染色体整倍存在的个体。

多倍体:染色体基数三倍($3X$)或三倍以上($>3X$)的整倍体。

2.染色体组的基本特征

各染色体的形态、结构和连锁群不同,所携带基因不同。

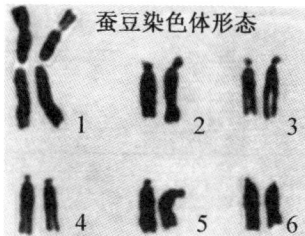

果蝇基因组:4条染色体分布着控制不同性状的基因。

1号染色体(X)

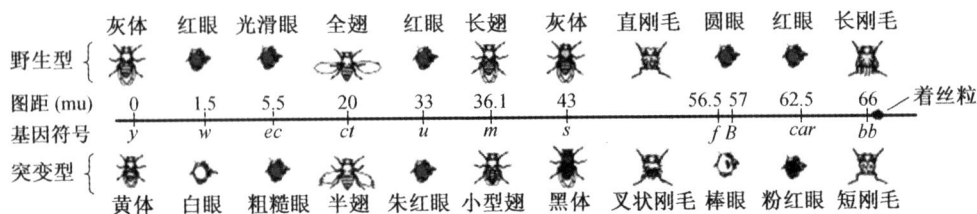

2号染色体(X)

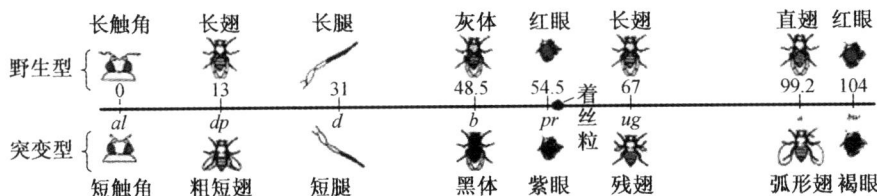

3号染色体

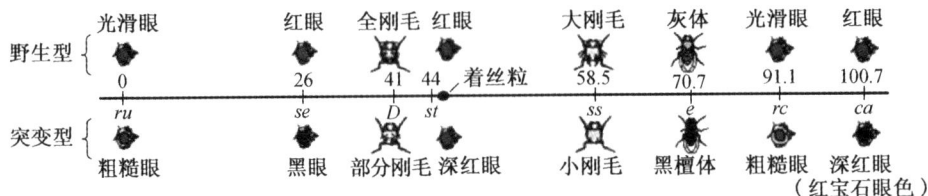

4号染色体

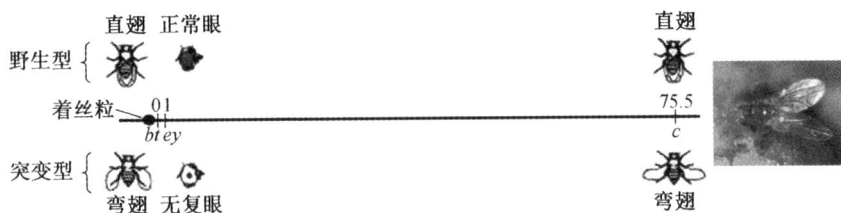

番茄的 12 条染色体:形态特征不同,携带的基因也不同。

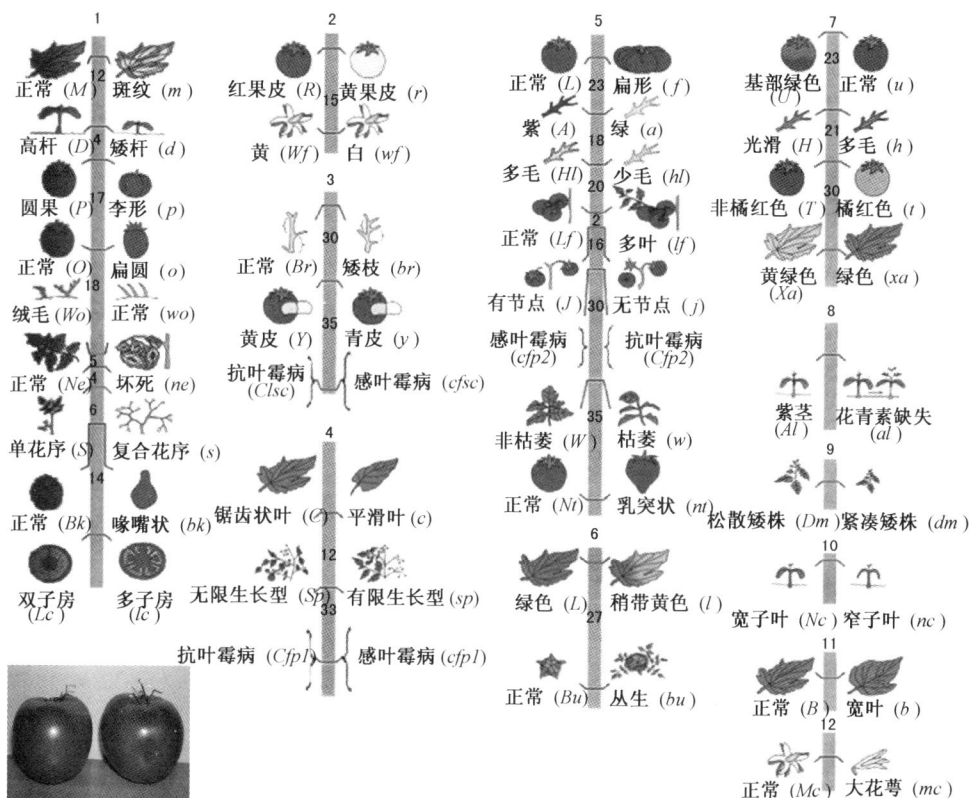

1
正常 (M) 斑纹 (m)
高杆 (D) 矮杆 (d)
圆果 (P) 李形 (p)
正常 (O) 扁圆 (o)
绒毛 (Wo) 正常 (wo)
正常 (Ne) 坏死 (ne)
单花序 (S) 复合花序 (s)
正常 (Bk) 喙嘴状 (bk)
双子房 (Lc) 多子房 (lc)

2
红果皮 (R) 黄果皮 (r)
黄 (Wf) 白 (wf)

3
正常 (Br) 矮枝 (br)
黄皮 (Y) 青皮 (y)
抗叶霉病 (Clsc) 感叶霉病 (cfsc)

4
锯齿状叶 (C) 平滑叶 (c)
无限生长型 (Sp) 有限生长型 (sp)
抗叶霉病 (Cfp1) 感叶霉病 (cfp1)

5
正常 (L) 扁形 (f)
紫 (A) 绿 (a)
多毛 (Hl) 少毛 (hl)
正常 (Lf) 多叶 (lf)
有节点 (J) 无节点 (j)
感叶霉病 (cfp2) 抗叶霉病 (Cfp2)
非枯萎 (W) 枯萎 (w)
正常 (Nt) 乳突状 (nt)

6
绿色 (L) 稍带黄色 (l)
正常 (Bu) 丛生 (bu)

7
基部绿色 (U) 正常 (u)
光滑 (H) 多毛 (h)
非橘红色 (T) 橘红色 (t)
黄绿色 (Xa) 绿色 (xa)

8
紫茎 (Al) 花青素缺失 (al)

9
松散矮株 (Dm) 紧凑矮株 (dm)

10
宽子叶 (Nc) 窄子叶 (nc)

11
正常 (B) 宽叶 (b)
正常 (Mc) 大花萼 (mc)

3.不同种属染色体组的染色体数

一个染色体组所包含的染色体数,不同种属间可能相同,也可能不同。

例:大麦属 $X=7$　稻属 $X=12$　烟草属 $X=12$　茶属 $X=15$

　　小麦属 $X=7$　棉属 $X=13$　高粱属 $X=10$　葱属 $X=8$

4.二倍体生物（$2n=2X, n=X$）

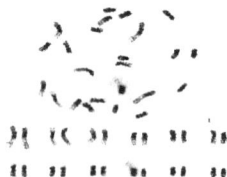

水稻	蚕豆	人
$2n=2X=24$	$2n=2X=12$	$2n=2X=46$
$n=X=12$	$n=X=6$	$n=X=23$

5.整倍体的同源性和异源性

1926年，木原均和小野提出同源多倍体和异源多倍体两个不同的概念。

（1）同源多倍体：指增加的染色体组来自同一物种，一般由二倍体的染色体直接加倍产生。

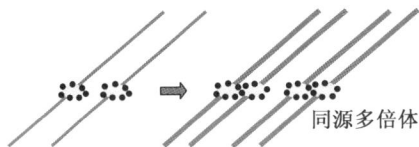

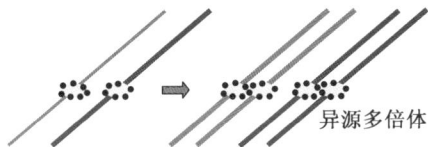

（2）异源多倍体：指增加的染色体组来自不同物种，一般由不同种属间的杂交种染色体加倍形成。

（二）同源多倍体

1.同源多倍体的来源

（1）同源四倍体

例如：马铃薯，AA$\longrightarrow$AAAA　$2n=4X=48$

又如：小叶猕猴桃（$2n=58$）和大籽猕猴桃（$2n=116$）。

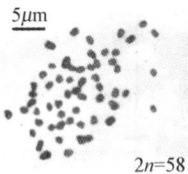

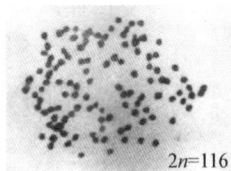

$5\mu m$

$2n=58$　　$2n=116$

（2）同源三倍体

例如：牡丹三倍体，AAAA×AA$\longrightarrow$AAA　$2n=3X=15$

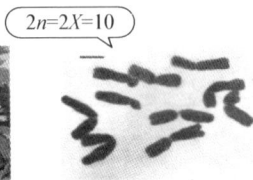

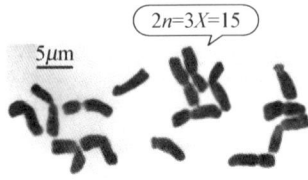

$2n=2X=10$　　$2n=3X=15$

$5\mu m$

2.同源多倍体的形态特征

(1)巨大性:染色体倍数越多,细胞核和细胞越大,器官也越大。

①外形:叶片、花朵、花粉粒、茎、根系和果实等器官都随染色体组(X)数目的增加而增大。

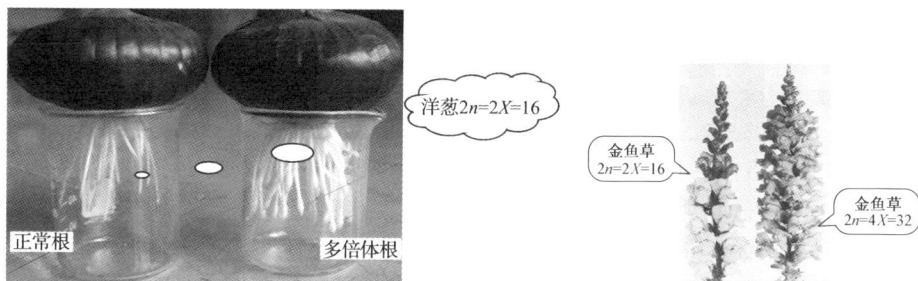

洋葱$2n=2X=16$

正常根　多倍体根

金鱼草
$2n=2X=16$

金鱼草
$2n=4X=32$

不同倍体水稻的稻穗、叶片、植株和种子大小不同。

单倍体　二倍体　四倍体

单倍体　二倍体　四倍体

四倍体　二倍体　单倍体

四倍体

二倍体

单倍体

②气孔和保卫细胞:气孔和保卫细胞大于二倍体,单位面积内的气孔数小于二倍体,如烟草叶片气孔。

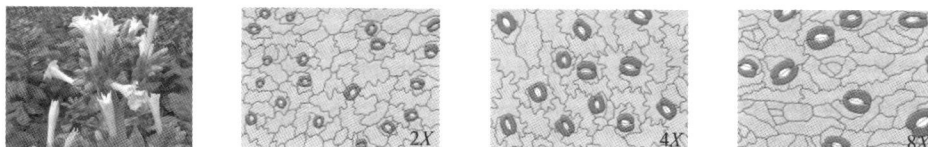

$2X$　$4X$　$8X$

(2)表现型的改变:二倍体加倍为同源四倍体后,常出现不同表现型。如:

①二倍体西葫芦➡同源四倍体:梨形果实➡扁圆形。

②二倍体菠菜($2X＝12$)♀XX,♂XY;

四倍体菠菜♀XXXX,♂XXXY、XXYY、XYYY、YYYY

均为♂株,说明 Y 染色体在决定性别的作用上具有特殊效应

染色体组的倍数是否越高越有利呢?

染色体组的倍数性有一定限度,超过限度其器官和组织就不再增大,甚至导致死亡。如甜菜最适宜的同源倍数是三

倍(含糖量、产量);玉米同源八倍体植株比同源四倍体短而壮,但不育;半枝莲同源四倍体的花与二倍体相近;车前草同源四倍体的花小于二倍体。

甜菜　玉米　半枝莲　车前草

(3)同源多倍体的特点:

①同源多倍体主要依靠无性繁殖途径人为产生和保存。

②自然界也能产生同源多倍体,往往高度不育;即使少数能产生少量后代,也往往是非整倍体;如同源四倍体大麦减数分裂异常、育性低。

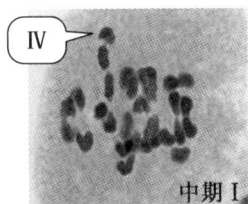

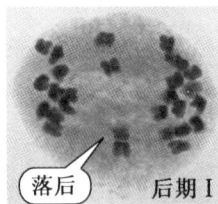

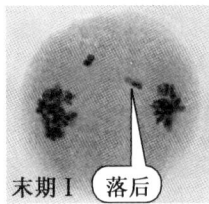

Ⅳ

中期Ⅰ　落后　后期Ⅰ　末期Ⅰ　落后

③同源多倍体自然出现的频率:多年生植物＞一年生植物;自花授粉植物＞异花授粉植物;无性繁殖植物＞有性繁殖植物。

同源四倍体马铃薯通过营养体繁殖产生后代

如:马铃薯属于同源四倍体,而非二倍体或异源多倍体。

(三)异源多倍体

偶倍数异源多倍体是物种进化的一个重要因素。

异源多倍体植物在被子植物纲中占30％～35％,主要分布在蓼科、景天科、蔷薇科、锦葵科、禾本科等;在禾本科中约占70％,如栽培的小麦、燕麦、甘蔗;果树中有苹果、梨、樱桃等;花卉中有菊花、大理菊、水仙、郁金香等。

菊花　大理菊　水仙　郁金香

通过人工诱导多倍体,证明远缘杂交形成异源多倍体是新种产生的重要原因。

例如:普通小麦($2n＝6X＝AABBDD＝42$)的演化过程。

一粒小麦×拟斯卑尔脱 山羊草

$2n=AA=14=7 II$ ↓ $2n=BB=14=7 II$

F_1 $2n=2X=AB=14=7 I$

↓ 加倍

异源四倍体　　　×　方穗山羊草

$2n=4X=AABB=28=14 II$　　$2n=2X=DD=14=7 II$

F_1 $2n=3X=ABD=21=7 I+7 I+7 I$

↓ 加倍

异源六倍体

$2n=6X=AABBDD=42=21 II$

↓ 基因突变、长期演化

普通小麦

$2n=6X=AABBDD=42=21 II$

普通小麦
Triticum

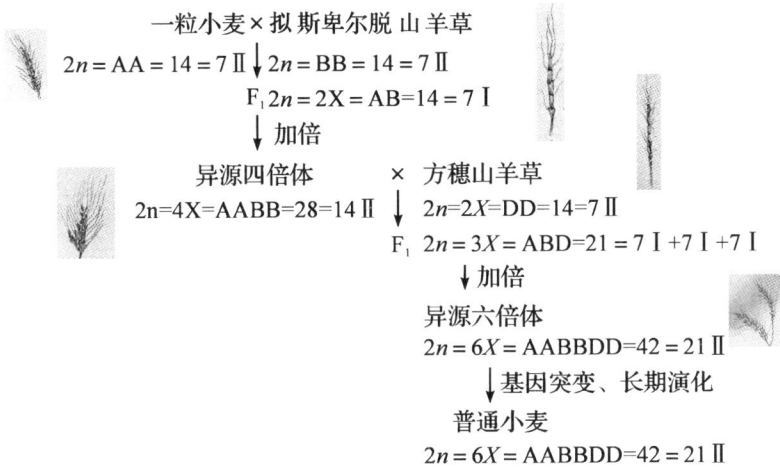

(四)异源多倍体形成的两种主要途径

1.远缘杂种和原种形成未减数配子

1928 年,卡贝钦科获得萝卜与甘蓝的属间杂种异源四倍体,曾将其定为一个新属"*Raphanobrassica*"。

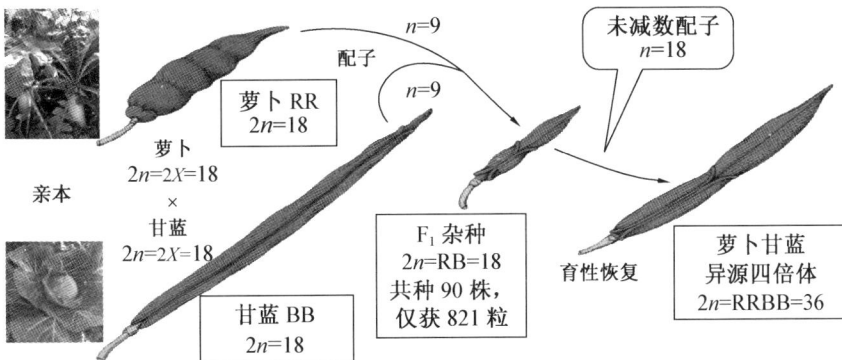

未减数配子
$n=18$

配子

$n=9$

$n=9$

萝卜 RR
$2n=18$

萝卜
$2n=2X=18$
×
甘蓝
$2n=2X=18$

亲本

甘蓝 BB
$2n=18$

F_1 杂种
$2n=RB=18$
共种 90 株,
仅获 821 粒

育性恢复

萝卜甘蓝
异源四倍体
$2n=RRBB=36$

2.原种或杂交种的合子加倍

如杂交种的合子加倍。

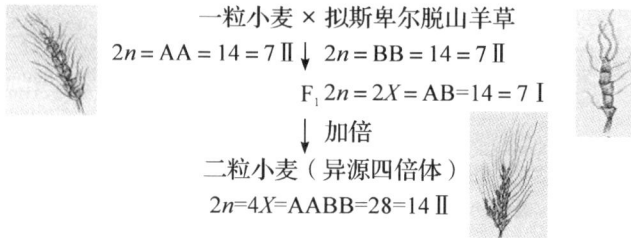

一粒小麦 × 拟斯卑尔脱山羊草

$2n = AA = 14 = 7\,\mathrm{II}\,\downarrow\ 2n = BB = 14 = 7\,\mathrm{II}$

$F_1\ 2n = 2X = AB = 14 = 7\,\mathrm{I}$

$\downarrow$ 加倍

二粒小麦（异源四倍体）

$2n = 4X = AABB = 28 = 14\,\mathrm{II}$

（五）多倍体的应用

1.同源多倍体

在生产上能直接应用的同源多倍体材料很少。

（1）比较容易成功的同源多倍体植物：

①多年生植物：如同源三倍体苹果（$3X = 51 = 17\,\mathrm{III}$），无籽，但整齐度和产量不及二倍体。

②无性繁殖的植物：如同源四倍体马铃薯。

③不以收获种子为目的植物：如牧草。

马铃薯

苹果

牧草

（2）同源多倍体应用成功的例子：

无籽西瓜（$X = 11$）：

二倍体（$2n = 2X = 22 = 11\,\mathrm{II}$）

$\downarrow$ 加倍

同源四倍体 　　×　　 二倍体

（$2n = 4X = 44 = 11\,\mathrm{IV}$）$\downarrow$

同源三倍体西瓜

（$2n = 3X = 33 = 11\,\mathrm{III}$）

无籽、甜（含糖量高）

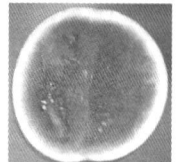

以下同源多倍体也有较大应用面积：

同源三倍体甜菜（$3X = 27 = 9\,\mathrm{III}$）：含糖量$> 2X$、$4X$。

同源三倍体葡萄、香蕉：无籽。

同源四倍体荞麦(4X＝32＝8Ⅳ)：比二倍体(2X＝16＝8Ⅱ)增产、耐寒。

同源四倍体黑麦(4X＝28＝7Ⅳ)：在高寒地区比二倍体增产。

甜菜　　　　葡萄　　　　香蕉　　　　荞麦　　　　黑麦

2.异源多倍体

在生产上可直接应用的异源多倍体材料较多。

(1)自然形成：异源六倍体普通小麦；异源四倍体芥菜、欧洲油菜、棉花等。

如：普通烟草(2n＝TTSS＝48)

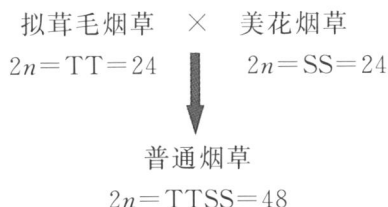

$$拟茸毛烟草 \quad \times \quad 美花烟草$$
$$2n＝TT＝24 \qquad 2n＝SS＝24$$

$$普通烟草$$
$$2n＝TTSS＝48$$

(2)人工育成：中国农科院鲍文奎先生育成的异源八倍体小黑麦，具有穗大、粒大、抗病和抗逆性强的特点。在云贵高原种植，具有一定的增产效果。

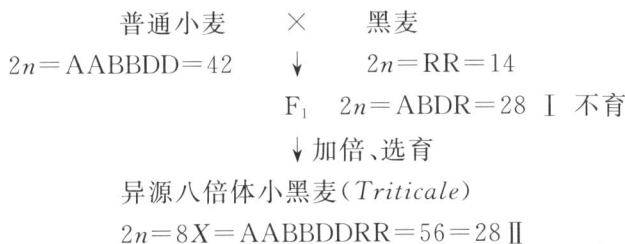

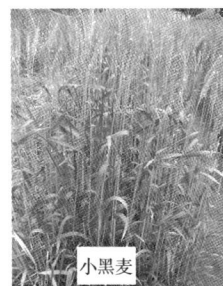

$$普通小麦 \qquad \times \qquad 黑麦$$
$$2n＝AABBDD＝42 \qquad 2n＝RR＝14$$
$$F_1 \quad 2n＝ABDR＝28 \quad Ⅰ \quad 不育$$
$$↓加倍、选育$$
$$异源八倍体小黑麦(Triticale)$$
$$2n＝8X＝AABBDDRR＝56＝28Ⅱ$$

小黑麦

(六)单倍体

1.概念

单倍体：指具有配子染色体数(n)的个体。

(1)二倍体植物：$n＝X$

(2)多倍体生物：$n \neq X$

(3)单倍体表现出高度不育：在单倍体植株内，染色体都是成单的，一般以单价体出现，表现为高度不育，几乎不能产生种子。

2.单倍体的形成

(1)高等生物:所有单倍体几乎都来源于不正常的生殖过程。

例如:孤雌生殖、孤雄生殖。

自然界:大部分单倍体是孤雌生殖所形成的。

组培技术:花药培养、小孢子培养产生等。

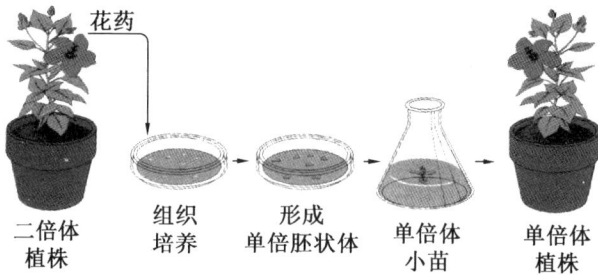

二倍体   组织   形成   单倍体   单倍体
植株   培养 单倍胚状体 小苗   植株

(2)低等生物:单倍体是大多数低等植物生命的主要阶段,如蓝藻的配子体世代。

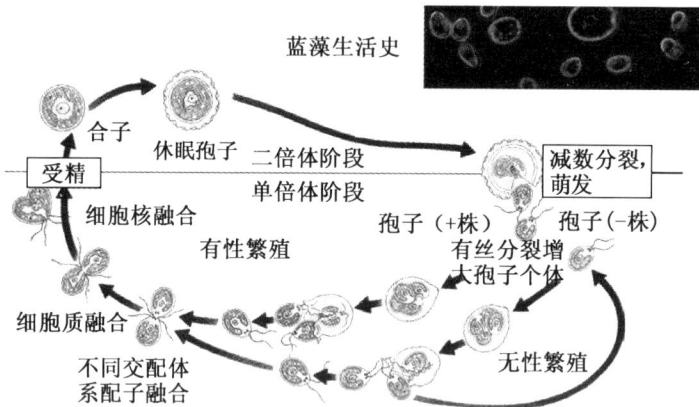

3.高等植物单倍体的表现

高等植物单倍体主要表现为高度不育。细胞、组织、器官和植株一般比二倍体和双倍体要弱小。

4.单倍体研究

(1)从单倍体到二倍体,从不育变成可育,基因也由单个到两个,成为一个完全纯合的个体。

(2)单倍体中每个基因都是成单的,不论显、隐性都表达,是研究基因及其作用的良好材料。

(3)单倍体母细胞减数分裂时产生的异源联会,可用于分析各染色体组之间的同源或部分同源的关系。

二、染色体的非整倍性变异

非整倍体:比该物种中正常合子染色体数($2n$)少或多一个至几个染色体的个体。

超倍体:染色体数$>2n$,在多倍体、二倍体中均能发生。

三体:$2n+1=a_1a_1a_2a_2a_3a_3a_3=7=(n-1)\mathrm{II}+\mathrm{III}$

双三体:$2n+1+1=a_1a_1a_2a_2a_2a_3a_3a_3=8=(n-2)\mathrm{II}+2\mathrm{III}$

四体:$2n+2=a_1a_1a_2a_2a_3a_3a_3a_3=8=(n-1)\mathrm{II}+\mathrm{IV}$

亚倍体:染色体数$<2n$,通常在多倍体中发生。

单体:$2n-1=a_1a_1a_2a_2a_3=5=(n-1)\mathrm{II}+\mathrm{I}$

双单体:$2n-1-1=a_1a_1a_2a_3=4=(n-2)\mathrm{II}+2\mathrm{I}$

缺体:$2n-2=a_1a_1a_2a_2=4=(n-1)\mathrm{II}$

(一)亚倍体

1.单体($2n-1$)

单体:比合子染色体数少一条染色体的生物体。

(1)自然界有些动物具有单体存在的特点。

蝗虫、蟋蟀、某些甲虫:♀XX,即$2n$;♂X即$2n-1$。

许多鳞翅目昆虫:♀Z即$2n-1$;♂ZZ即$2n$。

自然界中有一些由染色体丢失而产生的嵌合体。

单体Ⅳ果蝇$2n-1$:XY+X0嵌合体(Y丢失)。

蛾($2n-1$,受精卵第一次分裂丢失一条Y染色体所产生)

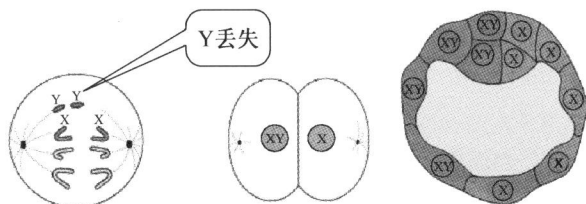

果蝇:$X^+X^-+X^-0$嵌合体,是由受精卵第一次分裂时丢失一条X^+染色体所产生的。

单体Ⅰ果蝇
$2n-1$(X^+丢失)

（2）植物界：

①二倍体群体中的单体往往不育。

②异源多倍体中单体具有一定的活力和育性。

例如：异源四倍体普通烟草，其配子有两个染色体组（$n=2X=TS=24=24\mathrm{I}$），是第一个分离出全套 24 个不同单体的植物（$2n-\mathrm{I_A},2n-\mathrm{I_B},2n-\mathrm{I_C},\cdots\cdots,2n-\mathrm{I_W},2n-\mathrm{I_Z}$）。

不同单体间及与双体之间的主要差异：花冠、蒴果、植株大小、发育速度、叶形和叶绿素等。

人类单体（45，X）：仅 1 条 X 染色体，女性（1/5000～1/2500），患有 Turner 综合征（先天性卵巢发育不良），身材矮小，缺乏女性第二性征。

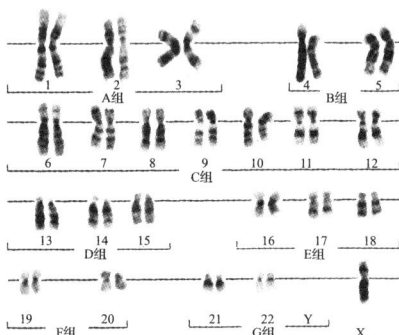

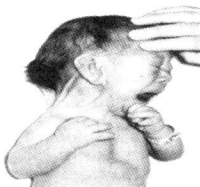

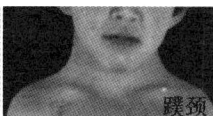

脚背淋巴水肿

后发际低

蹼颈

2. 缺体（$2n-2$）

（1）缺体是异源多倍体所特有的，来自（$2n-1$）单体自交。

（2）有的植物见不到缺体（在幼胚阶段死亡）。例如：普通烟草的自交后代中无缺体。

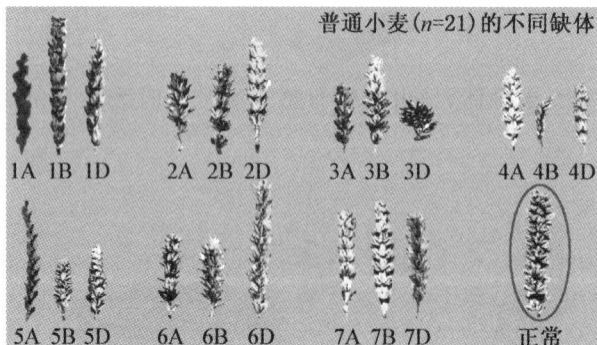

普通小麦（$n=21$）的不同缺体

1A 1B 1D　2A 2B 2D　3A 3B 3D　4A 4B 4D

5A 5B 5D　6A 6B 6D　7A 7B 7D　正常

（二）超倍体

1. 三体（2n＋1）

1910 年，发现直果曼陀罗球形蒴果的突变型。1920 年，发现突变型比正常（2n＝24＝12Ⅱ）多了一个染色体，即三体（11Ⅱ＋1Ⅲ）。

（2）三体与性状变异：三体基因剂量从两个增加到三个，不同于正常植株，三体染色体之间连锁基因群不同，表现型有所差异。

例如：曼陀罗 12 种三体的不同果形。

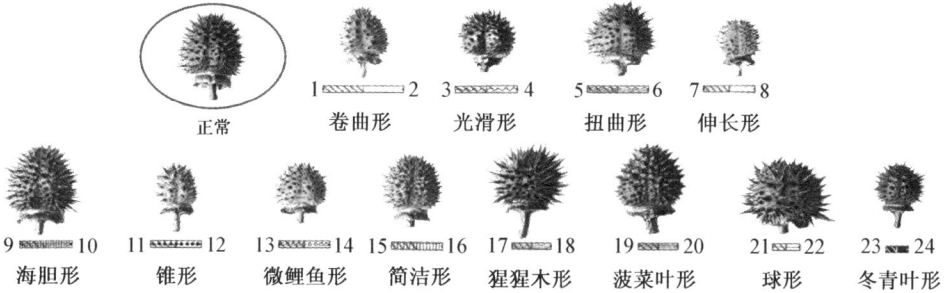

正常　　卷曲形　　光滑形　　扭曲形　　伸长形

海胆形　　锥形　　微鲤鱼形　　简洁形　　猩猩木形　　菠菜叶形　　球形　　冬青叶形

水稻三体：不同的三体表现不同的籽粒外形。

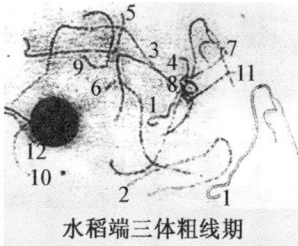

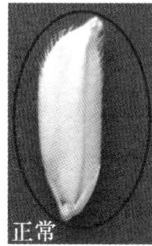

水稻端三体粗线期

正常

水稻的初级三体

人类的 21 三体综合征(唐氏综合征):严重智力迟钝、先天性心脏病、消化系统发育畸形、皮肤折痕多等。发病率约为 $1/1000 \sim 1/800$。

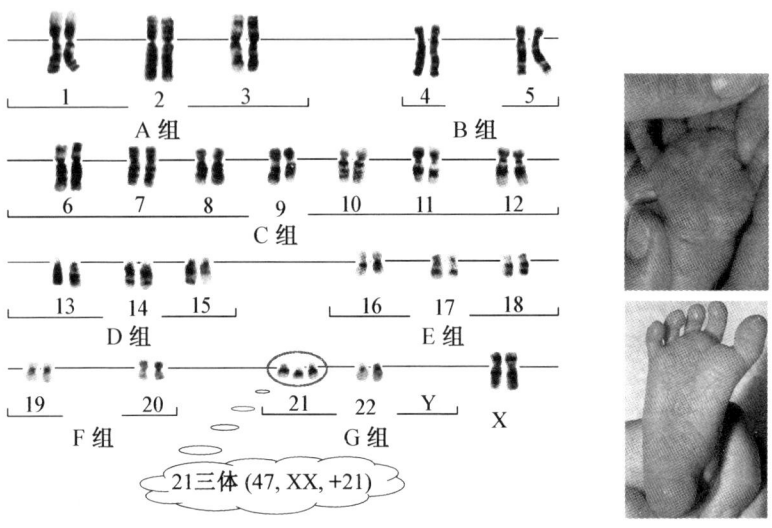

人类三体(47,+13):中枢神经系统发育缺陷,智力低下,耳聋,兔唇多趾等。

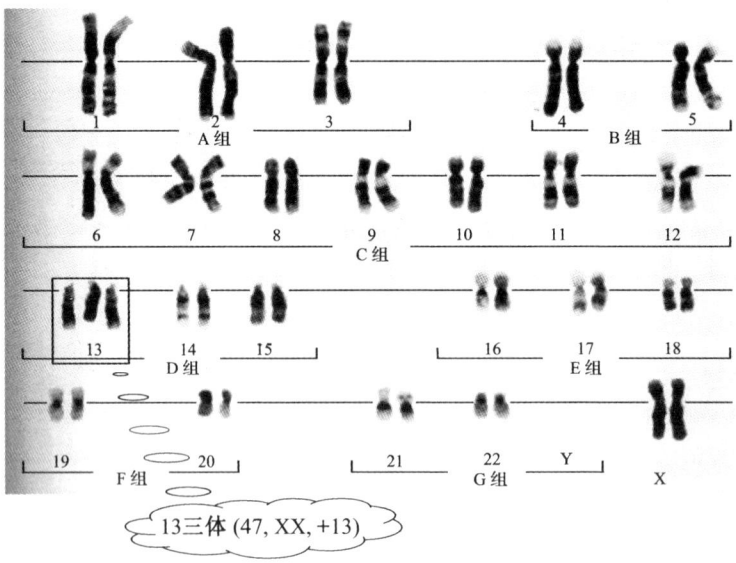

人类三体(47,＋18):智力低下,小头,许多器官先天性畸形,耳朵畸形、着生较下,下颚朝里生,小嘴等,出生后六个月内死亡率为 90％。

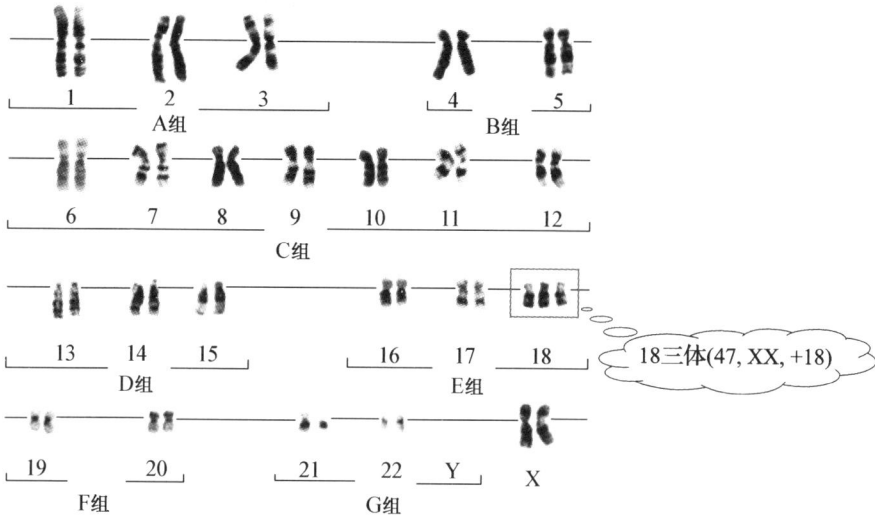

18三体(47, XX, +18)

人类性染色体数目增加的类型:XXY 三体、多 Y 个体等。

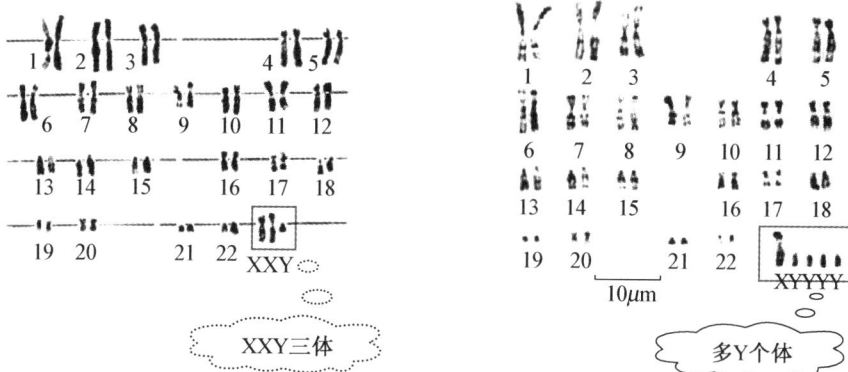

XXY三体

多Y个体

2.四体(2n＋2)

(1)来源:主要源于三体子代群体。

例如:普通小麦三体($2n+1=43=20\text{Ⅱ}+\text{Ⅲ}$)自交后代中有 1％四体植株($2n+2=44=20\text{Ⅱ}+\text{Ⅳ}$),可分离出 21 种不同四体。

(2)自交代:四体的稳定性远大于三体。

例如:普通小麦四体的自交子代中,有四体(73.8％)、三体(23.6％)、2n 植株(1.9％)。少数四体可以形成 100％的四体子代。

第五节　生物变异的诱发

自然条件下,各种动、植物发生基因突变的频率不高。这可保持生物种性的相对稳定性,但不利于生物多样性的发展和动、植物育种。

1927年,穆勒和斯特德勒用 X 射线研究人工诱变→证实人工诱发基因突变可以大大提高突变率。

穆勒

$$
变异
\begin{cases}
自然变异 \\
人工变异
\begin{cases}
人工杂交:亲本＋杂交→性状重组→品种 \\
人工诱变:基因＋诱变技术→新性状→品种[至 2011 年,我国\\
\qquad 在 45 种植物上已育成了 810 个诱变品种(全世界\\
\qquad 为 214 种植物 3218 个品种)] \\
分子生物技术:目标基因＋生物技术→受体→品种
\end{cases}
\end{cases}
$$

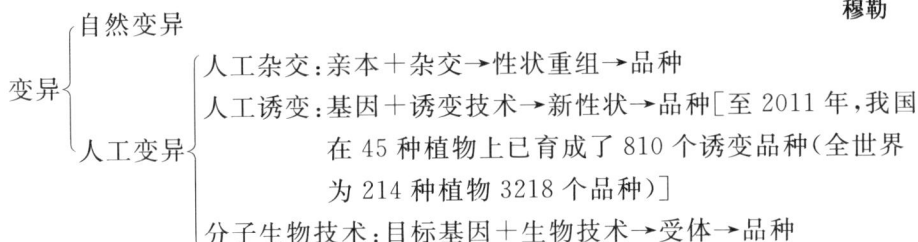

一、物理因素诱变

物理因素:各种电离辐射和非电离辐射。

基因突变需要相当大的能量,辐射是能量来源。

能量较高的辐射如紫外线可以产生热能,使原子"激发"(activation);高能量辐射如 X 射线、γ 射线、α 射线、β 射线、中子等除产生热能、激发原子外,还能使原子"电离"(ionization),使基因发生突变。

1. 电离辐射诱变

电离辐射诱变常用射线

射　线	穿透力	辐射源	应用时间	照射方法
X	较强	X 光机	早(1927)	外照射
γ	强	^{60}Co、^{137}Cs	较早	外照射
β	弱	^{32}P、^{35}S、^{14}C、^{65}Zn	较迟	内照射(浸泡或注射)
中子	弱	核反应堆或加速器如钋-铍中子源	最近	外照射

中子诱变效果好,但中子照射后的物体带有放射性,人体不能直接接触。其他还有激光、电子、微波和 α 射线(一般不用,电离程度很大,内照射很危险)等。

内照射:一般采用浸泡或注射法,使辐射源渗入生物体内,在体内放出射线(如β射线)进行诱变。

外照射:辐射源与接受照射物体间保持一定距离,让射线从物体之外透入体内,诱发基因突变。

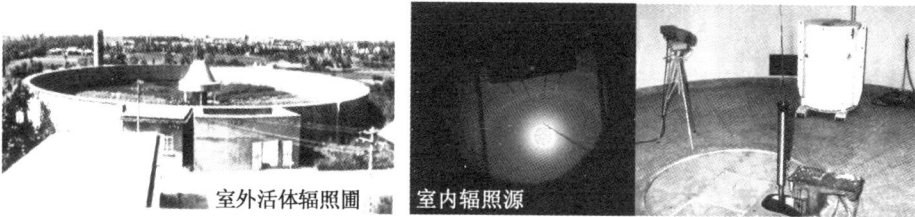

室外活体辐照圃　　室内辐照源

基因突变率与辐射剂量成正比,提高总剂量可以提高突变率,但过高剂量会引起不育、畸形、叶绿体突变率增加,甚至植株死亡等问题。

CK　　单子叶　　三子叶　　四子叶　　白化叶

2. 非电离辐射诱变

主要是紫外线照射,其波长较长(150～3800Å)、穿透力弱,一般应用于微生物或高等生物的配子诱变。

① 紫外线诱变的最有效波长为 2600Å(DNA 所吸收的紫外线波长)。紫外线直接作用于 DNA,促使分子结构发生离析,进而引起突变。

② 紫外线间接诱变作用:用紫外线照射过的培养基培养微生物可提高微生物的突变率。原因:经紫外线照射,培养基会产生过氧化氢(H_2O_2),它作用于氨基酸而导致微生物突变。辐射诱变还可以通过改变环境间接地起诱变作用。

3. 综合效应诱变

在太空中进行的空间诱变是一项有效的人工诱变技术。

太空中存在着各种物理射线可诱发突变,其他因素如失重、超净、无地球磁场影响以及卫星发射和返回时的剧烈震动等也是产生诱变的重要原因。

上述诱变因素的共同作用也会影响诱变效果。

目前,国外主要侧重突变体生理生化和诱变机制,国内主要研究形态学和新品种的选育。

我国已在水稻、小麦、棉花、油菜、花生、番茄、青椒、辣椒、牧草等作物中选育出许多新品种(组合)。

太空椒　普通青椒　宇椒1号(2012)　宇椒2号(2006)　宇番1号(2001)　宇番2号(2005)

二、化学因素诱变

化学因素诱变的历史较晚:

①1941年,奥尔巴赫(Auerbach)和罗伯森(Robson)第一次发现芥子气可诱发基因突变。

②1943年,奥尔克斯(Oehlkers)发现氨基甲酸乙酯($NH_2COOC_2H_5$)可诱发染色体结构变异。

③化学药物的诱变作用与电离辐射不同,某些化学药物的诱变作用具有一定的特异性,如甲基磺酸乙酯[EMS,$CH_3SO_2(OC_2H_5)$]。

此后,许多可作为诱变剂的化学药物被发现,正应用于化学诱变之中。

第六节　进化学说与物种形成

一、生物进化概述

地球上生命起源于 35 亿年前。化学进化过程→产生生命→生物进化。

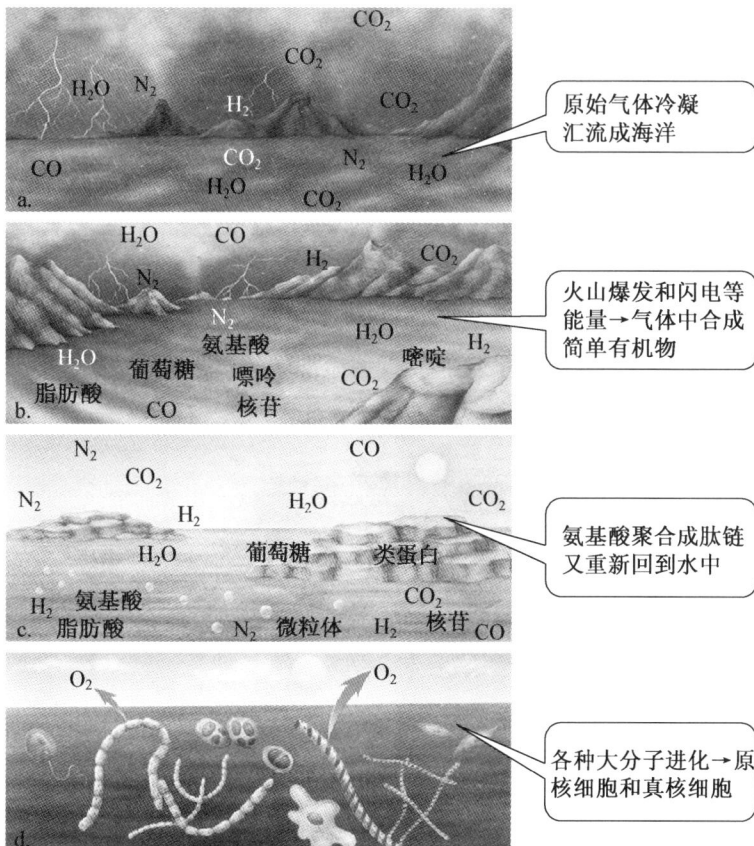

原始地球首先合成氨基酸等有机分子,进一步整合成蛋白质、核苷酸和脂肪酸等生命分子,产生古细菌等生物有机体,进而发展成蓝藻等原核生物(25亿—34亿年前,可进行光合作用),逐渐进化成原始真核生物(22亿年前),直至植物、动物出现。

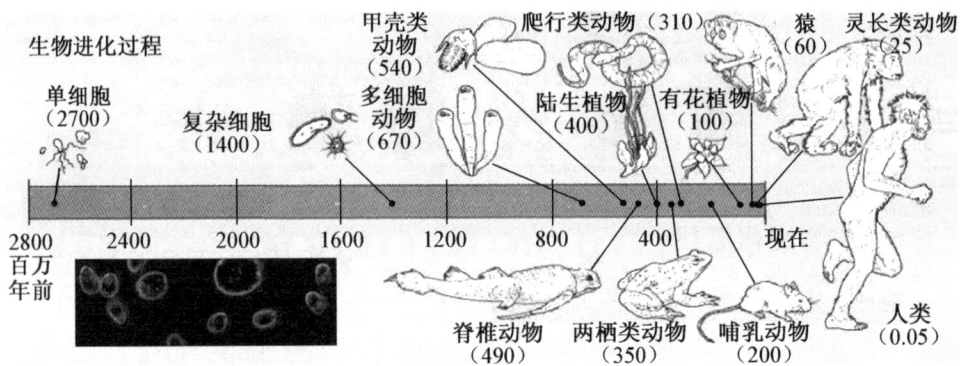

生物进化过程

单细胞(2700) 复杂细胞(1400) 多细胞动物(670) 甲壳类动物(540) 爬行类动物(310) 陆生植物(400) 有花植物(100) 猿(60) 灵长类动物(25)

2800 2400 2000 1600 1200 800 400 现在
百万年前

脊椎动物(490) 两栖类动物(350) 哺乳类动物(200) 人类(0.05)

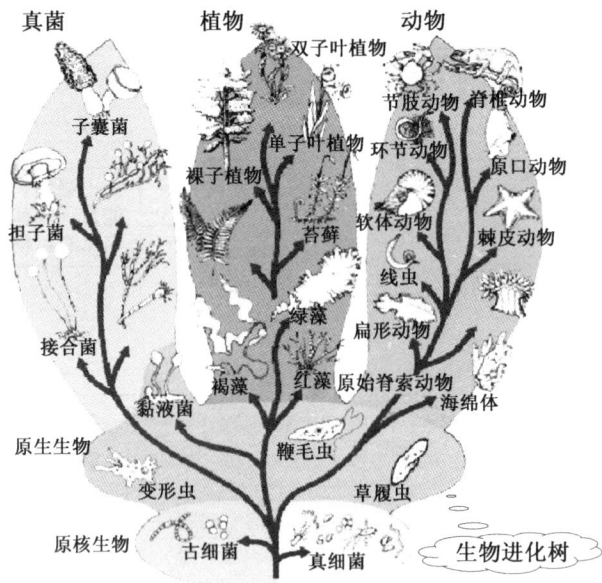

真菌 植物 动物

双子叶植物 节肢动物 脊椎动物
子囊菌 单子叶植物 环节动物 原口动物
裸子植物 苔藓 软体动物 棘皮动物
担子菌 线虫
接合菌 绿藻 扁形动物
黏液菌 褐藻 红藻 原始脊索动物 海绵体
原生生物 鞭毛虫
变形虫 草履虫
原核生物 古细菌 真细菌

生物进化树

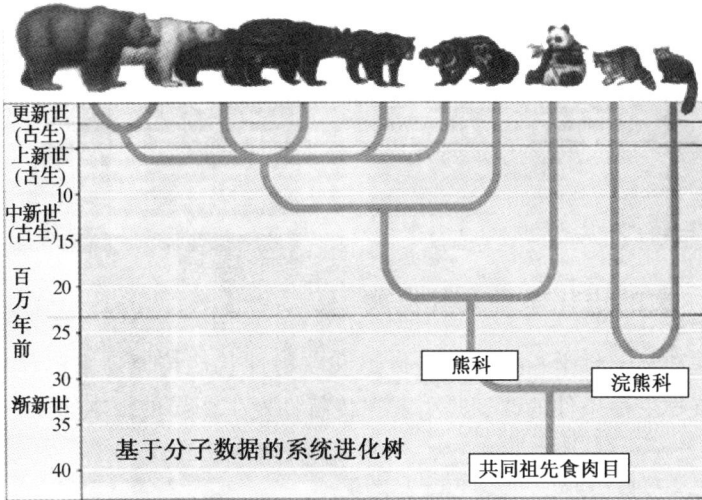

更新世
(古生)
上新世
(古生)

中新世
(古生)

百万年前

渐新世

基于分子数据的系统进化树

熊科

浣熊科

共同祖先食肉目

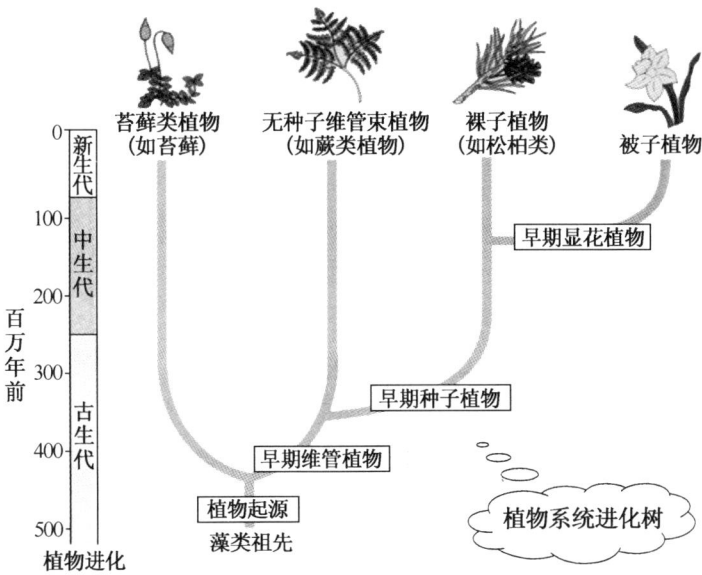

苔藓类植物
(如苔藓)

无种子维管束植物
(如蕨类植物)

裸子植物
(如松柏类)

被子植物

新生代

中生代

百万年前

古生代

早期显花植物

早期种子植物

早期维管植物

植物起源

藻类祖先

植物系统进化树

植物进化

　　进化论认为，一个新种需在遗传、变异、自然选择和隔离等因素作用下，从一个旧物种逐渐形成。

　　通过自然界物种进化的途径，认识有机界在系统发育中的遗传和变异规律，人工创造和综合新物种和新品种。

例如,通过远缘杂交和细胞遗传分析,认识小麦属的进化过程。棉花、烟草和芸薹属的许多复合种是由二倍体物种经过杂交和染色体加倍后形成的多倍体种。

小麦

棉花

烟草

油菜

二、达尔文的进化学说及其发展

拉马克《动物学哲学》:提出用进废退和获得性状遗传原理来解释生物进化机制,认为动植物生存条件的改变是引起遗传特性发生变异的根本原因。

外界环境条件对生物的影响有两种形式:

①对于植物的影响是直接的。例如:水生毛茛水面上的叶片呈掌状,而生长在水面下的叶片呈丝状。

②对于具有发达神经系统的高等动物则是间接的:当外界环境条件改变时,动物习性和行为改变,使某些器官功能加强和减弱。

用进废退和性状的遗传使生物逐渐得以发展。

毛茛

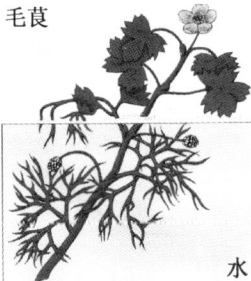
水

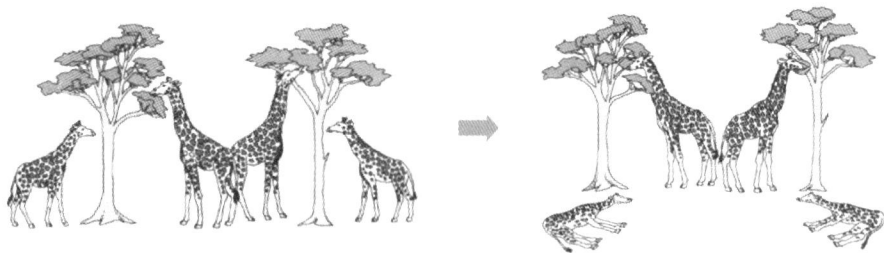

达尔文的进化学说:核心是选择,基础是种内个体间的微小差异。

自然选择:自然条件下个体微小差异的选择和积累。

种和变种内存在着个体差异和繁殖过剩现象,导致生存竞争,产生自然选择(物种起源和生物进化的主要动力)。

人工选择：人类对这些变异进行多代的选择和积累,选育出新的品种。

19世纪末,细胞学的发展促进了人类对细胞分裂、受精过程和染色体行为等的了解。

分子遗传学的发展使进化论在分子水平上得到进一步的发展。人类对生物进化的认识,通过遗传学研究仍在不断向前发展。

三、物种形成

(一)物种

1.概念

物种(species):具有一定形态和生理特征以及自然分布区的生物类群,是生物分类的基本单元、生物繁殖和进化中的基本环节。

(1)达尔文:物种之间一般有明显的界线。变种逐渐演变为物种。

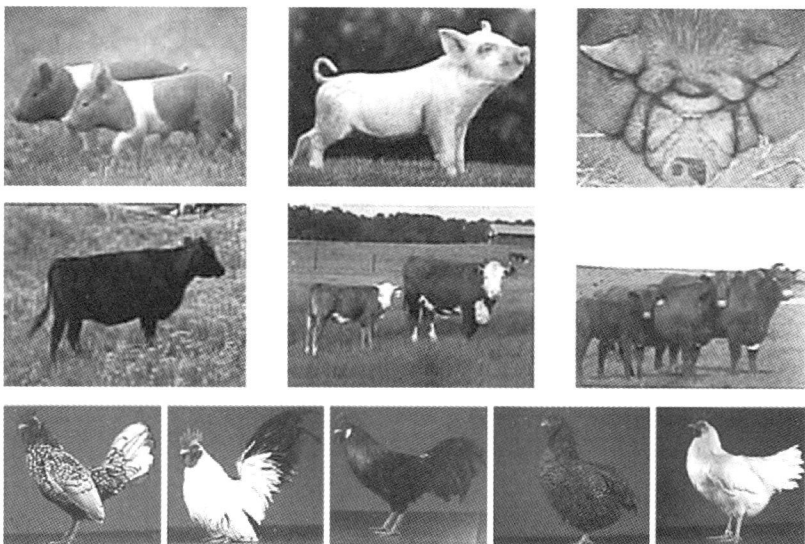

(2)现代物种的区别标准:

①可杂交性是区别物种的主要标准:能够相互杂交并产生可育后代的种群或个体属于同一物种;不能相互杂交,或者能够杂交但不能产生可育后代的种群或个体属于不同的物种。

遗传学:遗传差异、染色体变异等。

分子生物学:DNA序列变异、物种指纹图谱等。

②同时考虑形态结构上和生物地理上的差异。目前,分类学上仍以形态上的区别作为分类标准,但也应注意生物地理的分布区域。

每一物种在空间上有着一定的地理分布范围,超过这一范围就不能存在,或是产生新的特性和特征而转变为另一个物种。

2.引起物种间差异的原因

不同物种间具有较大的遗传差异,一般涉及一系列基因、染色体数目和结构上的差别。它们之间不能相互杂交或其杂种不能进行正常减数分裂,因而产生不育性和生殖隔离,不能产生后代。

两个果蝇物种(*Drosophila pseudoobscura* 和 *D. miranda*)在一些染色体的结构上是相似的,但有一些则产生了倒位或易位,使它们之间出现不育性,彼此杂交不能成功,从而演变为两个不同的物种。

在不同的个体或群体之间,由于遗传差异逐渐增大,生殖隔离产生。

生殖隔离是防止不同物种个体间相互杂交的环境、行为、机械和生理等方面的障碍,实质是达到阻止群体间基因交换的目的。

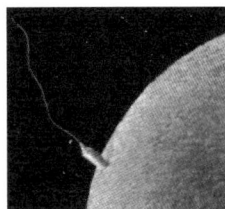

生殖隔离分为两大类:

(1)合子前生殖隔离:阻止不同群体成员间交配或产生合子。

(2)合子后生殖隔离:降低杂种生活力或生殖力的一种隔离。

生殖隔离机制的分类

分　类	原　因	特　征
合子前生殖隔离	生态隔离	群体在同一地区,但生活在不同的栖息地
	时间隔离	群体在同一地区,但交配期或开花期不同
	行为隔离	动物群体雌雄间不存在性吸引力
	机械隔离	生殖结构的不同阻止了交配或受精
合子后生殖隔离	杂种无生活力	F_1 杂种不能存活或不能达到性成熟
	杂种不育	杂种不能产生有功能的配子
	杂种衰败	F_1 杂种有活力并可育,但 F_1 世代表现活力明显减弱

(二)物种形成的方式

物种的形成:从量变到质变。主要有两种不同方式。

1. 渐变式

在一个长时间内,旧的物种逐渐演变成为新的物种,这是物种形成的主要形式。

形成方式:亚种逐渐累积变异成为新种。

渐变式又可分为两种方式:继承式和分化式。

(1)继承式:指一个物种可通过逐渐累积变异的方式,经历悠久的地质年代,由一系列的中间类型过渡到新种。例如:马等动物的进化历史。

野马

(2)分化式:指同一物种不同群体,由于地理隔离或生态隔离,逐渐分化成不同的新种。

特点:地理隔离(如海洋、高山和沙漠等)导致生物不能自由迁移,相互之间不能自由交配,基因间不能交流。群体发生遗传变异,经自然选择成为变种或亚种,进一步的分化导致生殖隔离,形成新种。

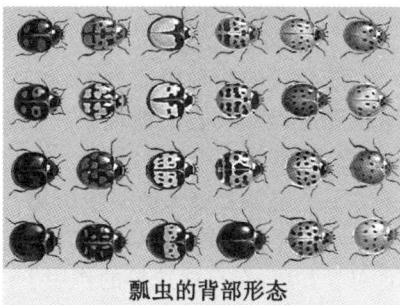
瓢虫的背部形态

地理隔离使松鼠的群体发生分化

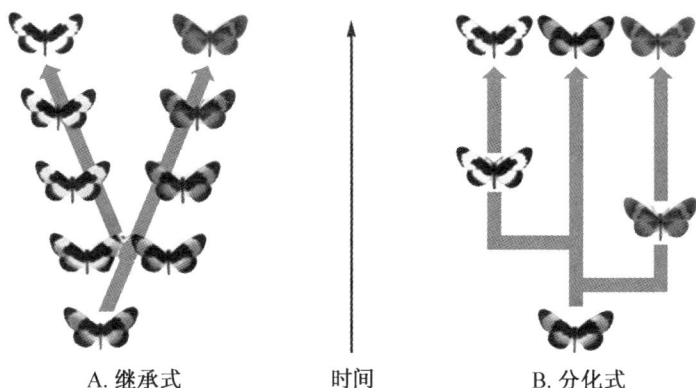
A. 继承式　　　时间　　　B. 分化式

例如:棉属中一些种的变化,就属于渐变式这种形式。其中亚洲棉来源于草棉。

草棉($2n$=AA=26)

亚洲棉($2n$=AA=26)

渐变式的物种形成方式,在地球历史是一种常见的方式,可通过突变、选择和隔离等过程形成若干地理族或亚族,因生殖隔离而形成新种。

2. 爆发式

不一定需要悠久的演变历史,较短时间内即可形成新种。一般不经过亚种阶段,而通过远缘杂交、染色体加倍、染色体变异或突变等方法,在自然选择的作用下逐渐形成新种。

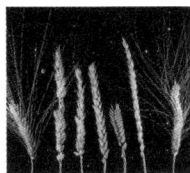

远缘杂交结合多倍化这种方式主要见于显花植物。

栽培植物中多倍体比例高于野生植物。

通过人工诱导多倍体,证明远缘杂交形成异源多倍体是新种产生的重要原因。例如:普通小麦的演化过程。

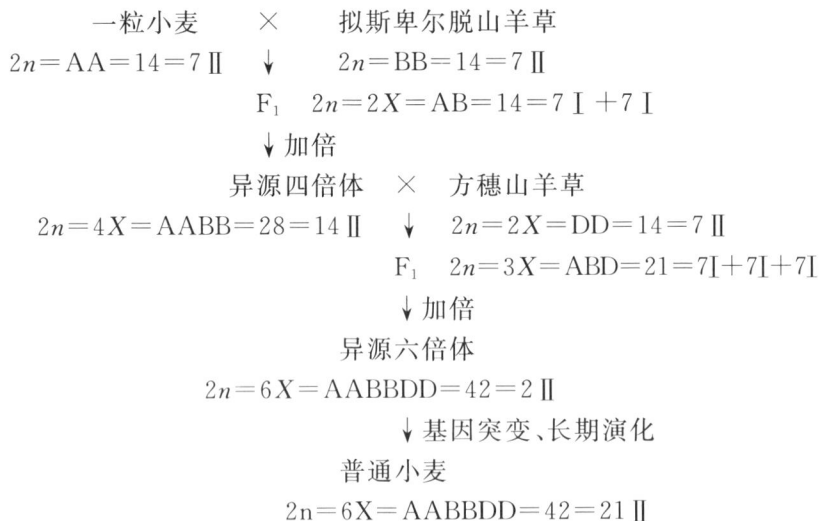

$$一粒小麦 \quad \times \quad 拟斯卑尔脱山羊草$$
$$2n=AA=14=7\,II \quad \downarrow \quad 2n=BB=14=7\,II$$
$$F_1 \quad 2n=2X=AB=14=7\,I+7\,I$$
$$\downarrow 加倍$$
$$异源四倍体 \quad \times \quad 方穗山羊草$$
$$2n=4X=AABB=28=14\,II \quad \downarrow \quad 2n=2X=DD=14=7\,II$$
$$F_1 \quad 2n=3X=ABD=21=7\,I+7\,I+7\,I$$
$$\downarrow 加倍$$
$$异源六倍体$$
$$2n=6X=AABBDD=42=2\,II$$
$$\downarrow 基因突变、长期演化$$
$$普通小麦$$
$$2n=6X=AABBDD=42=21\,II$$

另外,普通烟草的形成、芸薹属中各个栽培种的起源也充分说明了这种爆发式形成物种的作用。

草棉×雷蒙德棉	拟茸毛烟草×美花烟草	白菜 × 甘蓝
↓	↓	
陆地棉 $2n$=AADD=52	普通烟草 $2n$=TTSS=48	甘蓝型油菜 $2n$=AACC=38

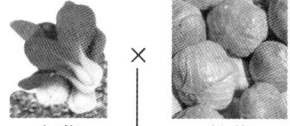

第四章　遗传研究和性连锁

人类很早就从整体上认识了遗传现象,发现亲子性状相似,直观上认为子代所表现的性状是父、母本性状混合遗传,在以后世代不再分离。

第一节　性状的遗传研究

一、一对相对性状的遗传研究

如孟德尔的杂交实验:

- 遗传纯系:以严格自花授粉植物豌豆为材料。
- 稳定性状:选择简单而能稳定遗传的 7 对性状进行实验。

豌豆(*Pisum sativum*)杂交实验

		种子		豆荚		茎	
显性	圆粒	黄子叶	褐色种皮红花	饱满	绿色	腋生花	高
隐性	皱粒	绿子叶	白色种皮白花	不饱满	黄色	顶生花	矮

·相对性状:采用各对性状上相对不同的品种为亲本。

·杂交:进行系统的遗传杂交实验。

·统计分析:系统记载各世代中不同性状个体数,应用统计方法处理数据,其结果否定了混合遗传观念。

孟德尔认为,父母本性状相对独立地传给后代,后代还会分离出父母本性状,并提出:

①分离规律。

②独立分配规律。

柱头
花药

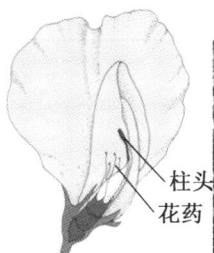

孟德尔曾以豌豆、菜豆、玉米、山柳菊为材料。

豌豆($Pisum\ sativum$)杂交实验用时 8 年(1856—1864 年),选用 7 对相对性状。

1.方法

(1)正交　P　红花(雌)　×　白花(雄)

$\downarrow$

F₁　　　　红花

$\downarrow \otimes$

F₂	红花	白花
株数	705	224　T=929 株
比例	3.15	：　1

(2)反交　白花(雌)　×　红花(雄)

$\downarrow$

3：1

以上说明 F₁ 与 F₂ 的性状表现不因亲本而异。

2.结果

7 对相对性状的实验结果相同。

豌豆 7 对相对性状杂交实验的结果

性　状	杂交组合	F_1 表现的相对性状	F_2 的表现		
			显性性状	隐性性状	比　例
花色 （种皮颜色）	红/白 （褐/白色）	红 （褐色）	705	224	3.15∶1
种子性状	圆/皱	圆	5474	1850	2.96∶1
子叶颜色	黄/绿	黄	6022	2001	3.01∶1
豆荚形状	饱满/不饱满	饱满	882	299	2.95∶1
未成熟荚色	绿/黄	绿	428	152	2.82∶1
花着生位置	腋生/顶生	腋生	651	207	3.14∶1
株高	高/矮	高	787	277	2.84∶1

3.分离规律的解释

孟德尔提出以下假设：

（1）生殖细胞中存在着与相对性状对应的遗传因子，控制着性状发育。

（2）遗传因子在体细胞内成对：如 F_1 植株内存在一个控制红花显性性状和一个控制白花隐性性状的遗传因子。

（3）每对遗传因子在形成配子时可均等地分配到配子中，每一配子（精细胞或卵细胞）中只含其中一个。

（4）遗传因子在受精过程中能保持独立性，表现为随机性。

4.表现型和基因型

孟德尔提出的遗传因子：基因（gene）。

（1）表现型（phenotype）：生物体所表现的性状可以被观测到，如红花、白花。

（2）基因型（genotype）：个体的基因组合即遗传组成，如花色基因型 CC、Cc、cc。

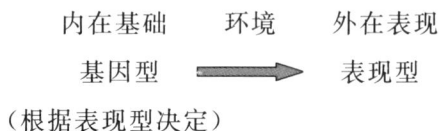

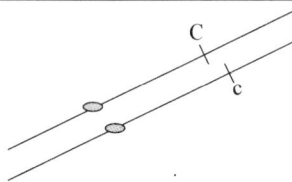

内在基础　　环境　　外在表现

基因型　　⟹　　表现型

（根据表现型决定）

5.分离比实现的条件

(1)研究的生物体必须是二倍体($2n$),相对性状差异明显。

(2)杂种减数分裂时各同源染色体必须以均等的机会分离,形成数目相等的配子,且两类配子发育良好,雌雄配子受精机会均等。

(3)受精后各基因型的合子成活率均等。

(4)显性作用完全,不受其他基因影响而改变作用方式,即简单的显隐性。

(5)杂种后代处于相对一致的条件下,实验群体大。

二、两对相对性状的独立遗传研究

孟德尔以豌豆为材料,选用具有两对相对性状差异的纯合亲本进行杂交,研究两对相对性状的遗传后提出独立分配规律。

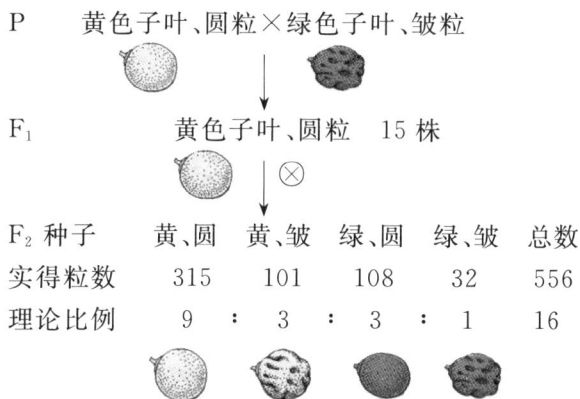

P　　黄色子叶、圆粒×绿色子叶、皱粒

F₁　　　　黄色子叶、圆粒　15 株

F₂ 种子	黄、圆	黄、皱	绿、圆	绿、皱	总数
实得粒数	315	101	108	32	556
理论比例	9 :	3 :	3 :	1	16

在两对相对性状遗传时,F₁ 出现显性性状,F₂ 出现 4 种类型:2 种亲本型＋2 种新的重组型(两者成一定比例)。

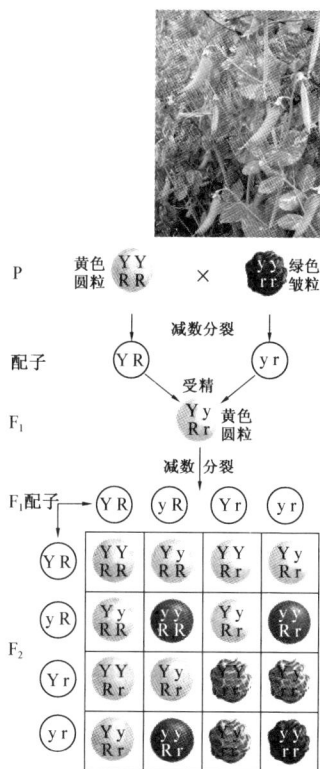

P　黄色子叶、圆粒×绿色子叶、皱粒

YYRR　　　　　　yyrr

G　　　　YR　　　　　　yr
F₁　　　黄子叶、圆粒YyRr
F₂

黄色圆豌豆和绿色皱粒豌豆的杂交实验分析图解

雌配子(♀)	雄配子(♂)			
	YR	yR	Yr	yr
YR	YYRR(黄、圆)	YyRR	YYRr	YyRr
yR	YyRR	yyRR(绿、圆)	YyRr	yyRr
Yr	YYRr	YyRr	YYrr(黄、皱)	Yyrr
yr	YyRr	yyRr	Yyrr	yyrr(绿、皱)

实质：

控制这两对性状的两对等位基因，分布在不同的同源染色体上。减数分裂时，每对同源染色体上等位基因发生分离；而位于非同源染色体上的基因，可以自由组合，互不干扰，各自独立分配到配子中去。

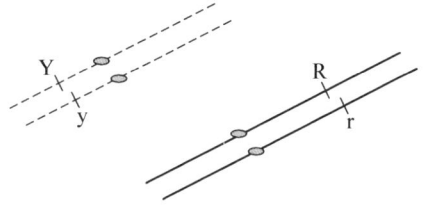

三、多对相对性状的独立遗传研究

当具有 3 对不同性状的植株杂交时，只要决定 3 对性状遗传的基因分别位于 3 对非同源染色体上，其遗传仍符合独立分配规律。

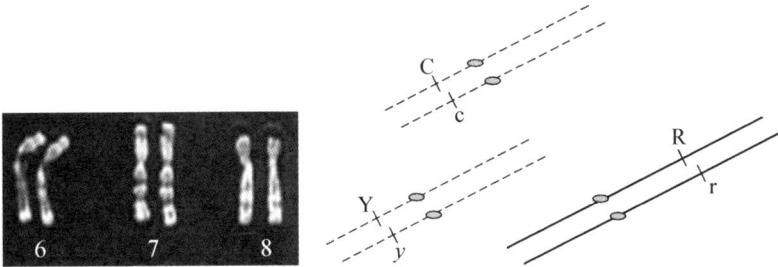

例如：

$$\begin{array}{ccc} \text{黄、圆、红} & \times & \text{绿、皱、白} \\ \text{YYRRCC} & \downarrow & \text{yyrrcc} \end{array}$$

F$_1$　　黄、圆、红

　　　　YyRrCc　　⇐完全显性

F$_1$　　配子类型 $2^3 = 8$

　　　（YRC、YrC、YRc、yRC、yrC、Yrc、yRc、yrc）

F$_2$ 组合　　$4^3 = 64$　⇐　雌雄配子间随机结合

F$_2$ 基因型　$3^3 = 27$

F$_2$ 表现型　$2^3 = 8$　⇐　$27:9:9:9:3:3:3:1$

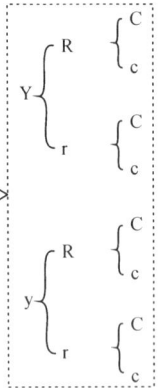

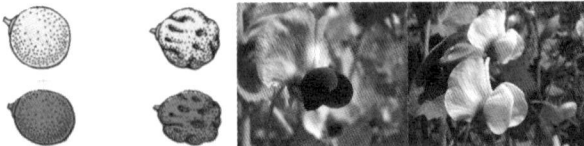

三、性状的连锁遗传

1900 年,孟德尔遗传规律重新发现后,受到生物界的重视,人们进行了大量实验。

有些属于两对性状的遗传结果不符合独立分配规律。摩尔根以果蝇为材料进行深入研究,提出连锁遗传规律,创立基因论,认为基因成直线排列在染色体上。染色体学说使遗传学进一步发展为细胞遗传学。

（一）连锁

1. 性状连锁遗传的发现

1906 年,贝特生（Bateson W.）和庞尼特（Punnett R.C.）在香豌豆两对性状杂交实验中,首先发现性状连锁遗传现象。

贝特生(1861—1926)：英国生物学家，曾经重复过孟德尔的实验

连锁遗传：原来亲本所具有的两个性状,在 F_2 连在一起遗传的现象。

相引组：甲、乙两个显性性状连在一起遗传,而甲、乙两个隐性性状连在一起遗传的杂交组合。

如：C Sh // c sh。

相斥组：甲显性性状和乙隐性性状连在一起遗传,而乙显性性状和甲隐性性状连在一起遗传的杂交组合。

如：C sh // c Sh。

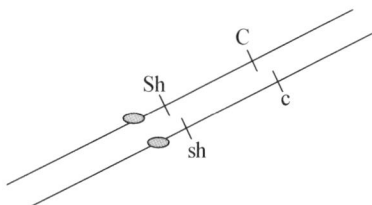

（1）相引组：

摩尔根（Morgan T. H.）等以果蝇为材料进行测交结果：

   ×   

红眼、长翅 PPVV   ×   紫眼、正常翅 ppvv

F_1	红眼、长翅		×	紫眼、正常翅	
	PpVv			ppvv	
配子	PV	pV	Pv	pv	pv
Ft	PpVv	ppVv	Ppvv	ppvv	
	红眼长翅	紫眼长翅	红眼正常翅	紫眼正常翅	总数
个数	1339	154	151	1195	2839

结果:亲本组合=[(1339＋1195)/2839]×100％＝89.26％

重新组合=[(154＋151)/2839]×100％＝10.74％

证实 F_1 所成的四种配子数不等,两种亲本型配子多,两种重组型少。

(2)相斥组:

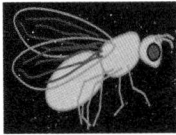

红眼、正常翅 PPvv　　　　　×　　　　紫眼、长翅 ppVV

↓

F_1　　　　　　　　红眼、长翅　　　　×　　　　紫眼、正常翅

　　　　　　　　　　　　PpVv　　　　　　　　　　　　ppvv

配子　　　PV　　　　pV　　　　Pv　　　　pv　　　　　pv

Ft　　　PpVv　　　ppVv　　　Ppvv　　　ppvv

　　　红眼长翅　紫眼长翅　红眼正常翅　紫眼正常翅　　总数

个数　　157　　　1067　　　965　　　　146　　　　2335

结果:亲本组合=[(1067＋965)/2335]×100％＝87.02％

重新组合=[(157＋146)/2335]×100％＝12.98％

证实 F_1 所形成的四种配子数不等。

2.连锁遗传的特点

两个亲本型配子数相等:＞50％。

两个重组型配子数相等:＜50％。

F_2:①同样出现四种表现型。

②不符合 9∶3∶3∶1。

③亲本组合数偏多,重新组合数偏少(与理论数相比)。

亲本具有的两对非等位基因(Pp 和 Vv)不是独立分配的,而是连在一起遗传的,如 P－V 和 p－v 常常连在一起。

F_1 配子中总是亲本型配子数(PV 和 pv,或 Pv 和 pV)偏多,重新组合配子数(Pv 和 pV,或 PV 和 pv)偏少。

3.完全连锁与不完全连锁

控制生物性状的基因很多,而生物的染色体数目有限。许多基因位于同一染色体上,引起连锁遗传。

连锁:若干非等位基因位于同一染色体而发生连锁遗传的现象。

完全连锁:同源染色体上非等位基因间不能发生非姐妹染色单体之间的交换。

F_1 只产生两种亲本型配子,其自交或测交后代个体的表现型均为亲本组合。

$$P \quad \frac{AB}{AB} \quad \times \quad \frac{ab}{ab}$$

$$F_1 \quad \frac{AB}{ab}$$

测交 $\times \dfrac{ab}{ab}$

♀	AB	ab
AB	$\frac{AB}{AB}$	$\frac{AB}{ab}$
ab	$\frac{AB}{ab}$	$\frac{ab}{ab}$

♀		ab
AB		$\frac{AB}{ab}$
ab		$\frac{ab}{ab}$

完全连锁 3:1　　　　　　　　　测交 1:1

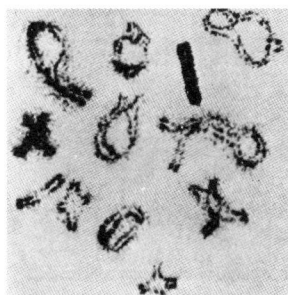

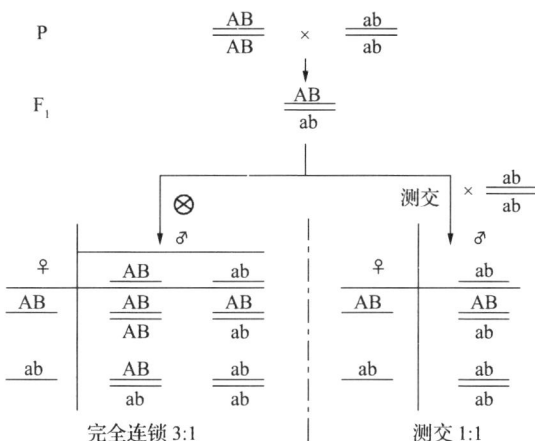

非等位基因间完全连锁的情形很少，一般是不完全连锁。

不完全连锁（部分连锁）：F_1 可产生多种配子，后代出现新性状的组合，但新组合较理论数为少。

如玉米颜色基因 Cc 和籽粒饱满度基因 Shsh 是位于玉米第 9 对染色体上的两对不完全连锁的非等位基因。

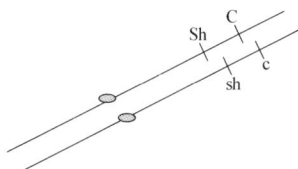

（二）交换

交换：成对染色体中非姐妹染色单体间基因的互换。

交换的过程：杂种减数分裂时期（前期Ⅰ的粗线期）。

根据染色体细胞学行为和基因位置上的变化关系，可以说明连锁和交换的实质。

例如：玉米有色饱满基因。

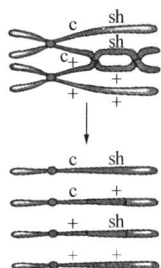

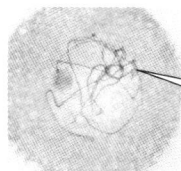

玉米粗线期

当两对基因为连锁遗传时，其重组率总是＜50％。

一对同源染色体的四条非姐妹染色单体，两个基因间的染色体区段内仅两条非姐妹染色单体发生交换（crossing over）。因此，重组型配子数目只是少数。

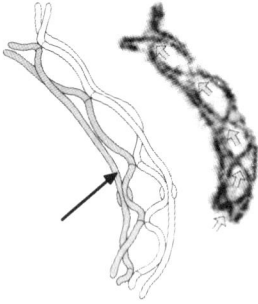

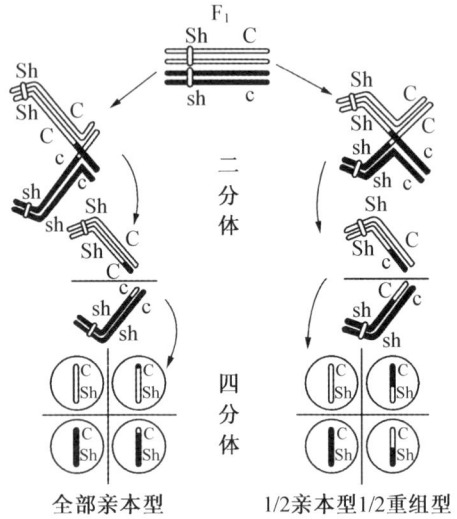

（三）交换值及其测定

1.交换值（重组率）

交换值是指同源染色体非姐妹染色单体之间有关基因的染色体片段发生交换的频率，一般利用重新组合配子数占总配子数的百分率进行估算。

$$交换值 = \frac{重新组合配子数}{总配子数} \times 100\%$$

2.交换值与连锁强度的关系

交换值的幅度：0～50%。

当交换值→0时，连锁强度越大，两个连锁的非等位基因之间交换越少；

当交换值→50%时，连锁强度越小，两个连锁的非等位基因之间交换越大。

交换值的大小主要与基因间的距离远近有关。

3.影响交换值的因子

（1）性别：未发现雄果蝇、雌蚕染色体片段发生交换。

（2）温度：家蚕第二对染色体上 P^S-Y（P^S 黑斑、Y 幼虫黄色）

饲养温度（℃）	30	28	26	23	19
交换值（%）	21.48	22.34	23.55	24.98	25.86

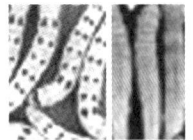

（3）基因位于染色体上的部位：离着丝点越近，其交换值越小，着丝点不发生交换。

（4）其他：年龄、染色体畸变等也会影响交换值。

由于交换值具有相对稳定性，常以该数值表示两个基因在同一染色体上的相对距离（遗传距离），例如，3.6% 即可称为 3.6 个遗传单位。

遗传单位值越大，两基因间距离越远，越易交换。

第二节　基因定位与连锁遗传图

一、基因定位

基因定位:确定基因在染色体上的位置。

基因在染色体上各有其一定的位置,确定基因的位置主要是确定基因之间的距离和顺序,基因之间的距离是用交换值来表示的。

准确估算出交换值,确定基因在染色体上的相对位置,可把基因标志在染色体上。

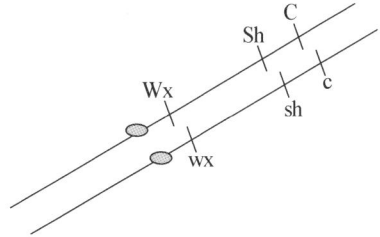

三点测验法:

通过一次杂交和一次用隐性亲本测交,同时测定三对基因在染色体上的位置,是基因定位最常用的方法。

特点:

①估算的交换值较为准确。

②通过一次实验可同时确定三对连锁基因的位置。

1.确定基因在染色体上的位置

以玉米 Cc、Shsh 和 Wxwx 三对基因为例:

P　　　凹陷、非糯、有色×饱满、糯性、无色

　　　shsh　++　++　↓　++　wxwx　cc

F₁　　　饱满、非糯、有色　×　凹陷、糯性、无色

　　　+sh　+wx　+c　↓　shsh　wxwx　cc

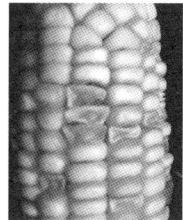

F$_t$ 表现型			根据 F$_1$ 表现型推知 F$_1$ 配子基因型			粒数（粒）	交换类别
饱满	糯性	无色	+	wx	c	2708	亲本型
凹陷	非糯	有色	sh	+	+	2538	亲本型
饱满	非糯	无色	+	+	c	626	单交换
凹陷	糯性	有色	sh	wx	+	601	单交换
凹陷	非糯	无色	sh	+	c	113	单交换
饱满	糯性	有色	+	wx	+	116	单交换
饱满	非糯	有色	+	+	+	4	双交换
凹陷	糯性	无色	sh	wx	c	2	双交换
总数（粒）						6708	

单交换：

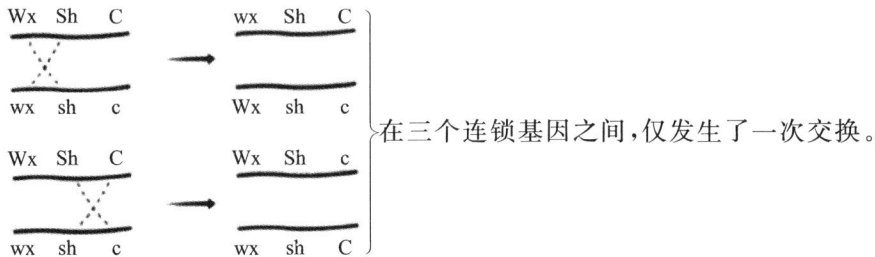

在三个连锁基因之间，仅发生了一次交换。

双交换：

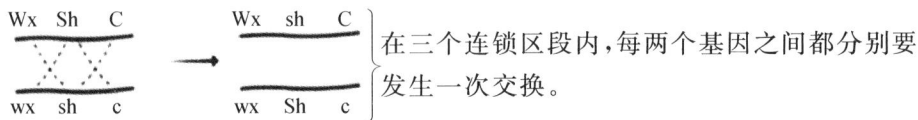

在三个连锁区段内，每两个基因之间都分别要发生一次交换。

根据 F_1 基因型有三种可能性：

①
$$\frac{sh \quad + \quad +}{+ \quad wx \quad +};$$

②
$$\frac{+ \quad sh \quad +}{wx \quad + \quad c};$$

③
$$\frac{+ \quad + \quad sh}{wx \quad c \quad +}。$$

F_t 中亲本型最多，发生双交换的表现型个体数应该最少。所以： $\underline{+ \quad wx \quad c}$ 和 $\underline{sh \quad + \quad +}$ 为亲本型配子类型；$\underline{+ \quad + \quad +}$ 和 $\underline{sh \quad wx \quad c}$ 为双交换配子类型；其他均为单交换配子类型。

第②种排列顺序才有可能出现表中的双交换配子。所以： $\dfrac{+ \quad sh \quad +}{wx \quad + \quad c}$ 为正确排列顺序，sh 在中间。

因此，这三个连锁基因在染色体上的位置为$\underline{wx \quad sh \quad c}$。

关键是确定中间一个基因：简要方法是以最少的双交换型与最多的亲本型相比，可见只有 sh 基因发生了位置改变。所以，sh 一定在中间。

2. 确定基因之间的距离

估算交换值确定基因之间的距离。

由于每个双交换都包括两个单交换，估计两个单交换值时，应分别加上双交换值：

双交换值＝[(4＋2)/6708]×100％＝0.09％

wx-sh 间单交换＝[(601＋626)/6708]×100％＋0.09％＝18.4％

sh-c 间单交换＝[(116＋113)/6708]×100％＋0.09％＝3.5％

三对连锁基因在染色体上的位置和距离确定如下：

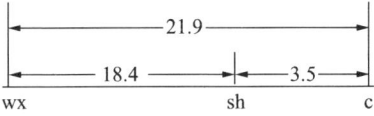

```
       |←————————— 21.9 —————————→|
  |←——————— 18.4 ———————→|←— 3.5 —→|
  wx                    sh         c
```

二、连锁遗传图

通过多次三点测验,可以确定位于同一染色体基因的位置和距离,绘成连锁遗传图。

连锁群:存在于同一染色体上的全部基因。

一种生物连锁群数目与染色体对数一致。

生物种类	染色体对数(n)	连锁群数
番茄	12	12
玉米	10	10
果蝇	7	7

绘制连锁遗传:以最先端基因为 0,依次向下,不断补充变动。

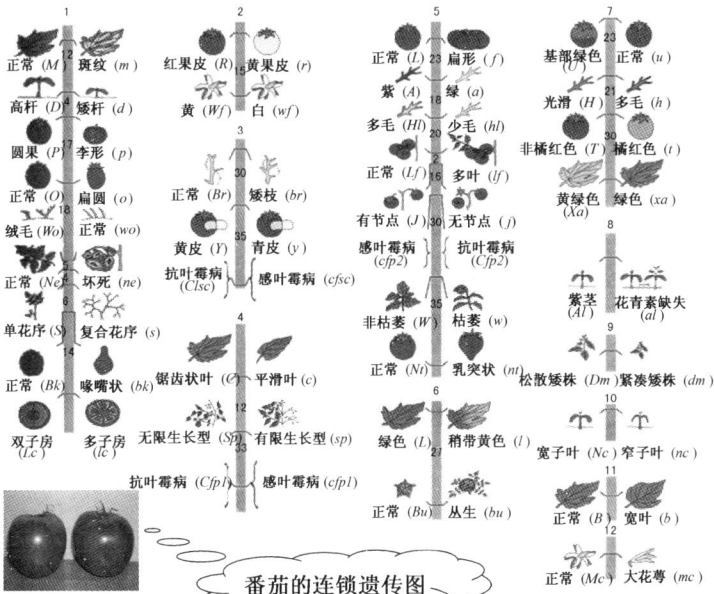

番茄的连锁遗传图

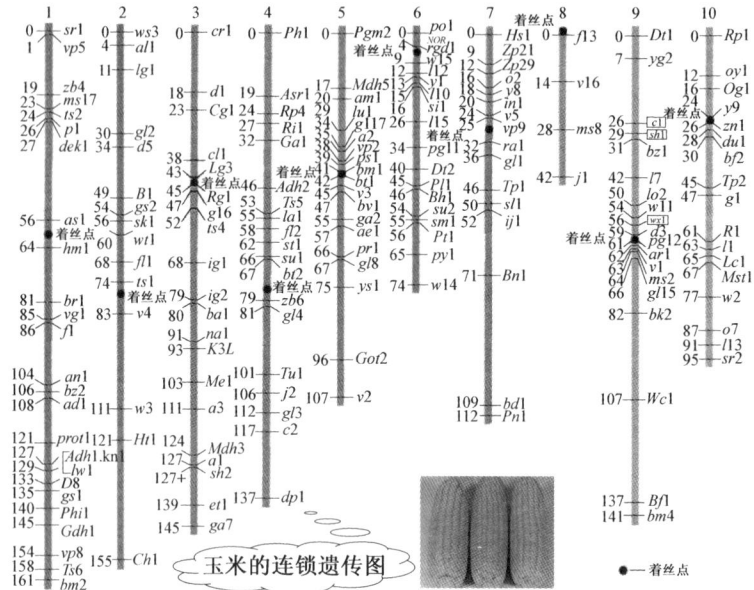

玉米的连锁遗传图

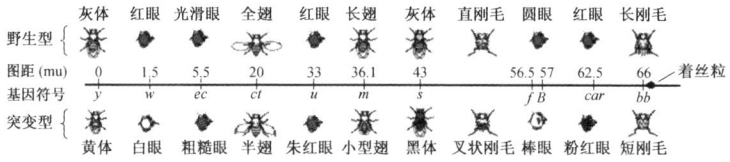

●—着丝点

1号染色体（X）

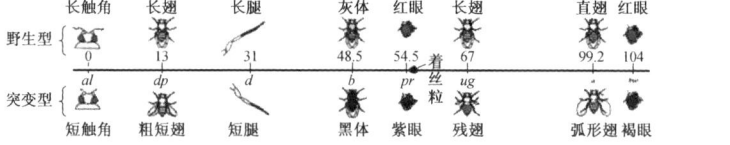

2号染色体

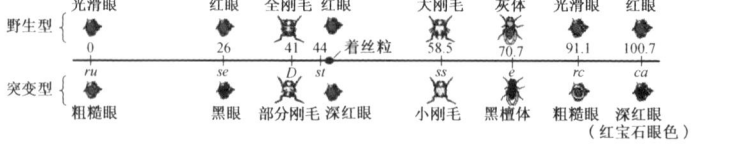

3号染色体

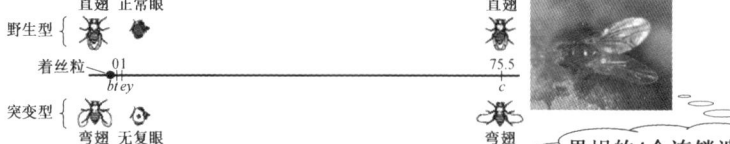

4号染色体

果蝇的4个连锁遗传图谱

第三节　遗传规律的补充和发展

1900 年,孟德尔规律被重新发现,世界上出现遗传学研究的高潮。许多学者从不同角度探讨遗传学的各种问题,巩固、补充和发展孟德尔规律。

一、显隐性关系的相对性

1.显性现象的表现

(1)完全显性:F_1 表现与亲本之一相同,而非双亲的中间型或者同时表现双亲的性状。

例如:豌豆花色。

(2)不完全显性:F_1 表现为双亲性状的中间型。

例如:金鱼草。

红花　　×　　白花

RR　　↓　　rr

粉红 Rr

↓

红：粉红：白

1RR：2Rr：1rr

F_1 为中间型,F_2 分离。

这说明 F_1 出现中间型性状并非是基因的掺和,而是显性不完。当相对性状为不完全显性时,其表现型与基因型一致。

(3)共显性:F_1 同时表现双亲性状。

例如：贫血

贫血　　　　　正常人

红细胞镰刀形　×　　红细胞碟形

ss　　↓　　SS

Ss

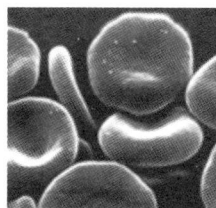

这种人平时不表现病症,缺氧时才发病。

（4）镶嵌显性：F₁ 同时在不同部位表现双亲性状。

例如：异色瓢虫鞘翅有很多颜色变异，由复等位基因控制。

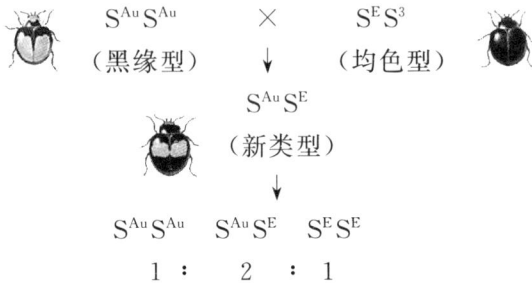

$$S^{Au}S^{Au} \qquad \times \qquad S^E S^3$$
（黑缘型） ↓ （均色型）

$$S^{Au}S^E$$
（新类型）
↓

$$S^{Au}S^{Au} \quad S^{Au}S^E \quad S^E S^E$$
$$1 \quad : \quad 2 \quad : \quad 1$$

又如：

紫花辣椒×白花辣椒
↓
F₁
（新类型）
（边缘为紫色，中央为白色）

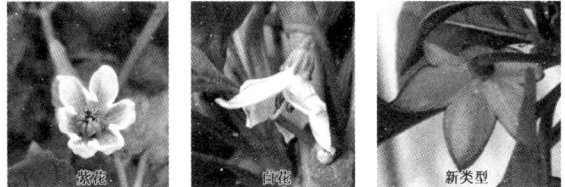

2. 显隐性的相对性

例如：从外表看，贫血可认为是完全显性。

ss 患者贫血严重，发育不良，关节、腹部和肌肉疼痛，多在幼年死亡；Ss 杂合者在缺氧时发病。有氧时，S 对 s 为显性；缺氧时，s 对 S 为显性。

Ss 杂合者的红细胞则可以认为是共显性的，同时具有镰刀形和碟形红细胞。

3. 显性性状与环境的关系

相对基因分别控制各自决定的代谢过程（非彼此直接抑制或促进关系）来控制性状发育。

环境条件具有较大的影响作用。例如：温度、食物、发育和性别等。

（1）温度：如金鱼草花色、水稻叶色和喜马拉雅兔毛色。

金鱼草：红花品种×象牙色
↓

F₁ 低温强光下为红色，高温遮光下为象牙色

水稻叶色突变体：20.0℃时为白色，23.1℃时为黄白色，26.1℃时为黄绿色，30.1℃时为绿色。受一对隐性基因所控制（F₁ 绿色，F₂ 为 3∶1）。

喜马拉雅兔:产生黑色素的酶在较高温度下失活,毛色在端点位置(温度较低)呈黑色。

(2)食物:兔子皮下脂肪的遗传。

白脂肪 YY

$\qquad\times\qquad\rightarrow$ F$_1$ 白脂肪 Yy

黄脂肪 yy $\qquad\downarrow$近亲繁殖

$\qquad\qquad$ F$_2$ 3白脂肪:1黄脂肪

兔子所食用的绿色食物中含有大量叶绿素和黄色素。

Y:能合成黄色素分解酶,分解黄色素。

y:不能合成黄色素分解酶,不会分解黄色素。

所以,基因决定着黄色素分解酶的合成,决定脂肪颜色。

显性基因 Y 与白色脂肪性状,隐性基因 y 与黄色脂肪性状是间接关系。

上例中,yy 兔子出生后不吃含叶绿素和黄色素食物,即使它不能合成黄色素分解酶,脂肪也表现白色。

(3)发育:须苞石竹。

白花×暗红色

$\qquad\downarrow$

F$_1$ 的花最初是纯白,慢慢转变为暗红色

(4)性别:羊角。

无角羊　×　有角羊
↓
F₁　雄的有角,雌的无角

(4)其他:如毛茛水平面之上的叶片平展,水平面之下的叶片针状。

二、非等位基因间的相互作用

就两对性状而言,F_2 表现型呈 9∶3∶3∶1 的分离比例,符合独立分配规律,表明这是两对基因自由组合、独立起作用的结果。

基因与性状之间远不是一对一的关系,很多情况下是两个或更多基因影响一个性状。

当 F_2 表现型不符合 9∶3∶3∶1 分离比例时,有一些是属于两对基因间相互作用的结果,即基因互作。

基因互作:不同基因间相互作用,影响性状表现的现象。

1.互补作用(complementary effect)

两对独立遗传基因均处于纯合显性或杂合显性状态时,共同决定一种性状的发育;当只有一对基因是显性或两对基因都是隐性时,则表现为另一种性状,即 F_2 产生 9∶7 的比例。

互补基因:发生互补作用的基因。例如:香豌豆。

P　　白花(CCpp)×白花(ccPP)
↓
F₁　　　　紫花(CcPp)
↓⊗
F₂　　9 紫花(C_P_)∶7 白花(3C_pp+3ccP_+1ccpp)

以上出现的紫花性状与其野生祖先的花色相同,称为返祖现象。

原因:在进化过程中,CCPP 中显性基因突变,C→c(白色 ccPP)或 P→p(白色 CCpp)。而这两种突变后形成的白花品种杂交后又会产生紫花性状(C_P_)。

2.积加作用(additive effect)

两种显性基因同时存在时,产生一种性状;单独存在时,能分别表现相似的性状;两种基因均为隐性时,又表现为另一种性状,F_2 产生9∶6∶1的比例。

例如:南瓜。

P　圆球形(AAbb)　×　圆球形(aaBB)
↓
F₁　　　　扁盘形(AaBb)
↓⊗
F₂　　9 扁盘形(A_B_)∶6 圆球形(3A_bb+3aaB_)∶1 长圆形(aabb)

3. 重叠作用(duplicate effect)

两对或多对独立基因对表现型的影响相同,F_2 产生 15:1 的比例。只要有一个显性重叠基因存在,该性状就能表现。

例如:荠菜。

P　三角形蒴果($T_1T_1T_2T_2$)　×　卵形蒴果($t_1t_1t_2t_2$)

↓

F_1　　　　　　　　三角形($T_1t_1T_2t_2$)

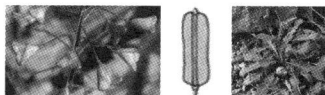

↓⊗

F_2　15 三角形($9T_1\_T_2\_+3T_1\_t_2t_2+3t_1t_1T_2\_$):1 卵形($t_1t_1t_2t_2$)

又如:小麦皮色。

P　　红皮($R_1R_1R_2R_2$)　×　白皮($r_1r_1r_2r_2$)

↓

F_1　　　　　　　　红皮($R_1r_1R_2r_2$)

↓⊗

F_2　15 红皮($9R_1\_R_2\_+3R_1\_r_2r_2+3r_1r_1R_2\_$):1 白皮($r_1r_1r_2r_2$)

当杂交实验涉及 3 对重叠基因时,F_2 的分离比例则为 63:1,其余类推。

4. 显性上位作用(epistatic dominance)

上位性:两对独立遗传基因共同对一对性状发生作用,其中一对基因对另一对基因的表现有遮盖作用。

显性上位:起遮盖作用的基因是显性基因,F_2 分离比例为 12:3:1。

例如:西葫芦显性白皮基因(W)对显性黄皮基因(Y)有上位性作用。

P　白皮 WWYY×绿色 wwyy

↓

F_1　　　　白皮 WwYy

↓

F_2　12 白皮($9W\_Y\_+3W\_yy$):3 黄皮($wwY\_$):1 绿色(wwyy)

5. 隐性上位作用(epistatic recessiveness)

在两对互作基因中,其中一对隐性基因对另一对基因起上位性作用,F_2 分离比例为 9:3:4。

例如:玉米胚乳蛋白质层颜色。

P　红色蛋白质层(CCprpr)　×　白色蛋白质层(ccPrPr)

↓

F_1　　　　　　　紫色(CcPrpr)

↓⊗

F_2　9 紫色(C_Pr_):3 红色(C_prpr):4 白色(3ccPr_+1ccprpr)

上位作用与显性作用的不同点:上位性作用发生于两对不同等位基因之间,而显性作用则发生于同一对等位基因两个成员之间。

隐性上位作用:aa 基因对 T_(斑纹)有隐性上位掩盖作用。

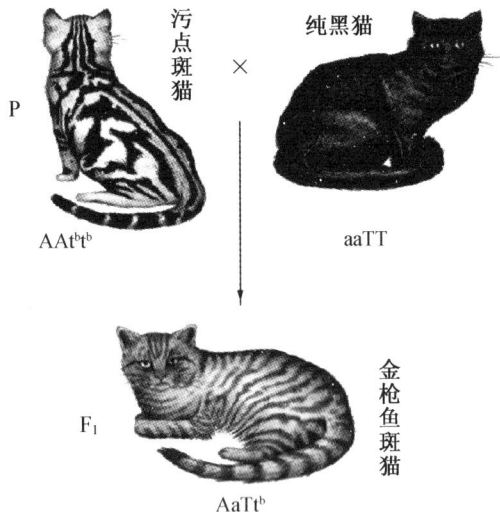

三、多因一效和一因多效

基因与性状关系主要有以下几种情况:

1. 一个基因控制一个性状:单基因遗传。

2. 两个基因控制一个性状:基因互作。

3. 许多基因控制同一性状:多因一效。如:

(1)玉米:50 多对基因控制正常叶绿体的形成,任何一对的改变会使叶绿素消失或改变。

(2)棉花:gl_1—gl_6 控制腺体,任何一对改变都会影响腺体的分布和存在。

(3)玉米:A_1、A_2、A_3、C、R、Pr 和 i 7 对基因控制玉米籽粒胚乳蛋白质层的紫色。

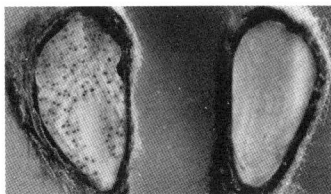

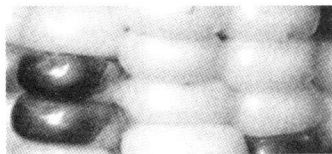

4.一个基因控制许多性状的发育：一因多效。

孟德尔在豌豆杂交实验中发现：红花株＋结灰色种皮＋叶腋上有黑斑，白花株＋结淡色种皮＋叶腋上无黑斑，这三种性状总是连在一起遗传，仿佛是一个遗传单位。

水稻矮生基因：可以矮生、提高分蘖力、增加叶绿素含量（为正常型的128％～185％），还可扩大栅栏细胞的直径。

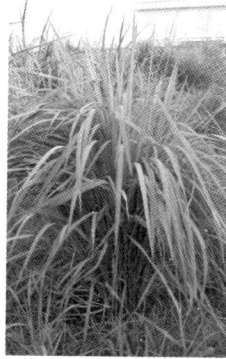

第四节　性别决定与性连锁

一、性染色体与性别决定

1. 生物染色体分类

生物染色体可以分为常染色体和性染色体两类。

常染色体:除性染色体以外的各对染色体,通常以 A 表示。常染色体的各对同源染色体一般同型,即形态、结构和大小基本相同。

性染色体:直接与性别决定有关的一个或一对染色体。成对的性染色体往往异型,即形态、结构、大小和功能都有所不同。

如:果蝇 $n=4$,雌为 3AA＋1XX,雄为 3AA＋1XY。

果蝇性染色体

♀	♂	
	X	Y
X	XX	XY

雌　　　　　　　雄　　　　　　雄果蝇　　雌果蝇

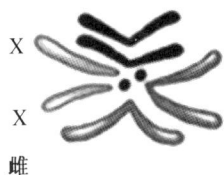

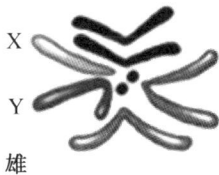

2. 性染色体决定雌雄性别的方式

(1)动物性别的决定:

①雄杂合型:

XY 型:人、果蝇、牛、羊等。

X0 型:蝗虫、蟋蟀等,♀XX,♂X。

②雌杂合型:

ZW 型:家蚕、鸟类(包括鸡、鸭、鹅等)、蝶类以及爬行纲、鸟纲和部分两栖纲动物等。

Z0 型:许多鳞翅目昆虫,♀Z,♂ZZ。

③雌雄决定于倍数性:如蜜蜂、蚂蚁。正常受精卵染色体数为 $2n$,个体为雌;孤雌生殖染色体数为 n,个体为雄。

④性别决定的畸变：性别决定也有一些畸变现象，通常是由于性染色体的增减破坏了性染色体与常染色体两者的正常平衡关系而引起的。

果蝇染色体组成与性别的关系

X	A	X/A	性别类型	X	A	X/A	性别类型
3	2	1.50	超雌	3	4	0.75	间性
4	3	1.33	超雌	2	3	0.67	间性
4	4	1.00	雌（4倍体）	1	2	0.50	雄
3	3	1.00	雌（3倍体）	2	4	0.50	雄
2	2	1.00	雌（2倍体）	1	3	0.33	超雄

果蝇：$X^-X^+ + X^-0$ 两性嵌合体，由受精卵第一次分裂时丢失一条 X^+ 染色体所产生。红眼位于性染色体上。

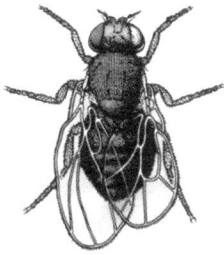
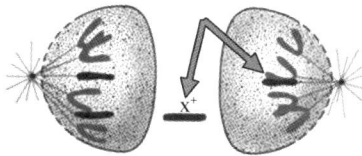

受精卵第一次分裂时，一条 X^+ 染色体丢失，产生嵌合体

蝴蝶嵌合体

蛾类嵌合体

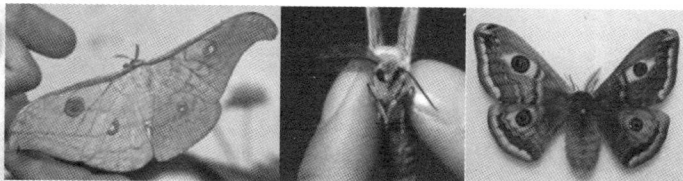

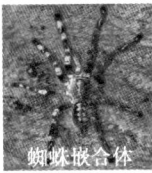

蜘蛛嵌合体

螃蟹嵌合体

竹节虫嵌合体

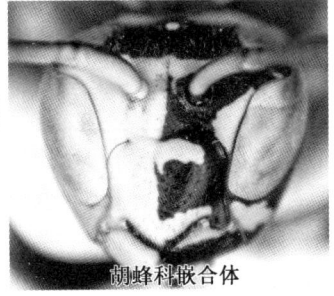

胡蜂科嵌合体

北美红雀嵌合体

鸡嵌合体

龙虾嵌合体

（2）植物的性别决定

玉米

植物的性别不如动物明显。

种子植物虽有雌雄性别的不同，多为雌雄同花、雌雄同株异花。

有些植物为雌雄异株，如苏铁、大麻、石刁柏、番木瓜、蛇麻、菠菜、杨梅、银杏、香榧、红豆杉、白豆杉、复椰子等。其中，蛇麻、菠菜雌为 XX，雄为 XY；银杏雌为 ZW、雄为 ZZ。

石刁柏

菠菜

杨梅

银杏

苏铁

苏铁

红豆杉

白豆杉

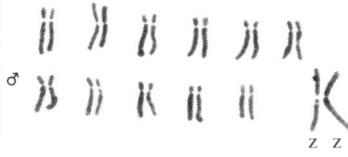

复椰子原产塞舌尔共和国,生长 25～40 年才开花、结果。全世界每年收获的成熟种子合计仅 1200 粒左右。

复椰子的种子、花朵形状奇特,雄花长有 80cm。复椰子树有雌雄之分,常常并行生长,如果其中一株被砍,另一株就会"殉情而死"。

重近10kg、长约50cm的巨型种子复椰子

(3)性别分化与环境关系

①营养条件:如蜜蜂。

正常受精卵 → 2n 为雌蜂　　　　　雌蜂孤雌生殖 → n 为雄蜂

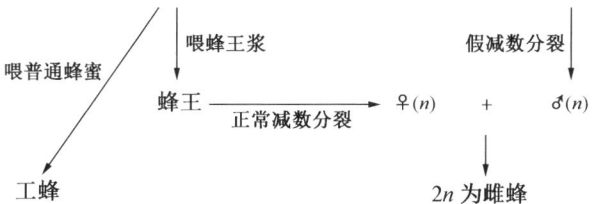

喂普通蜂蜜　　　喂蜂王浆　　　　　　假减数分裂

蜂王 ——正常减数分裂—→ ♀(n) ＋ ♂(n)

工蜂　　　　　　　　　　　　　　2n 为雌蜂

127

②激素：如母鸡啼鸣。

母鸡卵巢退化，促使精巢发育并分泌出雄性激素，但其性染色体仍是 ZW 型。

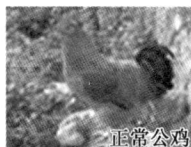
正常公鸡

阉割后的公鸡

正常母鸡

阉割后的母鸡

阉割后给予睾丸酮的母鸡

③氮素影响：早期发育时使用较多氮肥或缩短光照时间，可提高黄瓜的雌花数量。

④温度、光照：降低夜间温度，可增加南瓜雌花数量；缩短光照，也可增加雌花数量。

环境条件可以影响甚至转变性别，但不会改变原来决定性别的遗传物质。性别有向两性发育的特点，如玉米雌雄穗的形成。

W22　T1L　T3L　　T1L/T3L

总之，性别受遗传物质控制：通过性染色体的组成，性、常染色体的比例，染色体的倍数性等。

二、性连锁

　　1910 年,摩尔根等人以果蝇为材料进行实验时发现性连锁现象。

　　性连锁(sex linkage):指性染色体上基因所控制的某些性状总是伴随性别而遗传的现象,又称为伴性遗传(sex-linked inheritance)。

摩尔根,美国遗传学家,获诺贝尔生理学或医学奖

　　性连锁是连锁遗传的一种特殊表现形式。

　　1. 果蝇眼色的遗传

　　摩尔根等在纯种红眼果蝇群体中发现白眼突变个体。

　　雌性红眼果蝇与雄性白眼果蝇杂交产生的 F_1 为红眼,近亲繁殖产生的 F_2 既有红眼,又有白眼(都是雄性),比例是 3:1,这说明白眼遗传与雄性有关。

　　假设果蝇的白眼基因在 X 性染色体上,而 Y 染色体上不含其等位基因,可合理解释上述遗传现象[证实 1903 年美国遗传学家萨顿(Sutton)和博韦里(Boveri)提出的基因位于染色体上的假说]。

P　红眼　　　　白眼
　$X^W X^W$ ×　$X^w Y$
↓

♀	♂	
	X^w	Y
X^W	$X^W X^w$	$X^W Y$

↓ 近亲繁殖

♀	♂	
	X^w	Y
X^W	$X^W X^w$	$X^W Y$
X^w	$X^W X^w$	$X^w Y$

红:白=3:1
正交
红眼:白眼=3:1,白眼全为雄性,说明白眼性状的遗传与雄性有关。

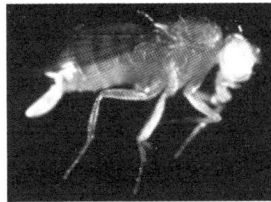

白眼　　　红眼
$X^w X^w$ ×　$X^W Y$
↓ 交叉遗传

♀	♂	
	X^W	Y
X^w	$X^W X^w$	$X^w Y$

↓ 近亲繁殖

♀	♂	
	X^w	Y
X^W	$X^W X^w$	$X^W Y$
X^w	$X^w X^w$	$X^w Y$

红:白=1:1(♀♂各半)
反交
正反交不一样(3:1 或 1:1)也说明眼色与性遗传有关,因为 Y 染色体上不携带其等位基因。

2.人类的性连锁

色盲、A 型血友病、蚕豆病等表现为性连锁遗传。如色盲性连锁：

①控制色盲的基因为隐性 c，位于 X 染色体上，Y 染色体上不携带其等位基因。

②由于色盲基因存在于 X 染色体上，女人在基因杂合时仍正常；而男人 Y 染色体上不携带其对应的基因，故男人色盲频率高。

所以女性 X^cX^c 杂合时非色盲，只有 X^cX^c 纯合时才是色盲；男性 Y 染色体上不携带对应基因，X^cY 正常，X^cY 色盲。

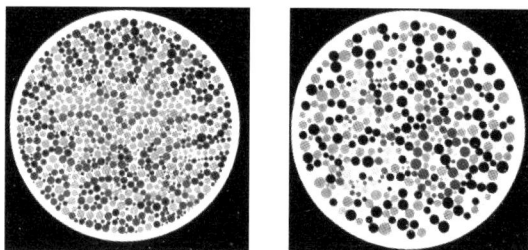

人类不同婚配下色盲遗传的情况

P ♀色盲×正常♂

X^cX^c X^cY

↓交叉遗传

♀	♂	
	X^c	Y
X^c	X^cX^c ♀正常	X^cY 色盲♂

❶

P ♀正常×正常♂

X^cX^c X^cY

↓

♀	♂	
	X^c	Y
X^c	X^cX^c ♀正常	X^cY 正常♂

❷

P ♀正常×色盲♂

X^cX^c X^cY

↓

♀	♂	
	X^c	Y
X^c	X^cX^c ♀正常	X^cY 正常♂
X^c	X^cX^c ♀色盲	X^cY 色盲♂

❸

P ♀正常×正常♂

X^cX^c X^cY

↓

♀	♂	
	X^c	Y
X^c	X^cX^c ♀正常	X^cY 正常♂
X^c	X^cX^c ♀正常	X^cY 色盲♂

❹

　　蚕豆病是一种遗传缺陷病。患者血液中红细胞膜上缺少一种酶，碰到"氧化性"物质就会被破坏，从而损害肾脏。

　　新鲜蚕豆是很强的氧化剂，对有基因缺陷的孩子就如"毒药"。但只要抢救及时，一般无后遗症。蚕豆病患者不能再吃蚕豆或蚕豆干制品，不能碰樟脑丸、紫药水。

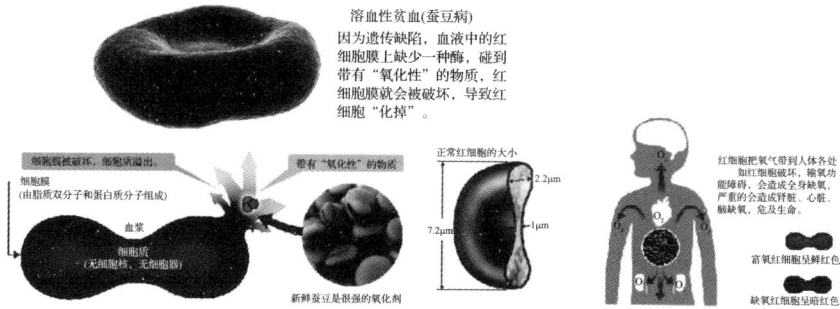

溶血性贫血(蚕豆病)
因为遗传缺陷，血液中的红细胞膜上缺少一种酶，碰到带有"氧化性"的物质，红细胞膜就会被破坏，导致红细胞"化掉"。

细胞既被破坏，细胞质溢出。

细胞膜
(由脂质双分子和蛋白质分子组成)

血浆

细胞质
(无细胞核、无细胞器)

带有"氧化性"的物质

新鲜蚕豆是很强的氧化剂

正常红细胞的大小

2.2μm

7.2μm

1μm

红细胞把氧气带到人体各处
如红细胞被破坏，输氧功
能障碍，会造成全身缺氧，
严重的会造成肾脏、心脏、
脑缺氧，危及生命。

富氧红细胞呈鲜红色

缺氧红细胞呈暗红色

3.芦花鸡的毛色遗传

芦花基因 B 为显性，正常基因 b 为隐性，位于 Z 性染色体上。

W 染色体上不带它的等位基因。

雄鸡为 ZZ，雌鸡为 ZW。

应用：全部饲养母鸡，多生蛋。

$$Z^BW \quad \times \quad Z^bZ^b$$

芦花（雌）　　　正常（雄）

↓

$$Z^BZ^b \qquad Z^bW$$

芦花（雄）　　正常（雌）

正常雌鸡

芦花鸡

非芦花鸡

第五章　数量性状和杂种优势的表现

第一节　数量性状的遗传

数量遗传学是在孟德尔经典遗传学的基础上发展而成的一门学科，与孟德尔遗传学有着明显的区别。

1918 年，费希尔(Fisher R. A.)发表《根据孟德尔遗传假设对亲子间相关性的研究》，将统计方法与遗传分析方法相结合，创立了数量遗传学。

1925 年，费希尔著《研究工作者统计方法(Statistical Methods for Research Workers)》一书，为数量遗传学研究提供了有效的分析方法。在书中，首次提出方差分析(analysis of variance, ANO-VA)方法，为数量遗传学发展奠定了基础。

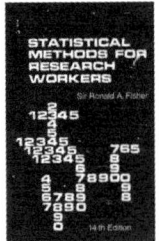

一、数量性状的特征

1. 数量性状(quantitative trait)特点

(1)数量性状的变异表现为连续性：杂交后代难以明确分组，只能用度量单位进行测量，并采用统计学方法加以分析。

数量性状：人的身高、体重，植株生育期、果实大小、产量高低等。

通过对表现型变异的分析，推断群体的遗传变异。借助统计分析方法，分析数量性状的遗传规律。

(2)对环境条件比较敏感。

由于环境条件的影响，亲本与 F_1 的数量性状会出现连续变异的现象，如玉米 P_1、P_2

和 F_1 的穗长呈连续分布,而不是只有一个长度。但这种变异是不能遗传的。

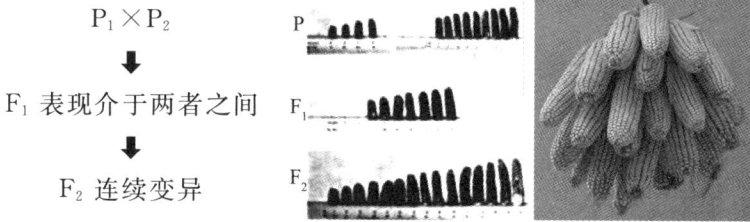

$$P_1 \times P_2$$
$$\downarrow$$
F_1 表现介于两者之间
$$\downarrow$$
F_2 连续变异

(3)数量性状普遍存在着基因型与环境互作。

控制数量性状的基因较多,且容易在特定的时空条件下表达,在不同环境下基因表达的程度可能不同。

2.数量性状遗传的多基因假说

瑞典遗传学家尼尔逊·埃尔(Nilsson-Ehle)于 1909 年对小麦籽粒颜色的遗传进行研究后提出多基因假说,经后人试验论证而得到公认。

(1)多基因假说要点:

①决定数量性状的基因数目很多。

②各基因的效应相等。

③各等位基因的表现为不完全显性、无显性或有增效和减效作用。

④各基因作用是累加性的。

(2)数量遗传的深入研究已进一步丰富和发展了多基因假说,如:

①主效基因与微效基因。

②基因效应大小可以不同。

③基因间存在上位性效应等。

3.数量性状的类别

(1)严格的连续变异:如人的身高、体重;棉花纤维的长度、细度、强度,以及株高和产量等。

133

（2）准连续变异（quasi continuous variation）：如分蘖数（穗数）、产蛋量、每穗粒数等，但在大测量值时，每个数值均可能出现，不出现有小数点的数字。

超亲遗传：在植物杂交时，杂种后代出现的一种超越双亲现象。

如大豆两个不同品种：

P   早熟$(A_2A_2B_2B_2C_1C_1)$×晚熟$(A_1A_1B_1B_1C_2C_2)$

↓

F_1 熟期介于双亲之间$(A_1A_2B_1B_2C_1C_2)$

↓⊗

F_2 27 种基因型

（其中 $A_1A_1B_1B_1C_1C_1$ 个体比晚熟亲本更晚，而 $A_2A_2B_2B_2C_2C_2$ 个体比早熟亲本更早）

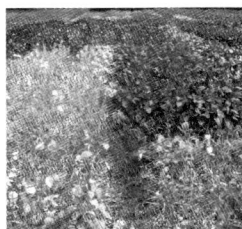

质量性状和数量性状的区别

差异点	质量性状	数量性状
变异类型	种类上的变化（如红、白花）	数量上的变化（如果穗长度）
表现型分布	不连续	连续
基因数目	一个或少数几个	微效多基因
对环境的敏感性	不敏感	敏感
研究方法	系谱和概率分析	统计分析

二、数量性状基本统计方法

数量遗传学研究数量性状在群体内的遗传规律，目的是将总表现型变异分解为遗传和非遗传部分。

在研究数量性状的遗传变异规律时，需采用数理统计的方法。

研究方法：由于杂交后代中不能得到明确比例，需对大量个体进行分析研究，应用数理统计方法来分析平均效应、方差、协方差和相关系数等遗传参数，以发现数量性状遗传规律。

$$P = E + G + GE + e$$

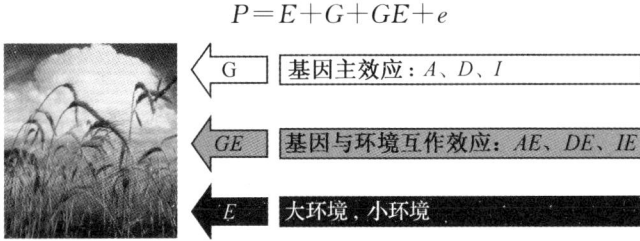

G	基因主效应：A、D、I
GE	基因与环境互作效应：AE、DE、IE
E	大环境，小环境

1. 平均数($\hat{\mu}$)

平均数：表示一组资料的集中性，是某一性状全部观察数（表现型值）的平均值。

$$\hat{\mu} = \frac{1}{n}(x_1 + x_2 + \cdots + x_i + \cdots + x_n) = \frac{1}{n}\sum_{i=1}^{n} x_i = \frac{1}{n}\sum_{i=1}^{k} f_i x_i$$

$\hat{\mu}$ 表示平均数估计值，x 表示资料中每一个观察数，n 表示观察的总个数，k 为组数，f 为频率，$\sum_{i=1}^{n}$ 表示从 1 至 n 的累加。

2. 方差(V)和标准差(S)

方差和标准差：表示一组资料的分散程度，是全部观察数偏离平均数的参数，方差的平方根值即为标准差。

V 和 S 越大，表示这个资料的变异程度越大。

$$\hat{V} = \frac{n}{n-1}\sum_{i=1}^{n}(x_i - \hat{\mu})^2 = \frac{1}{n-1}\left(\sum_{i=1}^{n} x_i^2 - n\hat{\mu}^2\right)$$

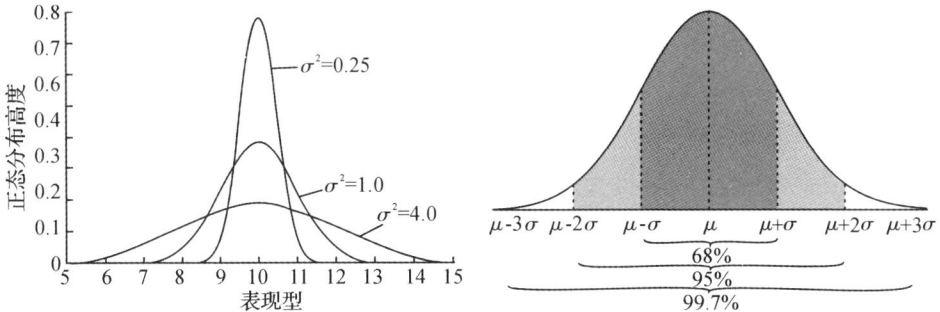

例如：甲地粮食产量 400 公斤±25 公斤，该地产量差异大，但增产潜力也大；乙地粮食产量 400 公斤±15 公斤，该地产量差异小，稳产性好。

一般来讲，育种上要求标准差大，则差异大，有利于单株的选择；良种繁育场则要求标准差小，差异小，可保持品种稳定。

在统计分析中，群体平均数度量了群体中所有个体的平均表现；群体方差则度量群体中个体的变异程度。

所以,对数量性状方差的估算和分析是进行数量性状遗传研究的基础。

三、遗传率的估算和应用

1. 概念

遗传率或遗传力:指遗传方差(V_G)在总方差(V_P)中所占比值,是度量性状的遗传变异占表现型变异相对比率的重要遗传参数,也是鉴定杂种后代的指标之一。

遗传率大,性状从上一代传递到下一代的能力强;遗传率小,性状从上一代传递到下一代的能力弱。

人类一些性状的遗传率

性　状	遗传率	性　状	遗传率
身材	0.81	理科天赋	0.34
坐高	0.76	数学天赋	0.12
体重	0.78	文史天赋	0.45
口才	0.68	拼写能力	0.53
IQ(Binet)	0.68	先天性幽门狭窄	0.75
糖尿病	0.75	精神分裂症	0.80
唇裂	0.76	冠状动脉病	0.65
高血压	0.62		

2. 遗传率与选择的关系

根据性状遗传率的大小,容易从表现型鉴别不同的基因型,选育出优良的新类型。

遗传率较高的性状,在杂种早期世代进行选择,收效比较显著;而遗传率较低的性状,则宜在杂种后期世代进行选择。

第二节　数量性状基因定位

经典数量遗传分析方法，可分析控制数量性状众多基因的总遗传效应，但无法鉴别基因数目、单个基因在基因组的位置和遗传效应。

分子数量遗传学方法采用分子标记连锁图谱和数量性状基因位点（quantitative trait loci，QTL）定位分析方法，估算数量性状基因位点数目、位置和遗传效应。

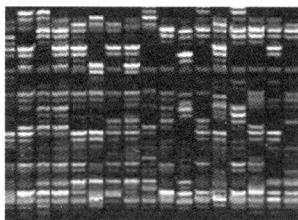

一、QTL 定位原理

利用现代分子生物学和分子标记技术来构建各种生物的分子标记连锁图谱，是 QTL 定位的基础。

如分子标记覆盖整个基因组，控制数量性状的基因（Qi）两侧会有相连锁的分子标记（Mi_- 和 Mi_+），从而表现遗传效应。

分析表现遗传效应的分子标记，可推断与分子标记相连锁的数量性状基因位置和效应。

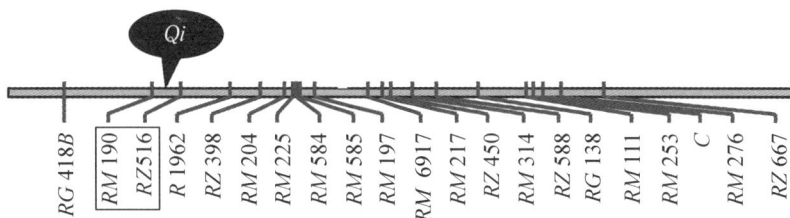

二、QTL 定位的过程

1. 构建遗传分析群体，如双单倍体（doubled haploid，DH）、重组近交系（recombined inbred，RI）、F_2、近等基因系等。

2.构建群体分子标记连锁图谱,如限制性片段长度多态性(restricted fragment length polymorphism,RFLP)、扩增片段长度多态性(amplified fragment length polymorphism,AFLP)、简单重复序列(simple sequence repeat,SSR)等。

3.多年、多点种植群体(动物和人类则采用多个发病群体),分析个体和株系的数量性状,如身高、产量、发病率等,比较和分析数量性状的位置和效应。

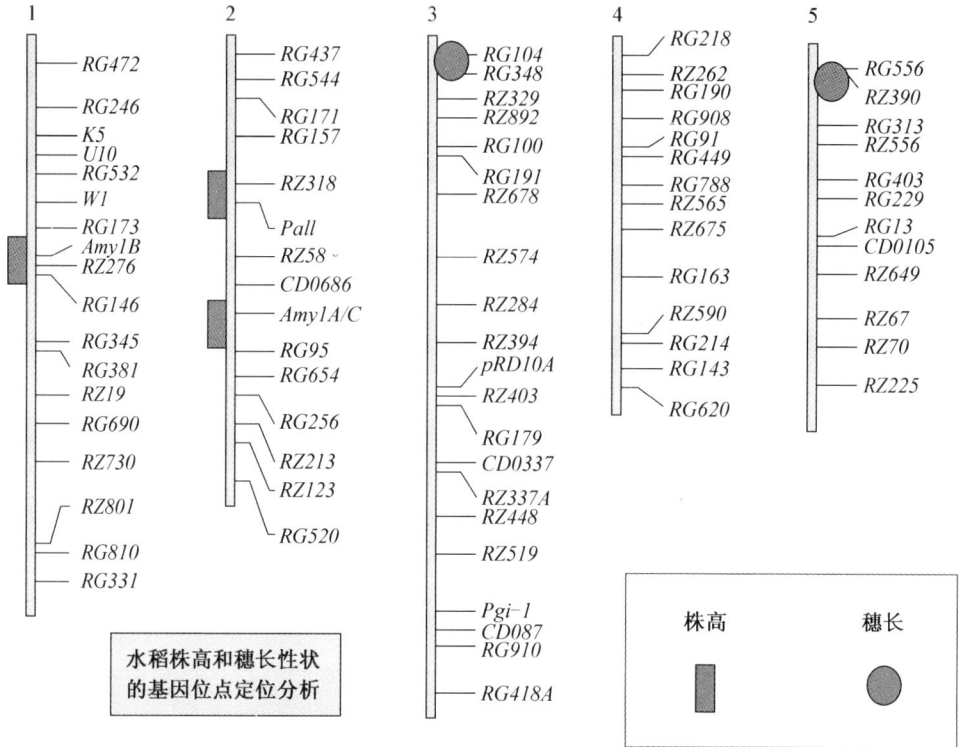

水稻株高和穗长性状的基因位点定位分析

三、QTL 定位分析方法的类别

1. 单标记分析法

通过方差分析、回归分析或似然比检验,比较单个标记基因型(MM、Mm 和 mm)数量性状均值的差异。如存在显著差异,则说明控制该数量性状的 QTL 与标记连锁。单一标记分析不需要完整的分子标记连锁图谱,是早期 QTL 定位的主要研究方法。

缺点:不能确定与标记连锁 QTL 的数目、QTL 位置、QTL 与标记的重组率,检测效率不高。

2．区间作图法(interval mapping,IM)

1989 年,兰德(Lander)和博特斯坦(Botstein)提出区间作图法。

方法:借助于完整的分子标记连锁图谱,计算基因组的任何位置上相邻标记间存在和不存在 QTL(Qi)的 LOD 值(似然函数比值的对数)。当 LOD 值超过某一给定的临界值时,QTL 的可能位置可用 LOD 支持区间表示。

缺点:每次检测只用到两个标记,其他标记信息未加以利用,定位结果受到其他染色体上的 QTL 影响。

3．复合区间作图法(composite interval mapping,CIM)

1993 年,Zeng 提出把多元线性回归与区间作图结合起来的 CIM 方法。

要点:检测某一特定标记区间时,将与其他 QTL 连锁的标记拟合在模型中以控制背景遗传效应。

方法:采用类似于区间作图的方法,可获得各参数的最大似然估计值,从而推断 QTL 的位置。

缺点:不能分析上位性以及 QTL 与环境的互作效应。

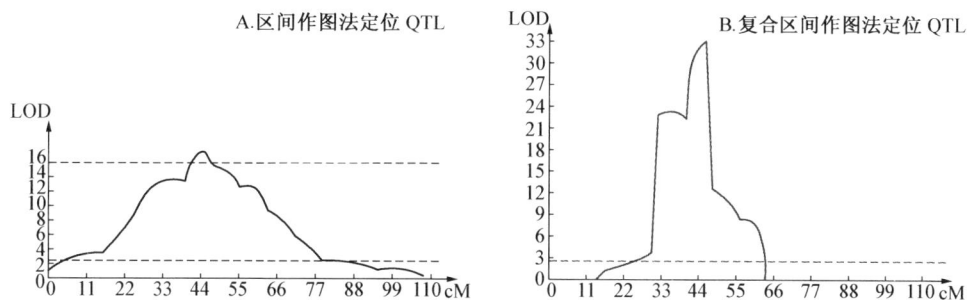

A.区间作图法定位 QTL　　　B.复合区间作图法定位 QTL

与 IM 相比,CIM 的 LOD 值较高,QTL 位置和效应估计偏差较小。

4．基于混合线性模型的复合区间作图法(mixed-model-based composite interval mapping,MCIM)

1999 年,Zhu 提出可分析包括上位性的各项遗传主效应及其与环境互作效应的 QTL 作图方法。

MCIM 法是基于混合线性模型的复合区间作图方法,把所有 QTL 主效应和 QTL 与环境互作效应拟合在混合线性模型中,使效应分析与多环境下的 QTL 定位相结合,提高了作图的精度和效率。

第三节　近亲繁殖和杂种优势

人类在生产实践中,认识到近亲交配对后代表现有害,远亲交配能表现杂种优势。1400 多年前,《齐民要术》中已有马($2n=64$)和驴($2n=62$)杂交产生骡的文字记载。骡虽然不能产生后代,但却具有很强的生命力,易于饲养,抗性强,力气大,能耐受繁重的体力劳动。

马　　骡　　驴

犏牛为黄牛($2n=60$)、牦牛($2n=60$)的杂交后代(牦牛和黄牛的染色体差异导致犏牛雄性不育),具有生长发育快、早熟,适应范围扩大,奶、肉、役力大幅度提高等特点。

牦牛($2n=60$)　　犏牛　　黄牛($2n=60$)

在海拔为 3300m 左右的地区,很适合犏牛生长。黄牛从低海拔上来会拉肚子,牦牛从高海拔下来眼睛会疼。

狮虎　　豹狮

绵羊×山羊　皮弗娄牛(北美野牛×肉用黄牛)　鲸豚(宽吻海豚×伪虎鲸)　"铁器时代"猪(家猪×野猪)

19世纪60年代,达尔文在植物实验中提出"异花受精一般对后代有益,自花受精时常对后代有害",为杂种优势的理论研究和利用奠定了基础。

在孟德尔遗传规律重新发现后,近亲繁殖和杂种优势成为数量遗传研究的一个重要方面,也成为近代遗传育种工作的一个重要手段。

达尔文

一、繁殖方式

1.无性繁殖

无性繁殖是指由母体的一部分直接产生子代的繁殖方法。

成活后的植株与母株基因型完全相同（克隆也属于无性繁殖的一种）,花药、花芽、雌配子体常用组织培养法离体繁殖。

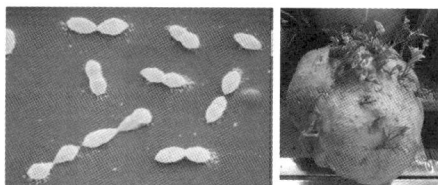

生产上用营养器官的一部分为材料进行无性繁殖,如马铃薯的块茎、草莓的匍匐茎等。

无性繁殖植物:

$$茎 \begin{cases} 块茎:马铃薯、菊芋 \\ 球茎:慈姑、荸荠、青芋 \\ 鳞茎:洋葱、葱、蒜 \\ 根茎:竹类、莲 \\ 匍匐茎:荷兰草莓 \end{cases}$$

$$芽 \begin{cases} 肉芽:家山药 \\ 腋芽:玫瑰 \\ 珠芽:家山药 \end{cases}$$

$$根 \begin{cases} 块根:甘薯、家山药 \\ 宿根:菊花、芜菁 \\ 根插:芍药、紫藤、芜菁 \end{cases}$$

$$叶 \begin{cases} 鳞片:卷丹 \\ 插叶:秋海棠 \end{cases}$$

2.有性繁殖

（1）类型:有性繁殖包括杂交、异交、近交、自交和回交等繁殖方式。

多数动植物属于有性繁殖。产生雌、雄配子的亲本来源和交配方式的不同导致后代遗传动态差异明显。

①杂交（hybridization）:不同个体间交配产生后代的过程。

②异交（outbreeding）:亲缘较远个体间随机交配。

③近交（inbreeding）:亲缘相近个体间杂交,亦称为近亲交配。

近亲交配按亲缘远近的程度一般可分为：全同胞(full-sib)，即同父母的后代；半同胞(half-sib)，即同父或同母的后代；亲表兄妹(first-cousins)，即前一代的后代。

④自交(selfing)：植物的自花授粉(self-fertilization)。雌、雄配子来源于同一植株或同一花朵，是近亲交配中最极端的方式。

遗传育种工作十分强调自交或近亲交配。杂合体自交导致基因分离，后代群体遗传组成迅速趋于纯合化。

以一对基因 $a_1a_2(a_1a_1 \times a_2a_2)$ 为例：

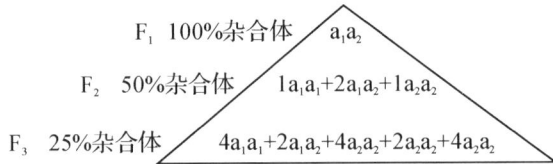

F_1　100%杂合体　a_1a_2

F_2　50%杂合体　$1a_1a_1+2a_1a_2+1a_2a_2$

F_3　25%杂合体　$4a_1a_1+2a_1a_2+4a_2a_2+2a_2a_2+4a_2a_2$

每自交一代，杂合体将产生 1/2 纯合体 a_1a_1 和 a_2a_2。

所以，当自交代数 $r \to \infty$ 时，纯合体的比率也趋向 100%。

⑤回交(backcross)：杂种后代与其亲本之一的再次交配。

例如，甲×乙的 $F_1 \times$ 乙→BC_1，$BC_1 \times$ 乙→BC_2，……其中，BC_1 表示回交第一代，BC_2 表示回交第二代，其余类推。

轮回亲本(recurrent parent)：被用来连续回交的亲本。

非轮回亲本(non-recurrent parent)：未被用于连续回交亲本。

回交后代的基因型纯合严格受轮回亲本的基因控制：一个杂种与轮回亲本回交一次，可使后代增加轮回亲本 1/2 基因组成，多次连续回交，其后代将基本上回复为轮回亲本的基因组成。

(2)植物：植物群体或个体根据近亲交配的程度(天然杂交率的高低)可分为自花授粉植物、常异花授粉植物和异花授粉植物。

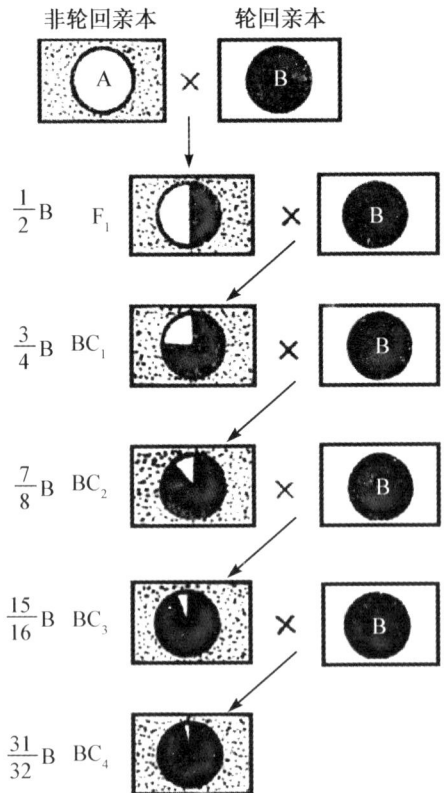

非轮回亲本　　　轮回亲本

$\frac{1}{2}$ B　F_1

$\frac{3}{4}$ B　BC_1

$\frac{7}{8}$ B　BC_2

$\frac{15}{16}$ B　BC_3

$\frac{31}{32}$ B　BC_4

自花授粉植物(self-pollinated plant):如水稻、小麦、大豆、豌豆、花生、烟草、亚麻、马铃薯等,天然杂交率<5％。

常异花授粉植物(often cross-pollinated plant):如棉花、高粱、粟(小米)、蚕豆、甘蓝型和芥菜型油菜等,天然杂交率为5％～20％。

异花授粉植物(cross-pollinated plant):如玉米、黑麦、白菜型油菜、蓖麻、向日葵、甜菜、甘薯、荞麦、菠菜、大麻、石刁柏(芦笋)等,天然杂交率>20％,自然状态下自由传粉。

(3)动物:饲养的动物都是雌雄异体,为使种性保纯和繁育优良种畜,也需人为地进行近亲交配。

(4)繁殖的特殊现象：

①同步型雌雄同体：蚯蚓、蜗牛、椎实螺、白玉蜗牛、蚂蟥等拥有雄性和雌性生殖器官，有利于扩大家族数量。

如蚯蚓身上第 15 节产卵，第 9、10 两节吸收这些卵并使其受精；蚯蚓脊部储藏受精卵，2~3 周后孵化。蚯蚓成群结队交配，利用分泌出来的黏液彼此牢牢地粘在一起。

蚂蟥(水蛭)的头部有吸盘，并有麻醉作用，一旦附着在人体，人很难感觉得到，蚂蟥叮咬人或动物时，用吸盘吸住皮肤，并钻进皮肉吸血，且吸血量很大，是其体重的 2~10 倍。蚂蟥属于雌雄同体动物，耐饥饿。

冬天时，蜗牛在地下打洞，并使自己钻入坚硬的壳内。春天来临时，当两只蜗牛在一起时，它们就可以完成互相交换精子的过程。

椎实螺也是雌、雄同体的软体动物，每一个体又能同时产生卵子和精子。所以椎实螺繁殖既可进行异体受精，又可单独进行个体的自体受精。

海湾扇贝生殖腺上一部分发育成雄性，另一部分发育成雌性。繁殖时，雌雄部分分别放出卵子和精子。自身的精子和卵子不能结合，必须与其他海湾扇贝排放的精子和卵子相结合，最后长大为成体。

②异步型雌雄同体(性逆转)：黄鳝、小丑鱼、海鲈、石斑鱼、大西洋扁贝、牡蛎等。

黄鳝是最典型的"性逆转"鱼类，在一生中既当娘又当爹，2 冬龄的雌鱼达成熟期。黄鳝从幼鳝到成鳝全是雌性(即体长<35cm 的个体全为卵巢)。产卵后卵巢转化为精巢，变雌为雄(>53cm 者则多为精巢)。纬度越高，性别转换开始的年龄越晚。

小丑鱼也是异步型雌雄同体的典型例子。它是雄性先成熟的雌雄同体鱼种，即小丑鱼生下来就为雄性，但在其生命周期里，它可以变为雌性。这有助于小丑鱼扩大其数量，使繁殖过程变得更为容易。

海鲈的鱼肉很鲜美。生长了 5 年的成熟雌性海鲈变为成熟的雄性。海鲈还有一个亚种，叫作"带状沙鱼"，盛产于佛罗里达水域，能够自体受精。

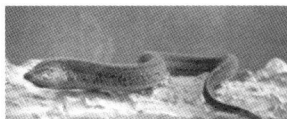

石斑鱼是雌性先成熟的雌雄同体鱼体,到 6 岁时才转化为雄鱼。美国的蓝条石斑可以一天变性好几次。

大西洋扁贝生活在北美洲沿海。雄性扁贝在水底四处游荡,雌性扁贝则一直伏在水底。雄性扁贝找到合适的雌性扁贝后就伏在背上,不久就会完全变成雌性扁贝。另一只雄性扁贝又会伏在其身上转化成雌性。这种交配过程形成一种塔状的扁贝链,下面都是雌性,只有最上一层是雄性的塔状扁贝链。

牡蛎可根据外界环境的变化改变性别。温度高、代谢旺盛、营养条件好、非第一次性成熟、未被寄居豆蟹寄居时为雌性;温度低、代谢率低、营养条件差、第一次性成熟、被寄居豆蟹寄居时为雄性。

二、杂种优势的表现和遗传理论

1. 杂种优势(heterosis)概念

杂种优势是指两个遗传组成不同的亲本杂交产生的 F_1,在生长势、生活力、繁殖力、抗逆性、产量和品质等方面优于双亲的现象。

水稻品种Ⅱ优 4886:2006 年 8 月在云南永胜县创造亩产 1279.7kg 的世界高产纪录

杂交水稻获得的奖项:

①1981 年获我国第一个特等发明奖。

②1985 年获联合国知识产权组织发明和创造金质奖。

③1987 年获联合国教科文组织巴黎总部颁发的一等科学奖。

④1988 年获英国郎克基金会一等奖。

⑤1993 年获菲因斯特世界饥饿奖(美国民间组织设立)。

⑥1998 年 6 月 24 日由国家国有资产管理局(国资局)授权的湖南四达资产评估所认定:国家杂交稻工程技术研究中心"袁隆平"品牌价值为 1000 亿元。

⑦1999 年,8117 小行星被命名为"袁隆平星"。

⑧2001 年 2 月获首届国家最高科技奖,获奖金 500 万元。

⑨2004 年 3 月获世界粮食奖。

⑩2010 年 3 月获法国农业成就勋章。

⑪2013 年 1 月两系法杂交水稻技术获国家科技进步特等奖。

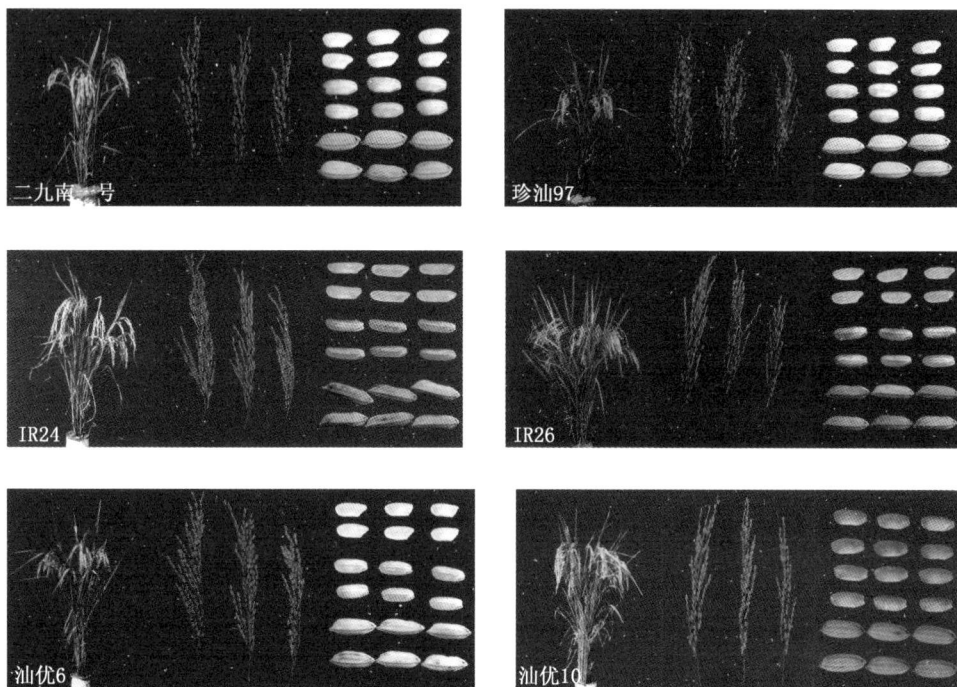

全国百亩超级杂交稻亩产纪录:

汕优明 86:为第一个百亩(1 亩 ≈ 667 平方米)超 800kg 超级稻组合。

Ⅱ优明 86:为第二个百亩(103.6 亩)超 800kg 超级稻组合(847.4kg/亩,福建尤溪县)。

Y 两优 2 号:湖南杂交水稻研究中心选育。2011 年在湖南省隆回县百亩方(108 亩)的平均亩产量为 926.6kg。

　　Y两优900:2014年湖南省怀化市溆浦县横板桥乡红星村(102.6亩)平均亩产量达到1026.70kg。

　　籼粳杂交稻取得的突破:2012年,浙江省宁波农科院育成的籼粳杂交稻甬优12在浙江省百亩片验收时,亩产达到963.65kg,最高田块亩产达到1014.13kg。

2.杂种优势以数值表现

　　杂种优势涉及的性状多为数量性状,故需以具体的数值来衡量和表明其优势的强弱。

　　以某一性状而言:

　　(1)平均优势:以 F_1 超过双亲平均数(MP)的百分比表示。

$$H_{MP} = \frac{F_1 - MP}{F_1} \times 100\% = \frac{F_1 - \dfrac{P_1 + P_2}{2}}{F_1} \times 100\%$$

　　当 H_{MP} 值 >0 时,为正向优势(+);当 H_{MP} 值 <0 时,为负向优势(-)。

　　(2)超亲优势:以 F_1 超过最优亲本(BP)的百分比表示。

$$H_{BP} = \frac{F_1 - BP}{BP} \times 100\%$$

　　(3)对照优势:以 F_1 超过生产对照品种(CK)的百分比表示。

$$H_{CK} = \frac{F_1 - CK}{CK} \times 100\%$$

　　对照优势在生产上才有实际意义。

3.杂种优势的表现

　　按其性状表现的性质可分为营养型、生殖型和适应型三种类型。

　　(1)营养型:杂种营养体发育旺盛,如牧草、烟草、甘薯等。

(2)生殖型:杂种的生殖器官发育旺盛,如水稻、玉米、小麦等以种子生产为主的作物(包括作物的穗数、粒重,棉花的棉铃数等性状)。

(3)适应型:杂种对不良环境适应能力强,如抗性。

一般希望得到上述 3 种的综合型。

4.杂种优势共同的基本特点

(1)F_1 许多性状综合表现优秀,说明杂种优势是双亲基因型异质结合和综合作用的结果。例如:禾谷类作物 F_1 的产量性状、品质性状、生长势和抗逆性。

①产量性状:穗多、穗大、粒多、粒大。

品质性状:蛋白质含量高。

生长势:株高、茎粗、叶大、干物质积累快。

抗逆性:抗病、抗虫、抗寒、抗旱。

(2)优势大小决定于双亲性状的相对差异和补充。

在一定范围内,双亲亲缘关系、生态类型和生理特性差异越大,并且双亲间优缺点彼此能互补,则其杂种优势就越强。这说明杂种基因型的高度杂合性是形成杂种优势的重要根源。

我国高粱原产品种×西非品种
玉米自交系马齿型×硬粒型 } 优势强

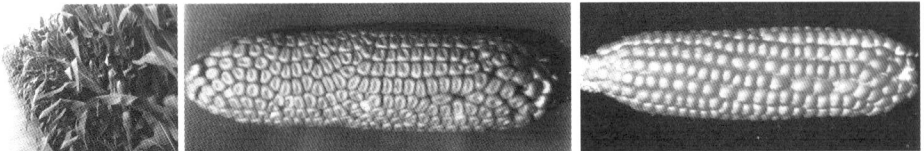

(3)优势大小与双亲基因型的高度纯合有关。

若双亲基因型纯度很高,则 F_1 群体基因型具有整齐一致的异质性,且不出现分离混杂,表现出明显优势。

例如:玉米自交系间的杂种优势>品种间的杂种优势。

（4）优势大小与环境条件的作用关系密切。

杂种的杂合基因型可使 F_1 对环境条件的改变表现更高的稳定性。同一杂种在不同地区、不同管理水平下会表现出不同的杂种优势。

一般而言，F_1 适应力＞P_1、P_2。

5. F_2 的衰退表现

（1）F_2 群体内会出现性状的分离和重组。

（2）衰退现象：F_2 生长势、生活力、抗逆性和产量等方面明显低于 F_1 的现象。

（3）衰退表现：

①亲本纯度越高，性状差异越大，F_1 优势越强，则 F_2 衰退越严重。

②F_2 分离严重，致使 F_2 个体间参差不齐，差异很大。衰退程度：单交＞双交＞品种间。

所以，杂种优势一般只能利用 F_1，不能利用 F_2，需年年制种。

6. 杂种优势遗传理论

（1）显性假说（dominance hypothesis）：

①1910 年，布鲁斯（Bruce）等提出显性基因互补假说。1917 年，琼斯（Jones）补充为显性连锁基因，简称显性假说。

②显性假说的内容：认为杂种优势是一种由于双亲的显性基因全部聚集在 F_1 引起的互补作用。

一般地，有利性状多由显性基因控制，不利性状多由隐性基因控制。

例如：豌豆有两个品种，株高均为 $1.5\sim1.8m$，但其性状有所不同。

P_1 多节而节短×P_2 少节而节长

↓

F_1

多节而节长，$2.1\sim2.4m$

集中了双亲显性基因，表现杂种优势。

（2）超显性假说（overdominance hypothesis）：亦称为等位基因异质结合假说，主要由肖尔（Shull）和伊斯特（East）于 1908 年提出。

超显性假说内容：认为双亲基因型异质结合所引起的基因间互作产生杂种优势，等位基因间无显隐性关系，但杂合基因间的互作大于纯合基因。

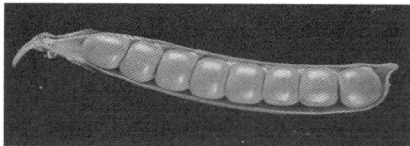

设：a_1a_1 纯合基因能支配一种代谢功能，其生长量为 10 个单位；a_2a_2 纯合基因能支配另一种代谢功能，其生长量为 4 个单位；a_1a_2 杂合基因则能支配两种代谢功能，其生长量大于 10 个单位。$a_1a_2 > a_1a_1 > a_2a_2$，说明异质等位基因的作用优于同质等位基因，可以解释杂种远远优于最好亲本的现象，被称为超显性假说。

超显性假说的论证：

①如两个亲本只有一对等位基因的差异，杂交也能出现明显的杂种优势。

例如：某些植物的花色遗传。

$$\left.\begin{array}{l}\text{粉红色}\times\text{白色}\to F_1\ \text{红色}\\\text{淡红色}\times\text{蓝色}\to F_1\ \text{紫色}\end{array}\right\}\to F_2\quad 1:2:1$$

②许多生化遗传学实验，也证明这一假说。

例如：同一位点上的两个等位基因（a_1、a_2）各抗锈病的一个生理小种，其纯合体（a_1a_1 或 a_2a_2）只抗一个生理小种，杂合体（a_1、a_2）则能抗两个生理小种。

$$P \qquad a_1a_1 \quad \times \quad a_2a_2 \quad \text{各抗一个生理小种}$$
$$\downarrow$$
$$F_1 \qquad\qquad a_1a_2\ \text{能抗两个生理小种}$$

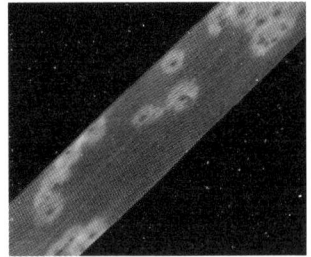

显性假说与超显性假说的比较：

①共同点：杂种优势来源于双亲间基因型的相互关系。

②不同点：显性假说认为杂种优势源于双亲显性基因间的互补（有显隐性）；超显性假说认为杂种优势源于双亲等位基因间的互作（无显隐性）。

③事实上，上述两种情况都存在。

（3）非等位基因的互作（上位性）

费希尔（Fisher）和马瑟（Mather）认为除等位基因互作外，非等位基因互作（上位性）在杂种优势表现中也是一个重要因素。

实际上，大多数性状都是受多基因控制的，从其性状表现上难以区别等位基因互作和非等位基因互作。

例如：普通小麦起源可作为非等位基因互作的一个例证。

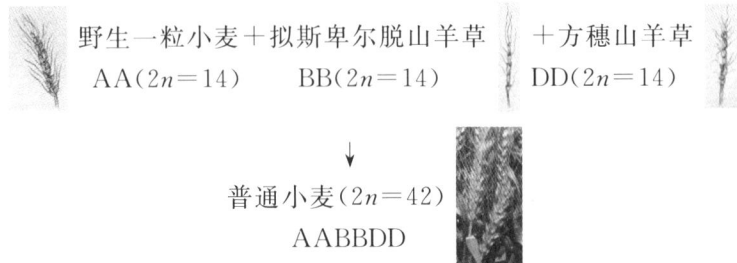

野生一粒小麦 ＋ 拟斯卑尔脱山羊草 ＋ 方穗山羊草

AA（$2n=14$） BB（$2n=14$） DD（$2n=14$）

$$\downarrow$$

普通小麦（$2n=42$）

AABBDD

三个在生产上无利用价值的野生种的杂交,形成在生产上利用价值极高的普通小麦。

因此,杂种优势是由于双亲显性基因互补、异质等位基因互作和非等位基因互作的单一作用或这些因素的综合作用和累加作用而引起的。

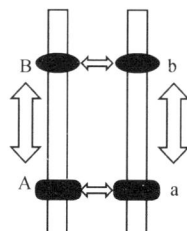

三、植物雄性不育与杂种优势的关系

1. 雄性不育(male sterility)的类别

$$
不育
\begin{cases}
雌性不育(尚无实践意义) \\
雄性不育 \\
(三型说)
\begin{cases}
质遗传型 \\
核遗传型 \\
质-核互作遗传型
\end{cases}
二型说
\end{cases}
$$

雄性不育现象在生物界很普遍,在 18 个科 110 多种植物中发现雄性不育现象,其中水稻、油菜、玉米、高粱等雄性不育性已得到广泛利用。

2. 雄性不育的遗传特点

(1)质不育型:目前,已在 270 多种植物中发现细胞质雄性不育现象。

国际水稻研究所(International Rice Research Institute, IRRI)运用远缘杂交培育的雄性不育系 IR66707A(*Oryza perennis* 细胞质,1995)和 IR69700A(*Oryza glumaepatula* 细胞质,1996)均具有异种细胞质源,其细胞质完全不同于目前所有的水稻雄性不育系。

细胞质型不育系的不育性只能被保持而不能被恢复。

(2)核不育型:是由核内染色体上基因所决定的雄性不育类型,如可育基因 Ms→不育基因 ms。这种核不育变异在稻、麦、玉米、谷子、番茄和洋葱等许多植物中都已发现。

例如:番茄中有 30 对核基因能分别决定这种不育型;玉米在 7 对染色体上已发现了 14 个核不育基因。

遗传特点:败育过程发生于花粉母细胞的减数分裂期间,不能形成正常花粉,败育十分彻底,可育株与不育株界限明显。

遗传研究表明,多数核不育型受简单的一对隐性基因(msms)所控制,纯合体表现为雄性不育。这种不育性能被相对显性基因 Ms 所恢复,杂合体(Msms)后代呈简单的孟德尔式分离。

$$msms \quad \times \quad MsMs$$
$$\downarrow$$
$$Msms$$
$$\downarrow \otimes$$
$$\underline{MsMs \quad Msms \quad \quad msms}$$
$$3 \quad : \quad 1$$

不育　　可育

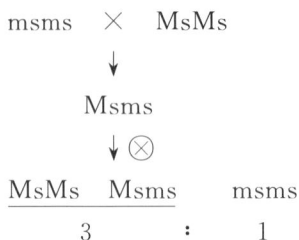

用普通遗传学的方法不能使整个群体保持这种不育性,这是核不育型的一个重要特征。因为无保持系,这种核不育的利用有很大的限制性。

目前,光、温敏核不育材料为解决上述问题提供了一种可能性。

①水稻光敏核不育材料:长日照条件下为不育($>14h$,制种),短日照条件下为可育($<13.75h$,繁种)。

②水稻温敏核不育材料:气温$>24℃$,不育;气温$<23℃$,育性转为正常。

长日照下不育

1973年,石明松在晚粳农垦58中发现湖北光敏核不育水稻——"农垦58S"。

"农垦58S"在长日照条件下为不育,短日照下为可育。利用这一特性,可将不育系和保持系合二为一,由此提出了生产杂交种子的"二系法"。

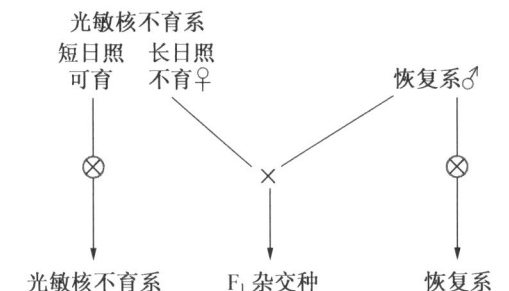

两系法——基于光敏核不育水稻的杂交制种示意图

（3）质-核互作不育型

①概念:质-核互作不育型是由细胞质基因和核基因互作控制的不育类型。

②花粉败育时间:在玉米、小麦和高粱等作物中,这种不育类型的花粉败育多数发生在减数分裂以后;在水稻、矮牵牛、胡萝卜等植物中,败育发生在减数分裂过程中或在此之前。

质-核互作不育的表现一般比核不育要复杂。

③遗传特点:胞质不育基因为S;胞质可育基因为N;核不育基因r,不能恢复不育株育性;核可育基因R,能够恢复不育株育性。

④以不育个体 S(rr)为母本,分别与保持系或恢复系杂交。

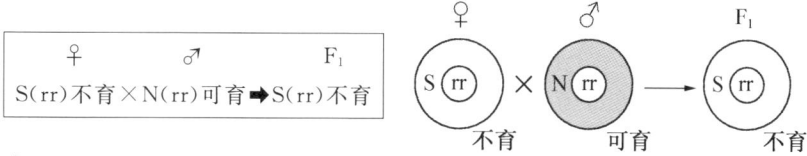

♀	♂	F₁
S(rr)不育 × N(rr)可育 ➡ S(rr)不育		

S(rr) 不育 × N(rr) 可育 → S(rr) 不育

其中:

N(rr)个体具有保持母本不育性在世代中稳定遗传的能力,称为保持系(B)。

S(rr)个体的不育性能够被 N(rr)个体所保持,其后代全部为稳定不育的个体,称为不育系(A)。

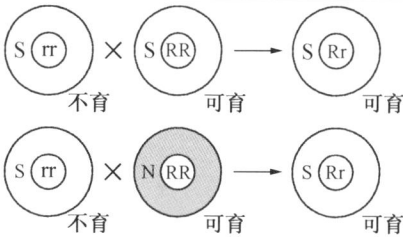

S(rr)不育×S(RR)可育 ➡ S(Rr)可育
S(rr)不育×N(RR)可育 ➡ S(Rr)可育

S(rr) 不育 × S(RR) 可育 → S(Rr) 可育
S(rr) 不育 × N(RR) 可育 → S(Rr) 可育

S(rr)×N(RR)或 S(RR)

F₁　S(Rr)全部正常可育

N(RR)或 S(RR)个体具有恢复育性的能力,称为恢复系(R)。

⑤生产上的应用

质-核型不育性由于细胞质基因与核基因间的互作,故能找到保持系,使不育性得到保持;也可找到相应恢复系,使育性得到恢复,实现三系配套。同时解决不育系繁种和杂种种子生产的问题。

繁种:A×B➡A

制种:A×R➡F₁

三系法配制杂交种

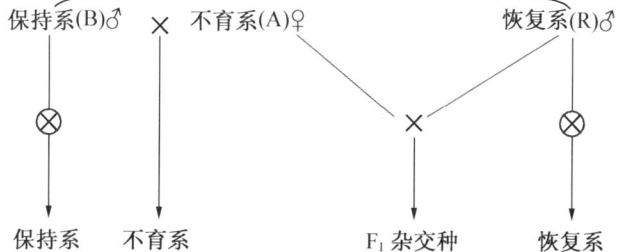

保持系(B)♂ × 不育系(A)♀　　　　恢复系(R)♂

保持系　不育系　　　F₁杂交种　　恢复系

水稻三系杂种优势的利用：

1973 年，实现水稻三系配套，成功应用于大田生产。

1981 年，获国家第一个特等发明奖，以第一个农业技术专利转让美国。

1997 年，种植 1732.5 万公顷，约占水稻种植面积的 62.84%，总产 1.22 亿吨，单产 7.03 吨/公顷，比全国水稻平均产量增 11.17%。杂交稻制种 10.46 万公顷，制种平均产量为 2.72 吨/公顷。

至 2004 年，杂交稻累计种植面积为 4 亿公顷，增产粮食 6 亿吨，可多养活 6000 多万人口，社会和经济效益十分显著。

目前，常年种植面积约为 1500 万公顷，约占水稻面积的 58%，产量占 66%。

中国工程院院士、"杂交水稻之父"袁隆平先生

油菜三系杂种优势的利用：

1972 年，傅廷栋等发现"波里马"油菜细胞质雄性不育。

1976 年，湖南农科院首先实现"波里马"雄性不育的三系配套。

1980 年，李殿荣等发现"陕 2A"油菜细胞质雄性不育。

1983 年，实现"陕 2A"油菜雄性不育的三系配套。

油菜杂交种：秦油 2 号、秦油 7 号、秦油 10 号、中油染 12 号、川油 12 号、蜀杂 1 号、油研 5 号等细胞质雄性不育系杂种已推广应用。

目前，我国油菜种植面积约 1 亿亩，杂交油菜种植面积约占油菜总面积的 60% 以上，杂交油菜的研究和应用均处于国际先进地位。

中国工程院院士傅廷栋先生：1991年被国际油菜研究咨询委员会授予最高荣誉奖——"杰出科学家奖"；2003年，第三世界科学院23届委员会授予其"农业科学奖"

第六章 基因表达与基因组学

第一节 基因的概念及其发展

一、经典遗传学关于基因的概念

1.孟德尔通过豌豆杂交实验,发现两大遗传规律,将控制性状的因子称为遗传因子。例如:豌豆红花(C)、白花(c)及植株高(H)、矮(h)。

2.约翰生开展菜豆选择实验,提出纯系学说,并用基因(gene)取代遗传因子。

3.摩尔根对果蝇进行遗传研究,建立了以基因和染色体为主体的经典遗传学。基因是性状的化学实体,直线排列在染色体上。

基因共性(按照经典遗传学关于基因的概念):基因具有染色体的主要特性,能自我复制和相对稳定性,在分裂时有规律地进行分配。

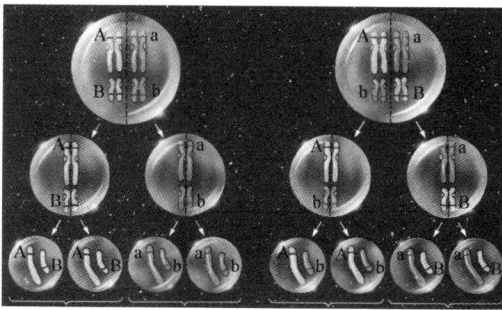

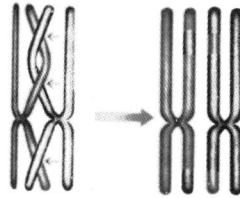

果蝇2号染色体

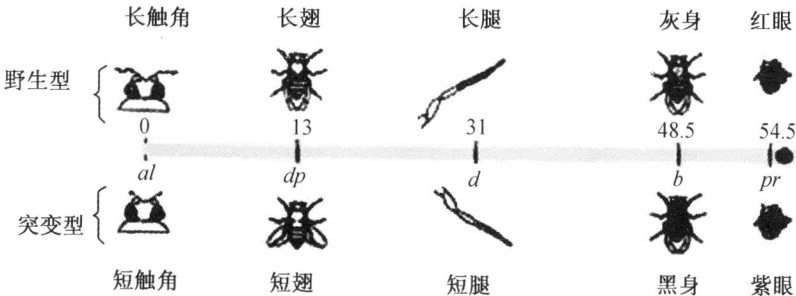

交换单位:基因间能进行重组,是交换的最小单位。

突变单位:一个基因能突变为另一个基因,产生等位基因,是突变的最小单位。

功能单位:控制有机体的性状。

经典遗传学认为基因是一个最小的单位,不能分割;基因既是结构单位,又是功能单位。

二、分子遗传学关于基因的概念

1. 揭示遗传密码的秘密:基因控制具体性状。

基因是 DNA 分子上的一个区段,携带有特殊遗传信息,可转录成 RNA,进一步翻译成多肽链,或对其他基因的活动起调控作用(如调节基因、启动基因、操纵基因)。

2. 基因不是最小遗传单位,可划分为更复杂的遗传和变异单位。

例如:在一个基因区域内,仍可以划分出若干起作用的小单位。

3. 现代遗传学对基因的认识。

①突变子(muton):性状突变时产生突变的最小单位。

一个突变子可以小到只有一个碱基对。

②重组子(recon):性状重组时可交换的最小单位。

一个交换子可以只包含一个碱基对。

③顺反子(cistron):表示一个作用的单位,基本符合通常所述基因的大小或略小,所包括的一段 DNA 与一条多肽链合成相对应,一般为 500～1500 个碱基对。

紫外灯下的DNA

4.基因概念。

①可转录一条完整的 RNA 分子或编码一条多肽链。

②功能上被顺反测验所规定。

分子遗传学:保留功能单位的解释,而抛弃最小结构单位说法。基因相当于一个顺反子,包含许多突变子和重组子。

三、分子遗传学对基因概念的新发展

1.结构基因(structural gene)

结构基因是指可编码 RNA 或蛋白质的一段 DNA 序列,如编码核糖体(蛋白质合成工厂)的 rRNA 基因。

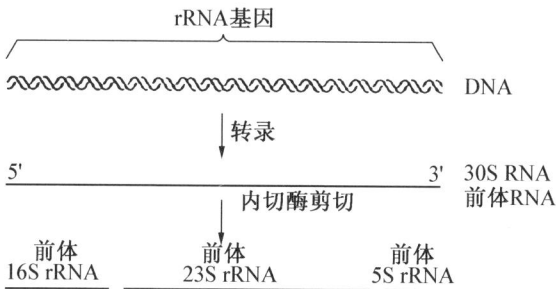

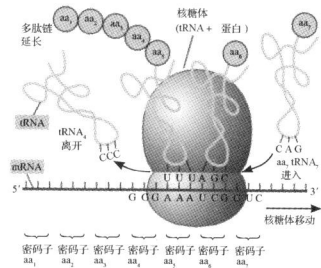

2.调控基因(regulator gene)

调控基因是指其表达产物参与调控其他基因表达的基因,如乳糖操纵子的调节基因。

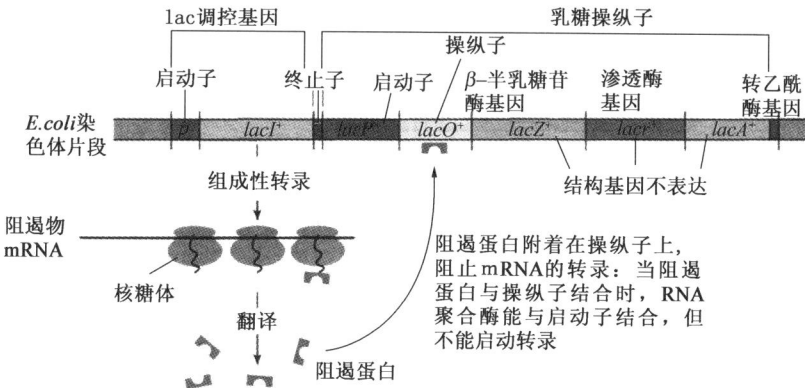

3.重叠基因(overlapping gene)

重叠基因是指在同一段 DNA 顺序上,由于阅读框架(转录区段)不同或终止早晚不同,同时编码两个以上基因的现象。

一些细菌和动物病毒中有重叠基因,最早由 Sanger 在 ΦX174 单链 DNA 病毒中发现有 6 个基因是重叠的(1977 年)。

4.隔裂基因(split gene)

基因内部被一个或更多不翻译的编码顺序即内含子所隔裂。

内含子:DNA 序列中不出现在成熟 mRNA 中的片段。

外显子:DNA 序列中出现在成熟 mRNA 中的片段。

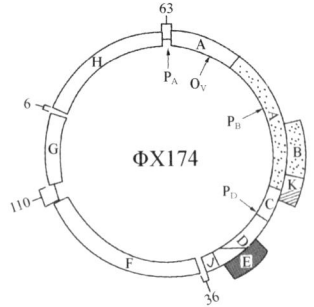

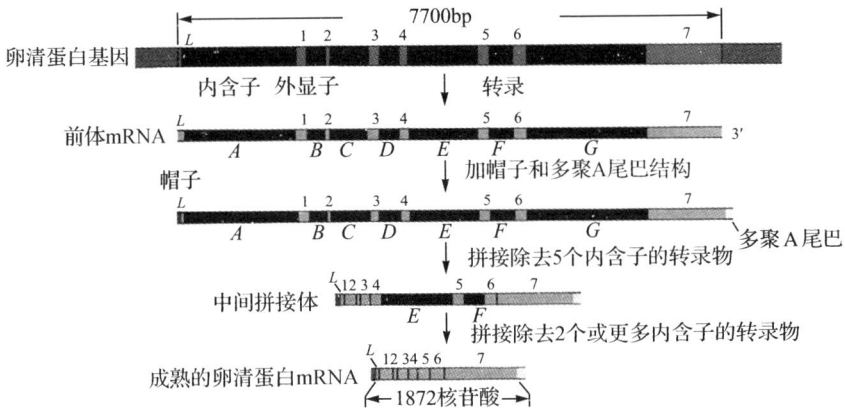

5.跳跃基因(jumping gene)

跳跃基因即转座因子,指染色体组上可以转移的基因。

实质:可转移位置的 DNA 片断。

功能:可在同一染色体内或不同染色体之间移动,引起插入突变、DNA 结构变异(如重复、缺失、畸变),可通过表现型变异得到鉴别。

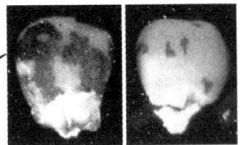

玉米转座子现象

遗传工程:转座子标签法。

40 年代初,麦克林托克(McClintock)研究玉米花斑糊粉层和植株色素的遗传基础,发现色素变化与一系列染色体重组有关。

染色体的断裂或解离(dissociation)有特定位点(Ds),但 Ds 并不能自行断裂,受激活因子 Ac(activator)所控制,当 Ac 存在时才能发生转移。

麦克林托克

Ac 则可以像普通基因一样进行传递,但可以离开原座位,转移到同一个或不同染色体的另一座位。

Ac 和 Ds 称为控制因子或转座因子,该假说称为"控制因子"假说。

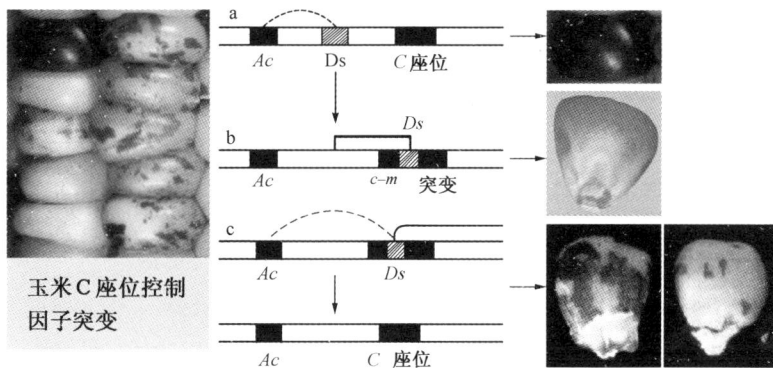

a. 显性基因 C 产生有色糊粉层;b. Ds 因子插入 C 座位,使 C 突变为 $c-m$,使糊粉层无色;c. 在 Ac 存在时,可引起 Ds 在某些细胞转座,产生回复突复,故整个籽粒在无色背景下呈现出有色斑点

60 年代末期,夏皮罗(Shapiro J.)研究大肠杆菌($E.\ coli$)高效突变时发现,这是由于一种大片段 DNA 插入作用造成的,这种 DNA 片段称为插入序列,它是细菌中首次发现的移动基因。

在病毒、细菌、植物和动物中相继发现转座子的存在,因此跳跃基因的概念被大家所公认。

跳跃基因发现 30 多年后,麦克林托克于 1983 年获诺贝尔奖。

6. 假基因(pseudogene)

与已知的基因相似,处于不同的位点,因缺失或突变而不能转录或翻译,是没有功能的基因。

真核生物中的血红素蛋白基因家族中就存在假基因现象。

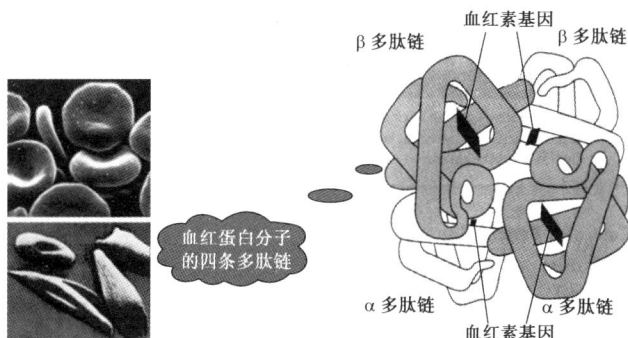

第二节　基因的表达与性状的表现

一、遗传物质分子结构

1.DNA 双螺旋结构

1953 年 4 月 25 日,沃森(Watson J. D.)和克里克(Crick F. H. C.)提出 DNA 双螺旋结构模型,主要依据为碱基互补配对的规律以及 DNA 分子的 X 射线衍射结果。1962 年,沃森、克里克与维尔金斯(Wilkins)一起获得诺贝尔奖。

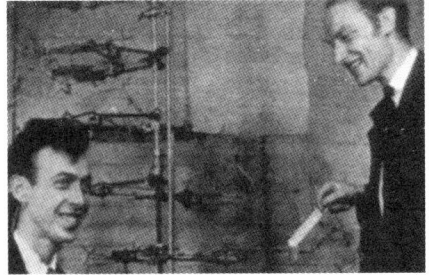

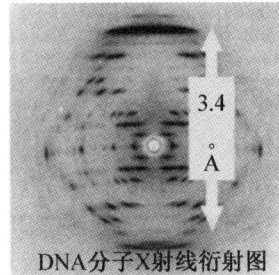

DNA分子X射线衍射图

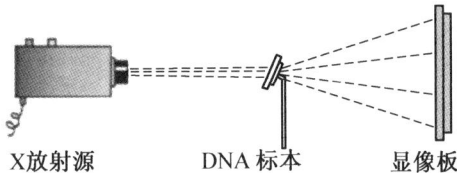

X放射源　　　DNA 标本　　　显像板

特点:

(1)两条互补多核苷酸链在同一轴上互相盘旋。

(2)双链具有反向平行的特点。

(3)碱基配对原则为 A－T、G－C,双螺旋直径约 20Å,螺距为 34Å(10 个碱基对)。

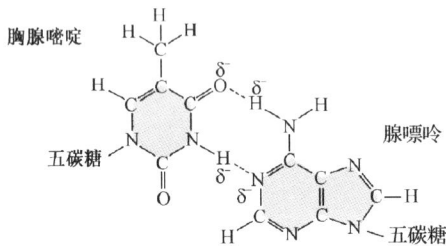

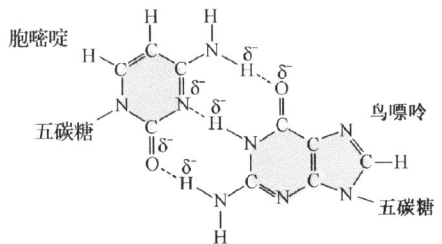

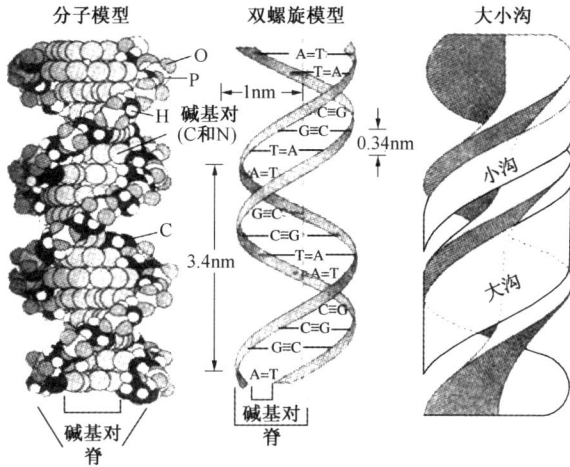

分子模型　　双螺旋模型　　大小沟

（4）物种：

①不同物种中 DNA 的碱基含量不同。

不同物种的碱基含量

物　　种	G	A	C	T	A+G/T+C	G+C/A+T
人	19.9	30.9	19.8	29.4	1.03	0.66
小麦	23.8	25.6	24.6	26.0	0.97	0.94
洋葱	18.4	31.8	18.2	31.3	1.01	0.58
菜豆	20.6	29.7	20.1	29.6	1.01	0.69
酵母	18.3	31.7	17.4	32.6	1.00	0.56
大肠杆菌	26.0	24.7	25.7	23.6	1.02	1.07
T_2 噬菌体	18.2	32.5	16.8	32.5	1.02	0.54

②DNA 分子上的碱基顺序是稳定的,一般稳定不变才能保持该物种遗传特性的稳定。

③碱基顺序改变,物种出现遗传变异。

2.RNA 分子结构

与 DNA 的区别 $\begin{cases} \text{U 代替 T} \\ \text{核糖代替脱氧核糖} \\ \text{一般以单链存在} \end{cases}$

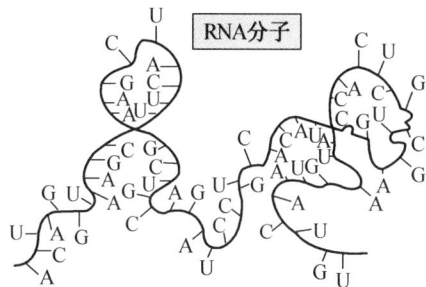

RNA分子

二、中心法则

DNA 作为遗传信息的功能:贮藏、传递和表达遗传信息。

由此,克里克提出中心法则,确定遗传信息由 DNA 通过 RNA 流向蛋白质的普遍规律。

中心法则:遗传信息 DNA 转录为 mRNA,再翻译为蛋白质;遗传信息从 DNA 到 DNA 的复制过程;RNA 到 DNA 的反转录过程。

遗传信息储存在核酸中,遗传信息由核酸流向蛋白质的规律是从噬菌体到真核生物的整个生物界共同遵循的规律。

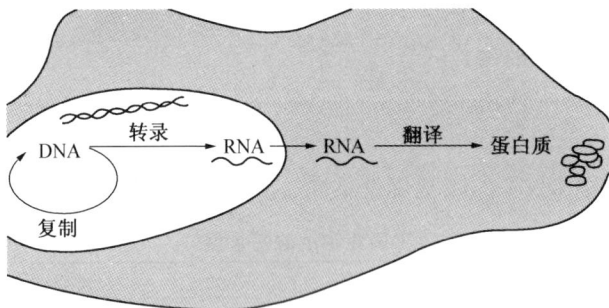

三、遗传密码与翻译

1. 密码子与氨基酸

DNA 分子碱基只有 4 种,而蛋白质氨基酸有 20 种,所以碱基与氨基酸之间不可能一一对应:

①$4^1=4$ 种:缺 16 种氨基酸。

②$4^2=16$ 种:比现存的 20 种氨基酸还缺 4 种。

③$4^3=64$ 种:由三个碱基一起组成的密码子能够形成 64 种组合,比现存的 20 种氨基酸多出 44 种。

简并:一个氨基酸由两个或两个以上的三联体密码所决定的现象。

三联体或密码子:代表一个氨基酸的三个一组的核苷酸。

2. 遗传密码字典

每一个三联体密码所翻译的氨基酸是什么呢?

从 1961 年开始,在大量体外合成蛋白质实验的基础上,科学家分别利用 64 个已知三联体密码,找到了相对应的氨基酸。1966—1967 年,遗传密码表全部完成(为 mRNA 的碱基排列信息),如 UGG 为色氨酸。

第二字母

		U	C	A	G	
第一字母 5′	U	UUU UUC }Phe UUA UUG }Leu	UCU UCC UCA UCG }Ser	UAU UAC }Tyr UAA 终止密码 UAG 终止密码	UGU UGC }Cys UGA 终止密码 UGG Trp	U C A G
	C	CUU CUC CUA CUG }Leu	CCU CCC CCA CCG }Pro	CAU CAC }His CAA CAG }Gln	CGU CGC CGA CGG }Arg	U C A G	第三字母 3′
	A	AUU AUC }Ile AUA AUG Met （起始密码）	ACU ACC ACA ACG }Thr	AAU AAC }Asn AAA AAG }Lys	AGU AGC }Ser AGA AGG }Arg	U C A G
	G	GUU GUC GUA GUG }Val （起始密码）	GCU GCC GCA GCG }Ala	GAU GAC }Asp GAA GAG }Glu	GGU GGC GGA GGG }Gly	U C A G

3. 通用性

①在整个生物界中，从病毒到人类，遗传密码通用。

4 个基本碱基符号→所有氨基酸→所有蛋白质→生物种类、生物体性状。

②1980 年以后，发现具有自我复制能力的线粒体 tRNA（转移核糖核酸）在阅读个别密码子时有不同的翻译方式，如酵母、链孢霉与哺乳动物的线粒体。

蛋白质在核糖体上合成。

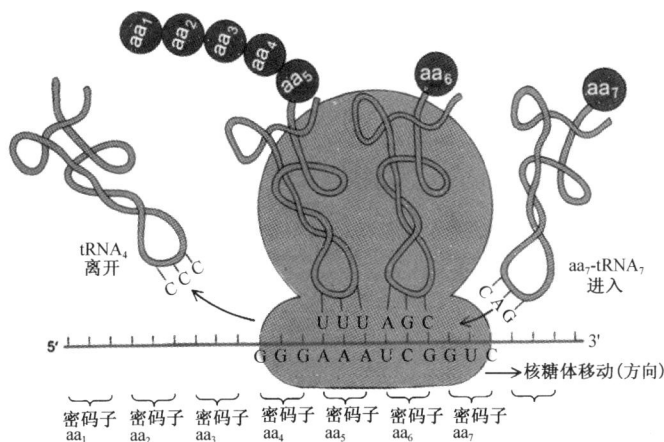

四、基因的表达与性状的表现

与性状有关的基因序列（DNA）突变，可能使相对应的三种 RNA 序列（rRNA、tRNA、mRNA）发生改变，从而直接或间接地影响生物性状的改变。

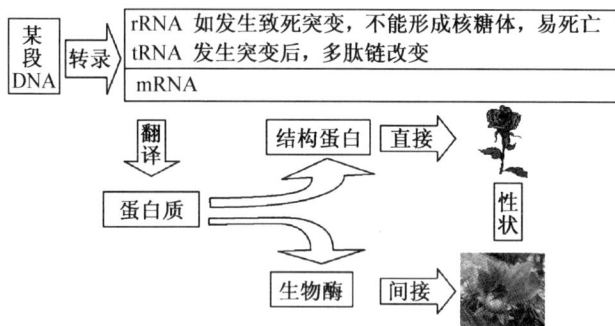

1. 结构蛋白

基因变异直接影响蛋白质特性，表现出不同遗传性状。

例如：人的镰刀形红细胞贫血。

红细胞碟形

$$Hb^A$$

$$\swarrow \quad 突变 \quad \searrow$$

红细胞镰刀形

$$Hb^S \qquad Hb^C$$

血红蛋白分子有四条多肽链：两条 α 链（141 个氨基酸/条），两条 β 链（146 个氨基酸/条）。

Hb^A、Hb^S、Hb^C 的氨基酸组成差异在于 β 链上第 6 位氨基酸：Hb^A 第 6 位为谷氨酸（GAA、GAG），Hb^S 第 6 位为缬氨酸（GUA、GUG），Hb^C 第 6 位为赖氨酸（AAA、AAG）。

产生贫血症的原因：单个碱基的突变引起氨基酸的改变，导致蛋白质性质发生变化，直接产生性状变异。正常碟形红细胞转变为镰刀形红细胞→缺氧时为贫血。

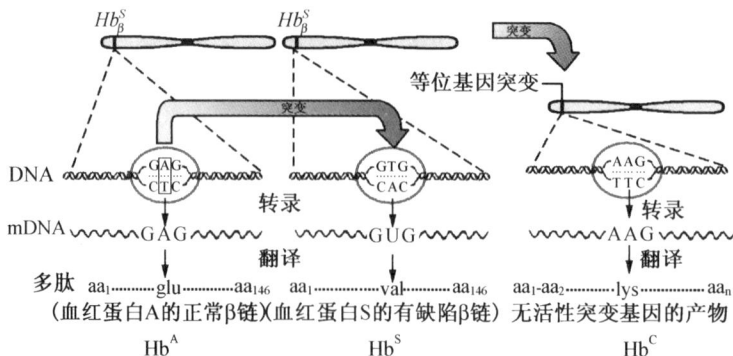

2.酶蛋白

例如:豌豆。

圆粒(RR)×皱粒(rr)→F_1圆粒(Rr)→$F_2$1/4皱粒。

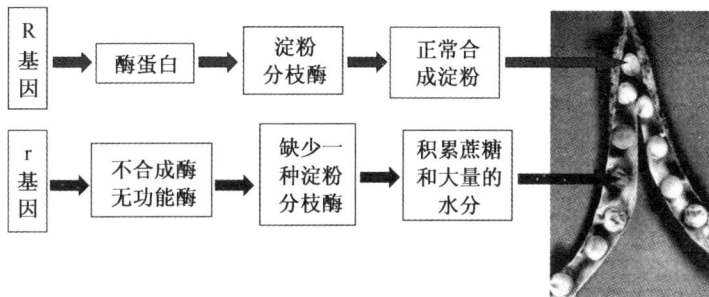

所以,基因 $\begin{cases} \text{产生多肽,有表型;} \\ \text{产生 tRNA、rRNA,无表型;} \\ \text{不转录 mRNA,但对其他基因起调控作用。} \end{cases}$

第三节　个体发育中核质互作及基因控制

发育:高等生物从受精卵开始发育,经过一系列细胞分裂和分化,长成新个体。

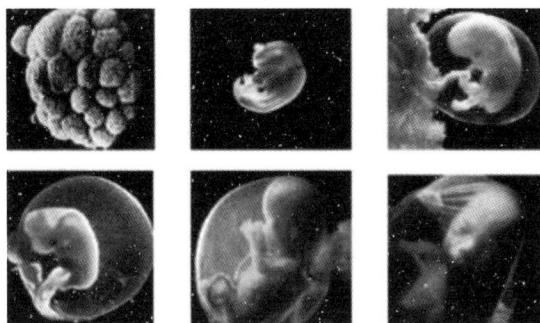

一、细胞核和细胞质在个体发育中的作用

细胞核和细胞质是细胞生存必不可少的两部分,个体发育缺一不可。

细胞核和细胞质在个体发育中分工合作,共同完成由基因型(包括核基因和质基因)所预定的各种基因表达过程,并对外界环境条件变化做出反应。

1. 细胞质在动植物发育分化中起重要作用

在卵细胞分裂开始时,沿赤道面把卵切成两半。一半含有动物极,一半含有植物极。带核的动物极发育成空心而多纤毛的球状物;带核的植物极发育成较复杂但不完整胚胎。但两者都不能正常发育而夭折。

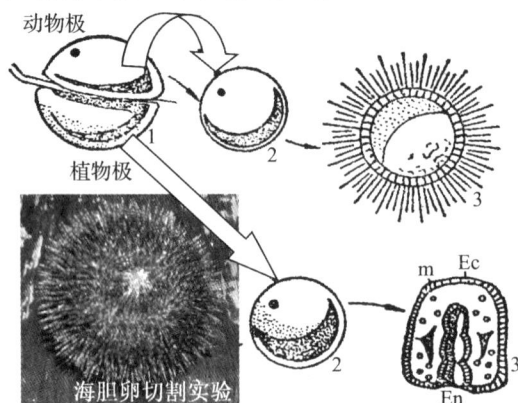

2.细胞核在细胞生长和分化中的主导作用

伞藻(*Acetabularia*)是一种大型的单细胞海生绿藻,自顶部到根部长 6～9cm。细胞核在基部的假根内。成熟时,顶部长出一个伞状的子实体,子实体因物种不同而异。

在欧洲,伞藻有一个种,叫作地中海伞藻(*A. mediterranea*),子实体边缘为完整的圆形;另一个种叫作裂缘伞藻(*A. crenulate*),子实体边缘裂成分瓣形。

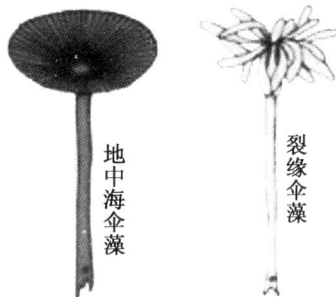

地中海伞藻

裂缘伞藻

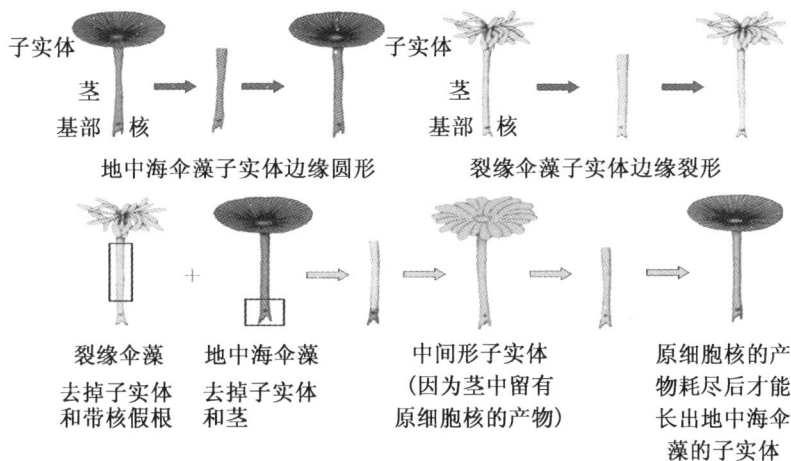

子实体　茎　基部　核　　　　　子实体　茎　基部　核

地中海伞藻子实体边缘圆形　　　裂缘伞藻子实体边缘裂形

裂缘伞藻去掉子实体和带核假根　+　地中海伞藻去掉子实体和茎　　中间形子实体(因为茎中留有原细胞核的产物)　　原细胞核的产物耗尽后才能长出地中海伞藻的子实体

原因:控制子实体形态的物质是 mRNA。它在核内形成后迅速向藻体上部移动,编码决定子实体形态的特殊蛋白质。

实验肯定了核在伞藻个体发育中的主导作用。

二、个体发育的阶段性

个体发育的起始时间:从受精卵分裂开始。

高等植物个体发育的阶段:

合子第一次分裂 { 大细胞→产生临时性器官胚柄,在胚胎长成后退化
小细胞→产生胚体,又经球形期、心形期、鱼雷形期→分化根、茎等原始组织器官

胚胎经过生长(细胞增加和扩大),从营养生长期进入生殖生长期,分化成不同形态特征和生理特性。

发育生物学研究表明:这一系列连续的发育阶段是按预定的顺序依次发生的。
上一阶段基因表达完成后,"启动"下一阶段。

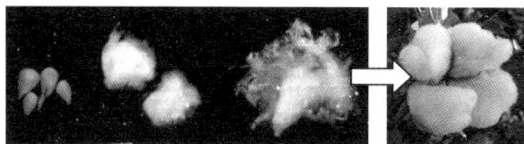

个体发育特性:

①内在因素——遗传,是基因在不同时间上的选择性表达。

②外在因素——环境条件和周围细胞的影响。

三、基因与发育模式

个体发育的不同阶段,按照预定方向和模式发展,决定于个体所带的基因。

同形异位现象:器官形态与正常相同,但生长的位置却不同。

例如:植物的多花瓣突变。

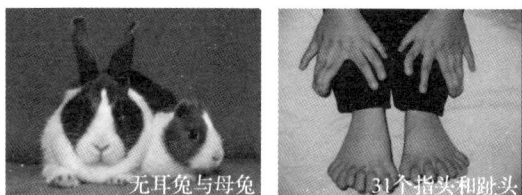

无耳兔与母兔　　31个指头和趾头

同形异位基因:控制个体的发育模式、组织和器官形成的一类重要基因,现已
在果蝇、动物、真菌、植物及人类等真核生物中发现有同形异位基因的存在。

CK　　　三子叶　　　四子叶

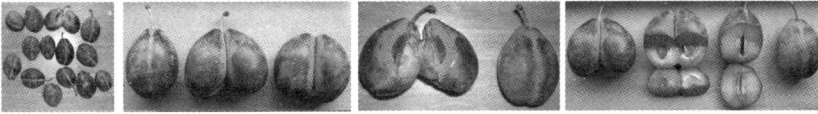

1. 果蝇发育中的同形异位基因

同形异位基因最早发现于果蝇胚胎发育中。果蝇有两组同形异位基因，位于第三染色体上。

腹胸节基因：基因突变将第三胸节转变成第二胸节，平衡器转变成一对多余的翅膀（3个编码基因）。

触角脚基因：基因突变使头上的触角变成一对脚（5个编码基因）。

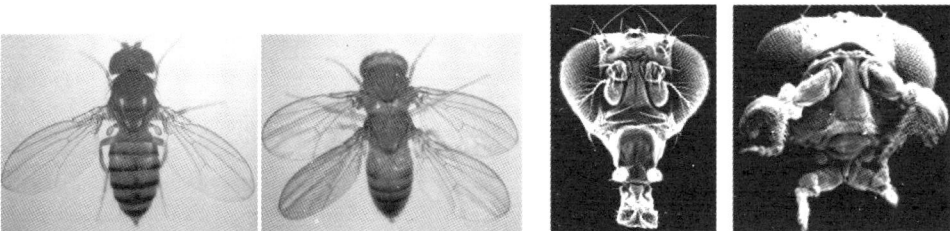

四角羊

2.高等植物发育中的同形异位基因

高等植物:从受精卵发育成具有不同器官的完整植株,同形异位基因也起着关键作用。

1991年,玉米打结基因(*Knotted 1*)和拟南芥无配子基因(*Agamous*)首先被克隆之后,许多植物同形异位基因得到分离和鉴定,为基因调控模型建立奠定了基础。

拟南芥有三组同形异位基因控制花器的分化发育。

①控制初级花的分生组织:这种突变只形成花序分生组织,不形成花的分生组织。

②控制花的对称性:突变体形成非对称结构的花。

③控制花器器官的形成:突变体可产生多种花器。

在其他植物中也可发现这一现象。

植物同形异位基因的特点：

①植物同形异位基因编码转录因子，参与调控其他结构基因的表达。

②同形异位基因结构非常保守，具有一因多效的作用。

③植物同形异位基因位于不同的染色体上。

第四节 基因组学

一、基因组学

基因组学(genomics)是遗传学研究进入分子水平后发展起来的一个分支,主要研究生物体内基因组的分子特征。

研究对象:以整个基因组为研究单位,而不以单个基因为单位作为研究对象。

研究目标:认识基因组的结构、功能和进化;阐明整个基因组所包含的遗传信息和相互关系;充分利用有效资源,预防和治疗人类疾病。

二、生物体基因组特征

1.细菌和病毒基因组

(1)基因组小,测序容易。

如大肠杆菌含有 4000 个基因,基因组 4.6×10^6 bp,只有人类的千分之一。

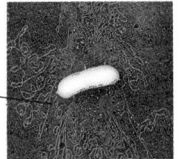

大肠杆菌 DNA

(2)DNA 绝大部分编码成蛋白质,重复序列少。

(3)基因中一般没有内含子,结构比较简单。

(4)功能相关的几个基因排列在一起形成操纵子,如乳糖操纵子。

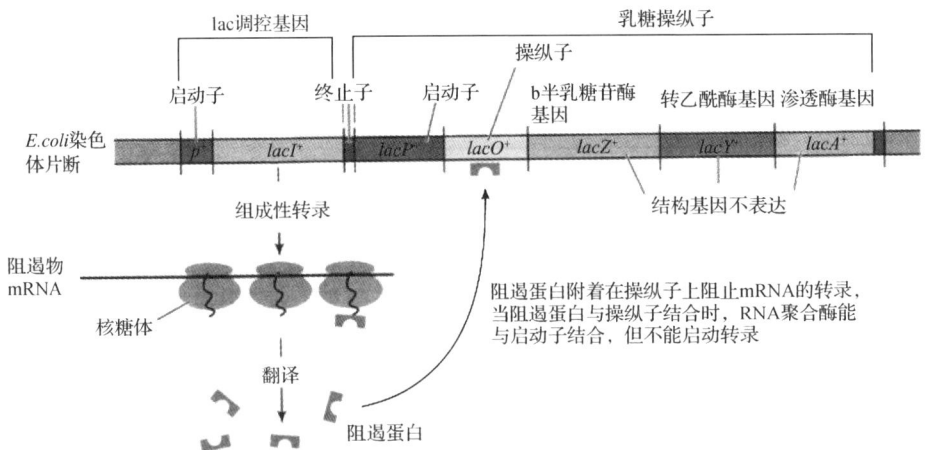

(5)存在重叠基因:如 ΦX174 基因组为 5386bp,只有 11 个基因,其中 6 个基因相互重叠。Sanger 因完成该生物体的测序工作,第二次获诺贝尔奖。

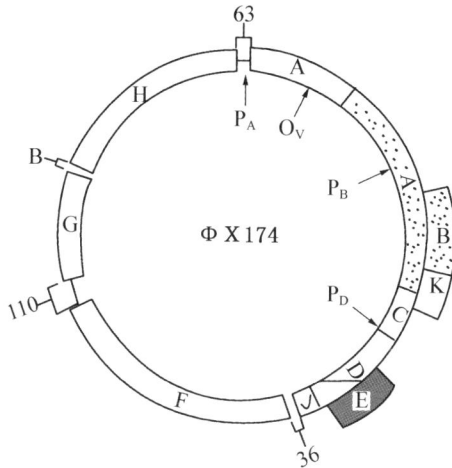

2.真核生物基因组

(1)存在 C 值矛盾。

C 值:一个物种单倍体基因组的 DNA 含量。

C 值矛盾:庞大的基因组与现有已知的功能无法解释的矛盾。如人类的 C 值为 $3.3×10^9$ bp,而最大的两栖动物 C 值达 10^{11} bp。两栖动物的结构和功能一般不会比哺乳动物更为复杂。

(2)DNA 编码部分只占基因组的小部分。

大多数真核生物基因组内编码部分只占基因组的 1‰～10‰,在非编码 DNA 中存在着大量重复序列(repeat sequence)。

(3)基因内存在内含子(intron)和外显子(exon)。

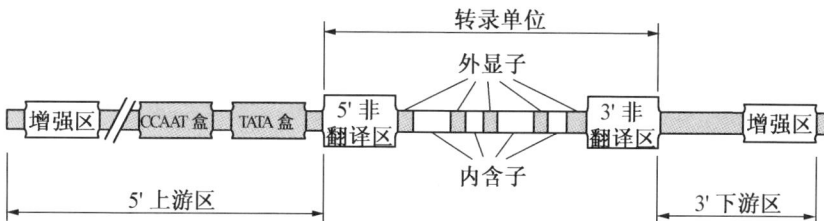

(4)基因家族:许多结构相似、功能相关的基因的总称。组成同一基因家族的基因可紧密排列在一起,形成基因簇,也有分散排列者。

三、基因组计划

1.基因组学的主要组成部分

(1)构建基因组的遗传图谱。

(2)构建基因组的物理图谱。

(3)测定基因组 DNA 的全部序列。

(4)绘制基因组的转录本图谱。

(5)分析基因组的功能。

模式生物基因组研究：

1996 年,酵母菌的基因组测序完成。

1998 年 12 月,线虫完整基因组序列的测定工作完成,这是第一次绘出多细胞动物的基因组图谱。

2000 年 3 月,果蝇的基因组测序完成。

2000 年 6 月 26 日,中美日德法英等完成人类基因组工作草图。

2001 年 12 月 14 日,美英等国科学家宣布绘制出拟南芥基因组的完整图谱。

2002 年 4 月 5 日,中国科学家独立完成水稻(籼)基因组草图。

2005 年 8 月 10 日,日美中法等国科学完成水稻(粳)基因组草图。

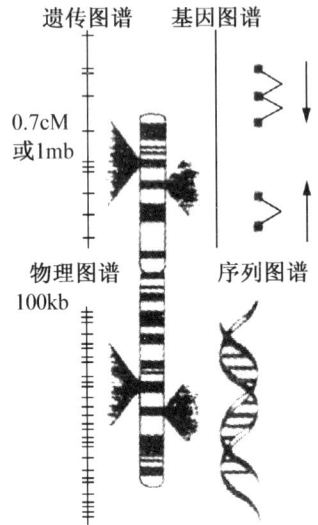

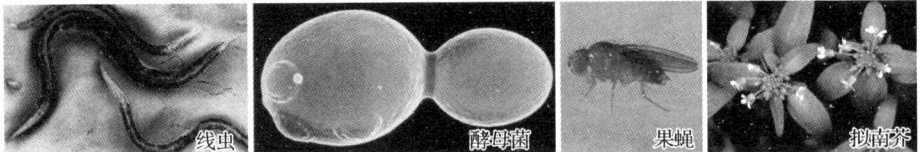

图中标注：

遗传图谱　基因图谱

0.7cM 或1mb

物理图谱 100kb

序列图谱

线虫　　酵母菌　　果蝇　　拟南芥

现已完成基因组图谱的部分生物：花叶病毒(1985 年)、流感嗜血杆菌(1995年)、酿酒酵母(1996 年)、大肠杆菌(1997 年)、线虫(1998 年)、果蝇(2000 年)、拟南芥(2000 年)、籼稻(2002 年)、小鼠(2002 年)、肝螺旋杆菌(2003 年)、蚕(2003 年)、鸡(2004 年)、白杨(2004 年)、大鼠(2004 年)、粳稻(2005 年)、狗(2005 年)、杨树(2006年)、猫(2007 年)、伊蚊(2007 年)、葡萄(2007 年)、马(2007 年)、番木瓜(2008 年)、老鼠(2009 年)、玉米(2009 年)、血吸虫(2009 年)、大豆(2010 年)、野草莓(2010 年)、水螅(2010 年)、珊瑚(2011 年)、番茄(2012 年)、牡蛎(2012 年)、东北虎(2013 年)、金丝猴(2014 年)、辣椒(2014 年)、小麦(2014 年)、陆地棉(2015 年)、榨菜(2016 年)等。

蚕　　　　　蕃茄　　　　珊瑚

2.动物基因组计划

(1)人类基因组:1990 年 10 月,美国启动投资 30 亿美元的"人类基因组计划",计划 15 年完成基因组 30 亿个核苷酸对排列次序的测定,构建高分辨率的人类基因组遗传图谱和物理图谱,解开生命的奥秘以预防和治疗疾病。

1986 年,美国杜伯克在 *Science* 上撰文,提出联合起来从整体上研究人类基因组。

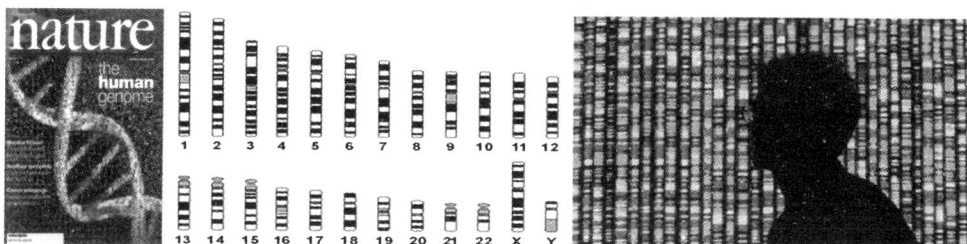

1990 年 10 月,美国国会批准人类基因组计划。

1999 年 12 月 1 日,完整破译出人体第 22 对染色体的遗传密码。

2000 年 5 月 8 日,德日等国际科研小组宣布:基本完成了人体第 21 对染色体的测序工作。

2000 年 6 月 26 日,中美日德法英等六国科学家公布人类基因组工作草图,标志着人类在解读自身"生命之书"上迈出了重要一步。

2001 年 2 月 12 日,六国科学家和美国塞莱拉公司联合公布人类基因组图谱及初步分析结果。

2003 年 4 月 14 日,人类基因组序列图绘制成功,人类基因组计划目标全部实现。覆盖人类基因组所含基因区域的 99%,精确率达到 99.99%,比原计划提前两年多,耗资 27 亿美元。

(2)红原鸡(鸡的远祖)基因组:2004 年 3 月 1 日,科学家宣布绘制完成首幅禽鸟类物种的基因组序列草图。

完成单位:中国、美国、德国、英国、瑞典、荷兰等。

水平:为 10 亿碱基对,该序列草图与人类基因组序列进行比较(美国华盛顿大学负责)。同时完成一张鸡遗传差异图谱(中科院负责),对红原鸡、肉鸡(英)、蛋鸡(瑞典)、乌鸡(中)进行序列差别分析。

作用:鸡是研究低等脊椎动物和人类等哺乳动物的理想中介,在禽流感防治、改善家禽和人类健康等方面有明显应用价值。

（3）狗基因组：2004 年美国马里兰州基因学研究所和基因组学促进中心首次绘出狗的基因组序列草图，发表在 9 月 26 日出版的美国 *science* 杂志上。

测序狗（boxer）

通过对草图进行初步分析发现，被视为"人类最好朋友"的狗，在基因水平上与人类的相似程度要超过鼠。

（4）水牛基因组：2006 年 8 月，澳大利亚和新西兰科学家完成了牛基因组测序，基因组约为 29 亿碱基对。

食用牛 "赫里福种"

该成果有助于改善牛类健康和疾病控制，提高牛肉和奶制品营养价值。遗传学家们可用牛基因组作为一个模板进行同类牛群和不同类牛群之间，以及牛与其他类型哺乳动物之间遗传变异的研究。

（5）大熊猫基因组：2009 年 10 月，深圳华大基因研究院宣布，大熊猫"晶晶"基因组框架图绘制完成，基因组约为 30 亿碱基对（2 万～3 万个基因）。

大熊猫 "晶晶"

大熊猫是熊科的一个亚种。该成果从基因组学层面及分子水平上为大熊猫这种濒危物种的保护、疾病的监控及其人工繁殖提供科学依据，为保护其他动物提供了范例。

（6）老鼠基因组：美国、英国和瑞典于 2009 年在 *PLoS Biology* 上公布了老鼠的全基因组测序图。

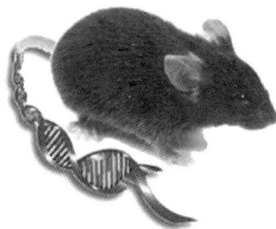

人类和老鼠的基因测序图之间的遗传差异较大。老鼠基因中有 20% 是新副本，是在过去 9000 万年里演化而来的。此项研究成果能找出最适于人类疾病研究的老鼠基因。

（7）牡蛎基因组：2012 年，中科院海洋所和华大基因研究院等单位，完成了太平洋牡蛎的测序、组装与分析，这是第一个测序的软体动物基因组。

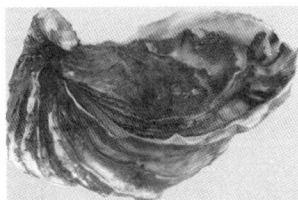

牡蛎

牡蛎为双开合贝壳的软体无脊椎动物，基因组约为 559Mb，总共有大约 28000 个基因。

此项研究成果将为研究软体动物和其他海洋物种的生物学和遗传改良提供宝贵的资源。

（8）骆驼基因组：2012 年 11 月，内蒙古农业大学和上海交通大学等单位完成双峰驼全基因组序列图谱绘制和解析工作（历时 2 年），作为封面文章发表在 *Nature Communications*。

双峰驼全基因组为 2.38Gb，共编码 20821 基因，双峰驼同牛遗传关系最近，在 5500～6000 万年前有共同祖先。有助于了解骆驼特殊生活习性和生理特性，解释骆驼在极端环境下生存能力的分子机制。

（9）东北虎基因组：2013 年 9 月，韩、中、俄、蒙等国科学家完成了对东北虎的基因组测序（历时 3 年），有助于研究大型猫科动物的遗传多样性。结果发表在 *Nature Communications*。

老虎和家猫的基因同源性很高，有 98.8％基因编码区相吻合。老虎基因组中有 20226 个控制蛋白质编码的基因，从中可分析出与大型猫科动物肉食特性和高肌肉强度相关的一系列基因。

（10）金丝猴基因组：2014 年 11 月，中科院动物研究所、北京诺禾致源共同完成了川金丝猴的基因组测序，解析了金丝猴适应植食性的分子机制，结果发表在 *Nature Genetics*。

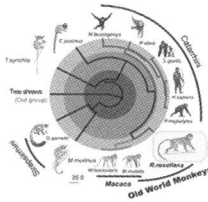

川金丝猴和大熊猫的种群遗传学分析，表明两者具有相似的种群波动趋势。金丝猴基因组大小为 3.05Gb，其中蛋白编码基因为 21813 个，44.17％的基因为转座元件。

3. 植物基因组计划

（1）水稻基因组：包括水稻的两个亚种——籼稻和粳稻。

①我国超级杂交稻（籼稻）基因组于 2001 年 7 月启动。2002 年 4 月 5 日，*Science* 刊登了中国科学家独立绘制完成水稻基因组草图序列（总数：4.6 亿）。

材料：籼稻。

完成单位：华大基因研究院、中科院等 12 个单位，于 2001 年 7 月启动。

水平：水稻基因组中的总基因数约为 46022～55615 个。

2005 年 2 月,水稻全基因组"精细图"绘制完成。

②国际水稻(粳稻)基因组开始于 1998 年,有日、美、中、法等国家和地区参加。

2005 年 8 月 10 日,历时 6 年半的水稻全基因组测序完成,并在 *Nature* 上发表水稻 12 条染色体上 37544 个基因的精确位置遗传图谱,误差率<0.01%。粳稻是高等动植物中第一个完成着丝点测序的植物。

我国对国际粳稻测序计划贡献率为 20%。2002 年 12 月 21 日,*Nature* 发表中国独立绘制完成的粳稻基因组第 4 号染色体精确测序图。

材料:粳稻"日本晴"。

完成单位:中科院国家基因研究中心等 4 家单位。

水平:第 4 号染色体中的总碱基数目为 0.35 亿碱基对,覆盖了该染色体全长序列 98% 的区域,只剩下 7 个小空洞,碱基序列的精确度达到 99.99%。完整测定着丝粒序列在高等生物中属于首次。

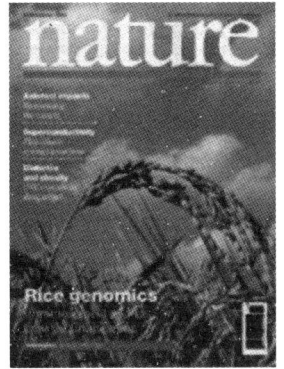

计划:对预测鉴定的 4658 个基因做进一步分析,并对着丝粒功能等做研究。

(2)玉米基因组:2008 年 2 月 28 日,美国科学家宣布绘制完成玉米基因组序列草图,全基因序列图。

材料:B73 高产玉米品种。

完成单位:美国,2005 年启动,花费 2950 万美元。

水平:总碱基数目约为 20 亿碱基对(明显多于水稻 4.3 亿碱基对),基因数量约 5 万~6 万个。

(3)大豆基因组:2010 年 1 月,美国科学家绘制出大豆基因组序列图谱。基因数量约为 4.6 万个,其中 1110 个基因与脂质物质合成相关。

大豆是食物和动物饲料蛋白的主要来源,也是土壤固氮的重要作物。大豆基因组序列有助于研究一些遗传学问题,如大豆具备更多的多功能基因家族,其中新鉴定出的一个单碱基突变体,能减少大豆中的植酸含量。

（4）番茄基因组：2012 年 5 月 *Nature* 以封面文章的形式，发表由中、美、荷兰、以色列等 14 个国家完成的栽培番茄全基因组精细序列分析研究结果。

该工作将推动番茄以及马铃薯、辣椒、茄子等茄科植物的功能基因组研究，培育高产、优质、抗病虫、抗逆等优良性状的番茄新品种，对促进番茄生产具有重要意义。

（5）大麦基因组：2012 年 10 月，*Nature* 发表由德国、日本、芬兰、澳大利亚、英国、美国和中国等国家完成的大麦基因组测序图谱。共构建 4.98Gb 大麦基因组物理图谱，揭示了几乎所有 3.2 万个基因的排列和结构，包括 2.6159 万个高可信度的基因。

该工作将是提高大麦产量，增强大麦抗虫抗病力，增加大麦营养价值的有力工具。

（6）梅花基因组：2012 年 12 月，*Nature Communications* 报道中国科研团队测定了梅花的基因组序列。

梅花具有高度杂合性，中国有 3000 多年栽培历史，基因组整合度大。采用新一代测序技术（Next generation sequencing，NGS）和全基因组映射技术，构建出西藏野生种的高密度遗传图谱，梅花基因组参考序列为 237Mb。结果有利于探索梅花花香成分，在休眠状态下提早开花的调控机制，为梅花遗传育种和蔷薇科植物的研究提供宝贵资源。

（7）辣椒基因组：2014 年 3 月 *PNAS* 报道，遵义市农科院、四川农业大学、华南农业大学、深圳华大基因研究院和墨西哥生物多样性基因组学国家重点实验室等测定了辣椒基因组序列。3.26Gb 的辣椒基因组的 81% 以上是由转座子构成。

材料：遵义市农科院选育品种"遵辣 1 号"和墨西哥野生种"Chiltepin"。

辣椒与其亲缘物种马铃薯和番茄可能在 3600 万年前分离。串联重复基因的剂量补偿效应赋予了辣味上的多样性，有利于探索辣椒进化与驯化线索，提高育种效率。

（8）小麦：2014 年 7 月，国际小麦基因组测序联盟（科学家来自 57 个国家）在 *Science* 公布了面包小麦的基因组草图。全基因组序列信息将在 3 年内逐步完成。

小麦是世界上种植最广的谷物作物，种植面积超过 21500 万公顷；年产量约 70000 万吨，是世界上产量继玉米和水稻之后的作物。

小麦全基因组序列资源有助于科学家揭示基因组的结构、组织及进化特征，鉴定控制产量、品质、抗性等复杂性状的基因，培育更高产、优质的品种。

（9）棉花：2015 年 4 月，中、美、澳等国的科学家在 *Nature Biotechnology* 上公布了陆地棉的全基因组测序及遗传图谱（500 万个分子标记），测序覆盖了来自棉花两个亚基因组（A、D）的 52 条染色体，包括 76943 个蛋白编码基因。

2012 年和 2014 年，分别完成雷蒙德氏棉（D）和亚洲棉（A）的全基因组测序工作。陆地棉（AADD）的测序可解析四倍体棉花两个亚基因组的非对称进化机制。可为棉花的遗传改良、基础生物学研究、异源多倍体作物的进化和杂种优势的研究发挥重要作用。

（10）榨菜：2016 年 9 月中、澳、印、美等国的科学家通过高通量测序技术，绘制了首张异源四倍体榨菜的全基因图谱。基因组大小约为 955Mb，编码 80050 个基因。

从芥菜亚基因组间同源基因的差异表达与选择层面解答了榨菜"家乡味"的成因，从基因组水平上揭示了芥菜种为单起源，然后分化成菜用和油用芥菜类群。该成果于 2016 年 9 月发表在 *Nature Genetics*。成果可推动芥菜类蔬菜作物分子育种的进程，推动对基因组育种的认识和应用。

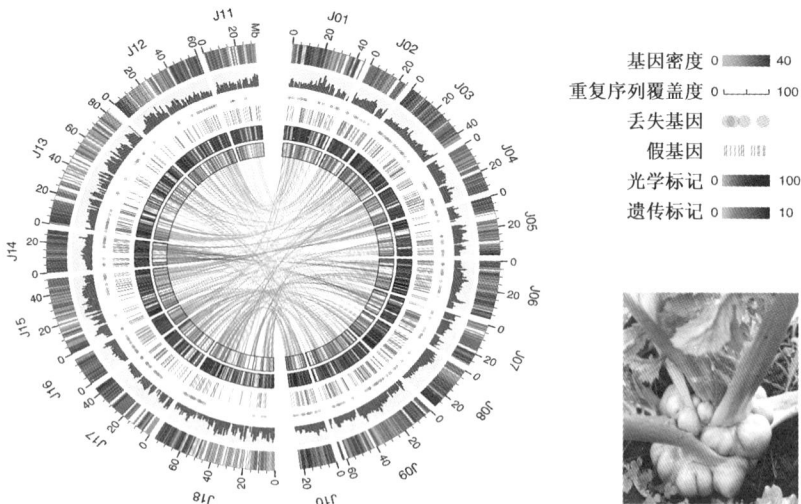

基因密度	0 ▬▬ 40
重复序列覆盖度	0 ▬▬ 100
丢失基因	
假基因	
光学标记	0 ▬▬ 100
遗传标记	0 ▬▬ 10

5.基因组的测序策略

(1)小基因组物种的测序可采用鸟枪射击法。

鸟枪射击法:将基因组 DNA 剪切成片段,构建基因文库,大量的片段分别测序(Sanger 双氧脱氧 DNA 测序法),将片段间的重叠部分组装成连续 DNA 分子。

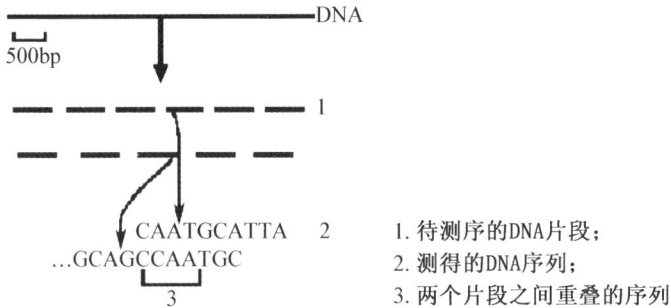

```
                                        ─── DNA
 500bp

                        ─── ─── ─── ─── ─── 1

                   CAATGCATTA   2      1. 待测序的DNA片段;
              ...GCAGCCAATGC           2. 测得的DNA序列;
                        3              3. 两个片段之间重叠的序列
```

(2)大基因组(人类)用鸟枪射击法测序存在两个问题:

①片段数(n)庞大,连接和装配复杂,重叠数为 $2n \sim 2n^2$;

②相同或相似的重复序列在连接和装配时容易出错。

解决方法(定向鸟枪射击法):大规模序列测定前,构建基因组图谱,锚定测知的核酸序列在染色体上的位置。以基因组图谱中标记为依据,测序、装配和构建不同 DNA 片段的序列。

国际人类基因组计划研究中,用了近 6 年的时间进行人类基因图谱构建。

国际人类基因组测序方法:

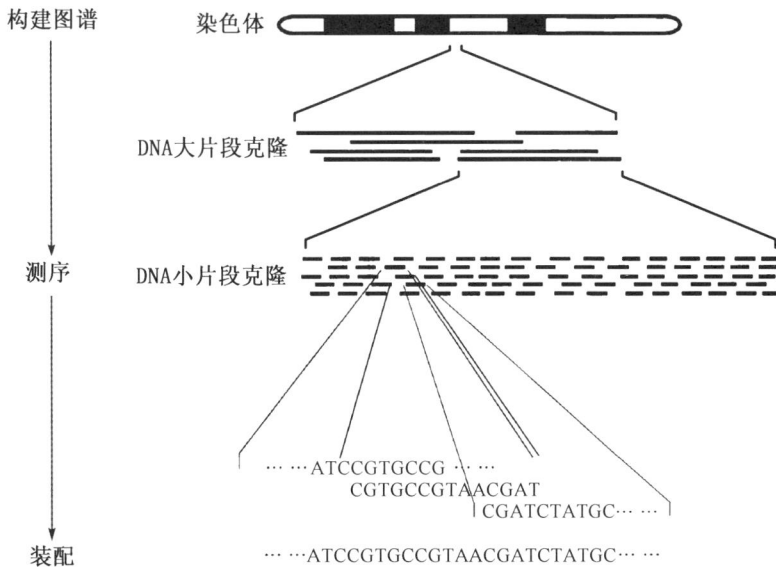

```
构建图谱    染色体

DNA大片段克隆

测序    DNA小片段克隆

          ·····ATCCGTGCCG ·····
            CGTGCCGTAACGAT
               CGATCTATGC·····

装配    ·····ATCCGTGCCGTAACGATCTATGC·····
```

图域作图（regional mapping）：3 号染色体长臂的 3000 万对碱基，占 1%。

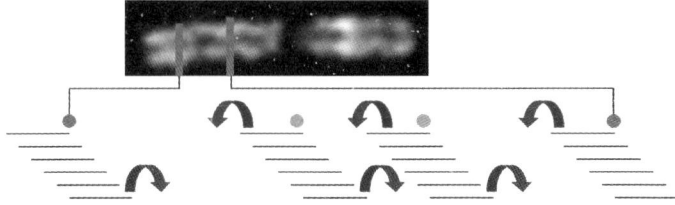

通过 DNA 跨叠片段（contig）进行图域组装完整的染色体。

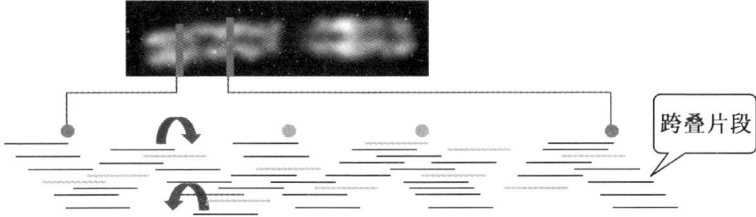

测序、组装和连接成连续的 DNA 分子。

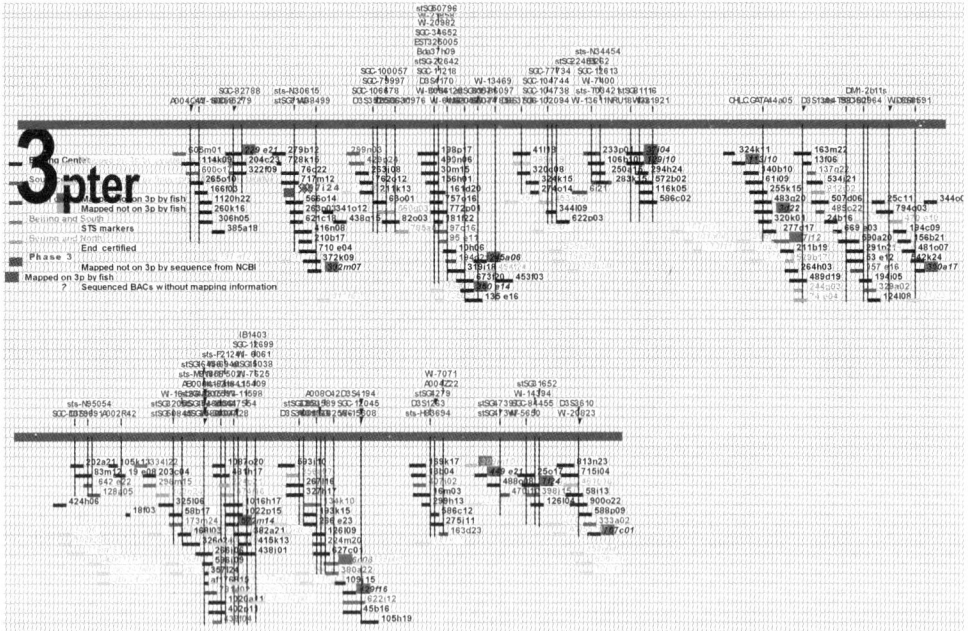

第五节　后基因组学

一、概念

后基因组学:在完成基因组图谱构建以及全部序列测定的基础上,研究全基因组的基因功能、基因之间相互关系和调控机制等内容的学科。

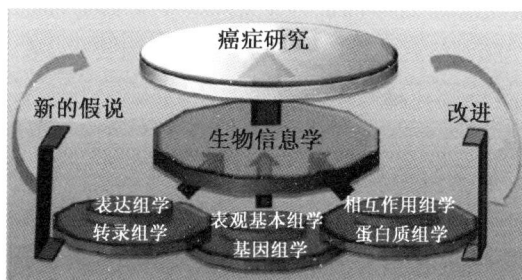

二、面临的最重要问题

2003 年 4 月 14 日,人类基因组序列图绘制成功。目前,虽然已完成了 99% 人类基因的序列分析,但 90% 以上的基因功能尚未了解。

自从 1996 年酵母菌基因组全序列测定以来,全世界已有 1000 多个实验室、5000 多名科学家从事酵母菌后基因组学的研究,发表论文 7000 多篇,鉴定 1060 个新基因的功能,但仍然还有约 1600 个阅读框架(基因)的功能不清楚。

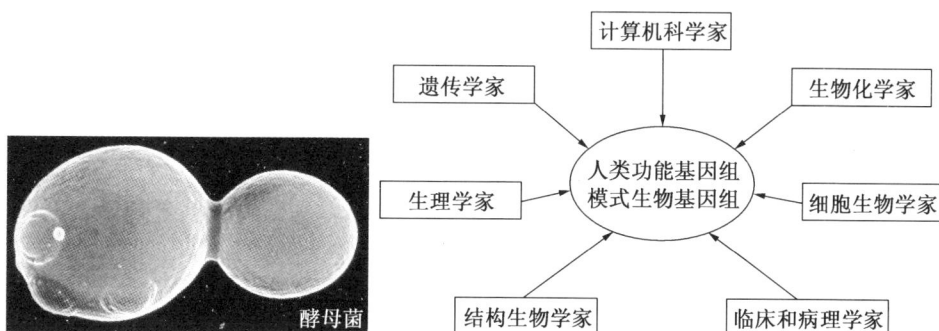

如何将人类和模式生物体基因序列资料转变为有用的知识,利用这些基因,造福于人类的健康?

三、衍生的新兴学科

1.功能基因组学(functional genomics)

对基因及其编码蛋白的功能进行研究。

功能基因组学研究是 21 世纪生命科学研究的新热点。

野生型　　　HAT1突变基因

功能基因组学研究涉及众多的新技术,包括生物信息学技术、生物芯片技术、单核苷酸多态性、转基因和基因敲除技术、酵母双杂交技术、基因表达谱系分析、蛋白质组学技术、高通量细胞筛选技术等。

DNA 芯片技术(DNA chip)又称微列阵(DNA microarrays),利用 DNA 芯片技术同时进行大量分子杂交,分析比较不同组织或器官的基因表达水平以筛选突变基因,从核酸水平分析基因表达模式。

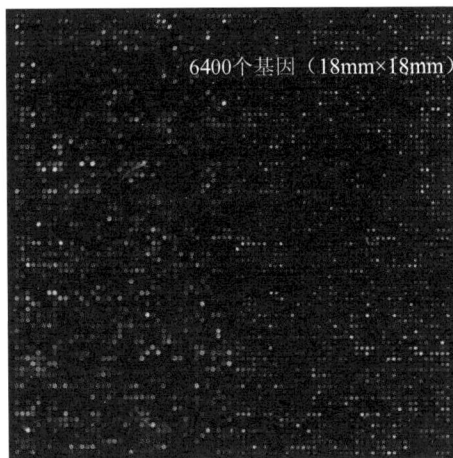

6400个基因（18mm×18mm）

基因芯片可展示酵母菌在发酵作用和呼吸作用状态下基因表达情况(*Science*,1997)。

DNA 芯片的用途:筛选基因、表达分析、疾病诊断及药物筛选。

2.蛋白质组学(Proteomics)

在蛋白质水平研究基因组的基因表达,利用双向电泳技术,分析细胞或组织基因组表达的蛋白质类型、数量、空间结构变异以及相互作用的机制。

蛋白质组学比基因组学更为复杂,因为 DNA 线状结构与二级结构的功能差异不大,但多肽链需折叠成一定的三维空间结构才形成有功能的蛋白质,同一种蛋白质经不同的加工修饰可形成不同的功能。蛋白质的多样性远复杂于基因本身。

蛋白质双向电泳分析,可以较方便地找出变异蛋白分子,利于基因研究,还可以区分出几十至上百个蛋白分子,易于开展组织蛋白质精细分析,是蛋白质组学研究的重要工具。

蛋白质2D电泳分析
A 为对照；B 为人的垂体瘤蛋白质2D电泳；
箭头示有明显差异的蛋白质

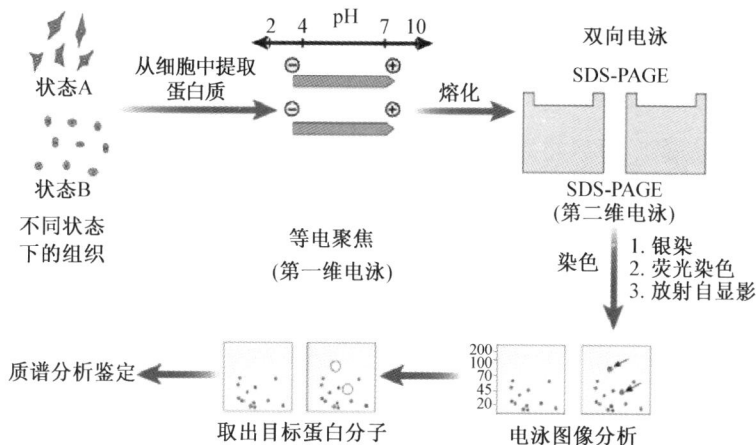

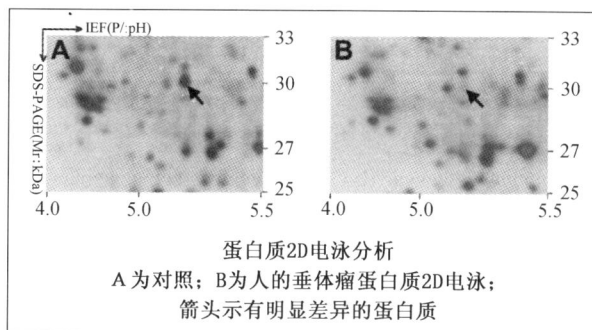

人角化细胞的 2D 电泳蛋白质图谱，经 ^{35}S 放射自显影显示，可分辨出 100 种以上的蛋白质（*Progress in Biophysics & Molecular Biology*）。

3.生物信息学（Bioinformatics）

生物信息学是现代生物技术与计算机科学的结合，收集、加工和分析生物资料和信息的学科。

应用生物信息学可以将来自不同的基因组理论和应用综合并标准化，利用大量的生物信息资料了解遗传网络系统、信号传递及相互关系。计算机还可进行一些生物模拟研究。

利用生物信息学能够分析从微生物、动物、植物以及人类基因组序列测定产生的大量资料，从而阐明遗传信息。

研究内容有两大类：DNA 数据分析，蛋白质数据分析。

第七章　基因工程和克隆技术

国家中长期科学和技术发展规划纲要(2006～2020 年)中,把生物技术列于今后 15 年八大前沿技术领域之首,视其为 21 世纪引发新科技革命的重要推动力量。

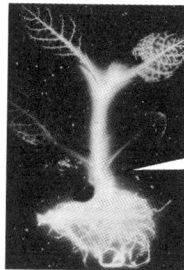
转基因烟草转入萤火虫的荧光素酶

我国生物技术发展的基本思路:加强原始创新和源头创新,获得具有自主知识产权的技术和产品,集中攻关,实现跨越发展;市场导向,促进生产。

关键技术:生物工程技术、基因操作技术、生物信息技术、现代农业技术。

第一节　基因工程的应用

目前,基因工程研究发展迅速,取得了一系列重大突破。基因工程技术已广泛用于工业、农业、畜牧业、医学、法学等领域,为人类创造了巨大的财富。

具有生长激素的转基因鼠

一、植物基因工程

植物基因转化:将外源基因转移到植物细胞内,并整合到植物基因组中稳定遗传和表达的过程。如利用 *E. coli* 中分离克隆的 EPSP 合成酶基因,已培育出高抗除草剂草甘膦的转基因植物。

抗虫稻

R1098　珂字棉312

1. 转基因作物种植情况对照

2015 年,全球 28 个国家种植转基因作物 1.797 亿公顷。

美国(7090 公顷)、巴西(4420 公顷)、阿根廷(2450 公顷)、印度(1160 公顷)、加拿大(1100 公顷)、中国(370 公顷)、巴拉圭、巴基斯坦、南非、乌拉圭、玻利维亚、菲律宾、澳大利亚、布基纳法索、缅甸、墨西哥、西班牙、哥伦比亚、苏丹、洪都拉斯、智利、葡萄牙、越南、捷克共和国、斯洛伐克、哥斯达黎加、孟加拉国、罗马尼亚等国家种植了转基因植物。

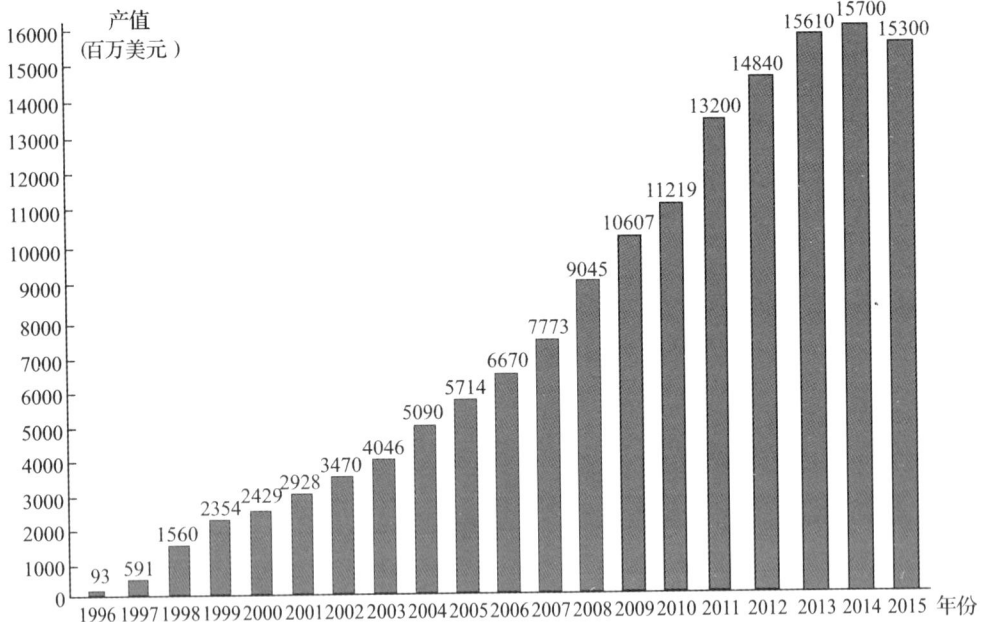

2015 年种植的转基因植物:全世界有 11 种转基因植物获得了批准和商业化。如大豆、棉花、玉米、油菜、木瓜、茄子、马铃薯、甜菜、苜蓿、南瓜、杨树等,其中以前 4 种作物的种植面积为最大。

经济和社会效益:1996—2015 年转基因植物增加的产值超过 1500 亿美元。

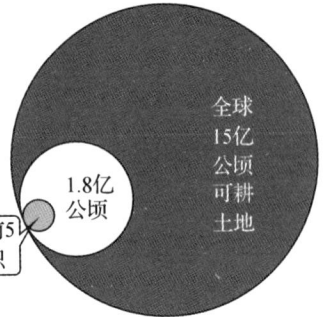

涉及的转基因性状:

抗除草剂:主要为转基因大豆、玉米、棉花、油菜。

抗虫:主要为转基因玉米、棉花。

抗除草剂+抗虫:主要为转基因玉米、棉花。

其他:抗病毒、抗细菌、抗真菌、抗逆境,品质改良生长发育的调控以及提高产量等。

对照　　　　抗除草剂大豆

对照组　　　　　转基因

我国按非食用-间接食用-食用的路线图发展转基因作物。现已批准进口用作加工原料的 5 种转基因作物：棉花、大豆、玉米、油菜、甜菜。

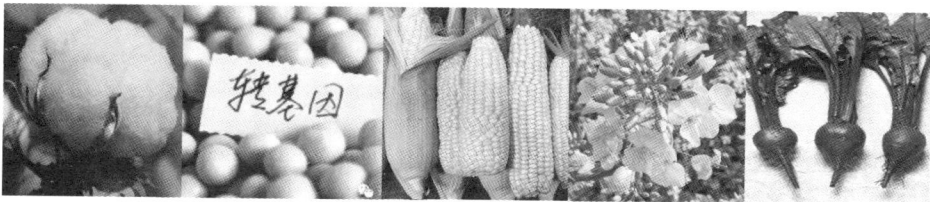

我国共批准发放 7 种转基因作物安全证书，分别是耐储存番茄、抗虫棉花、改变花色矮牵牛、抗病辣椒、抗病番木瓜、转植酸酶玉米和抗虫水稻。但大规模商业化生产的只有抗虫棉和抗病番木瓜。

抗虫水稻和植酸酶玉米由于未完成后续的品种审定，未进行商业化种植。因此，我国尚未批准种植转基因粮食作物。

2015 年,中国共种植了 370 万公顷转基因棉花、0.7 万公顷转基因木瓜及 543 公顷转基因白杨树。

2. 转基因植物的类型

(1)增产型:转移抗逆、抗病虫基因,达到增产目的。

(2)控熟型:通过转移与控制成熟期有关的基因,使成熟期延迟或提前。

(3)高营养型:改造种子贮藏蛋白质基因,使其蛋白质具有更合理的氨基酸组成。

(4)保健型:转移病原体抗原基因或毒素基因至粮食作物或果树中,从而预防疾病。如有的转基因食物可以防止动脉粥样硬化和骨质疏松。

(5)品质型:在品质、口味和色香方面具有新的特点。

二、转基因动物

转基因动物首先在小鼠获得成功。现在转基因动物技术已成功用于牛、羊等动物,从奶中生产蛋白质药物,称为"乳腺反应器"工程。这是生物制药全新的生产模式,已经成为国际生物技术领域发展的重要方向。例如:美国开发了可生产人凝血酶原Ⅲ的转基因羊,2015 年批准转基因三文鱼作为商品化食品;英国 PPL 制药公司也培育出可制造人抗胰蛋白酶和人类生长因子Ⅸ的转基因羊;荷兰制药公司制备了可大量生产人乳铁蛋白和促红细胞生成素的转基因牛。

生物高科技所带来的直接经济效益每年大幅度快速增长。2005 年,美国的乳腺生物反应器生产药物的年销售额达到近 400 亿美元。2010 年,基因工程药物中利用生物反应器生产的份额超过 1000 亿美元,达到所有生物制药总量的 95%。

转基因三文鱼的生长速度要快一倍,有望于2018年前进入美国食品链

分泌人类生长因子Ⅸ的转基因羊"Polly"

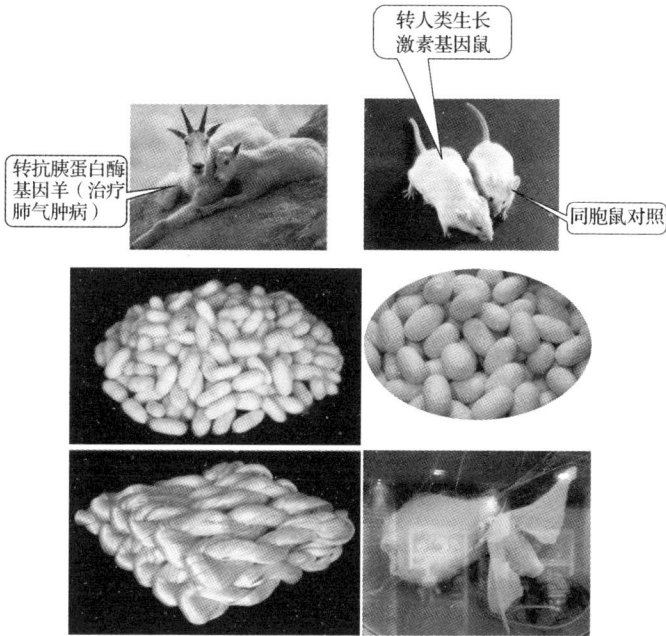

转基因绿色茧和转基因绿色蚕丝

三、基因工程工业

胰岛素是最早应用基因工程生产的人的蛋白质,方法是在细菌中表达(1982年)。

现已在细菌中生产多种药品,例如表皮生长因子、人生长激素因子、干扰素、乙型肝炎工程疫苗等。

目前,细菌、酵母菌、植物悬浮细胞、植株和动物培养细胞均成功地被应用于表达外源蛋白。

基因工程生产人的胰岛素方法：

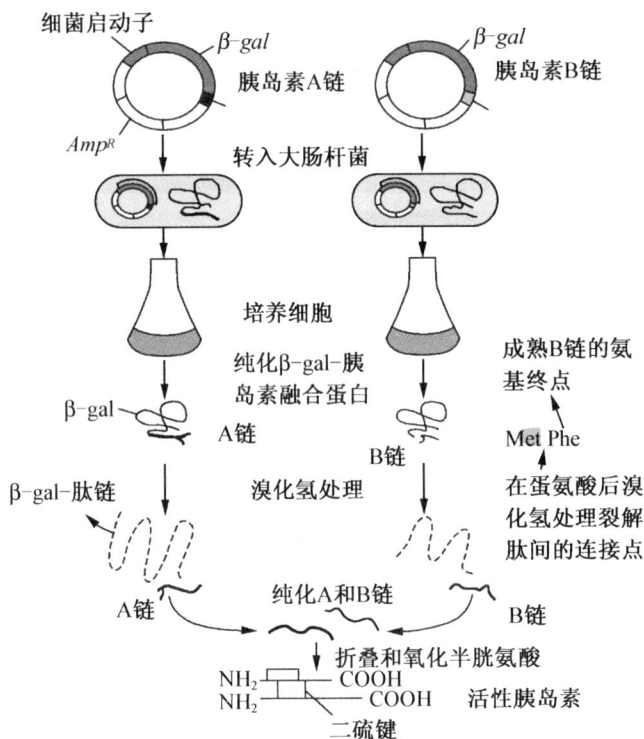

胰岛素：1000 磅（453.59 千克）牛的胰脏产生 10 克胰岛素；200 升发酵液可产生 10 克胰岛素。

干扰素：1200 升人血需 2～3 万美元/人；1 升发酵液只需 200～300 美元/人。

四、工程菌

在环境工程中应用：美国 GE 公司成功构造了具有巨大烃类分解能力的工程菌，并获专利，用于清除石油污染。

第二节　基因工程原理

一、基因工程概述

1.概念

基因工程：在分子水平上，采取工程建设方式，按照预先设计的蓝图，借助于实验室技术将某种生物的基因或基因组转移到另一生物中去，使后者定向获得新遗传性状的一门技术。

基因工程技术（重组 DNA 技术）的建立，使实验生物学领域产生巨大变革。

2.发展历程

1971 年，史密斯（Smith H. O.）等人从细菌中分离出一种限制性酶，它可酶切病毒 DNA 分子，这标志着 DNA 重组时代的开始。

1972 年，伯格（Berg P.）等用限制性酶分别酶切猿猴病毒和 λ 噬菌体 DNA，将两种 DNA 分子用连接酶连接，形成新的 DNA 分子。

1973 年，科恩（Cohen S.）等将酶切 DNA 分子与质粒 DNA 相连接，并将重组质粒转入 E. coli 细胞。

1982 年，美国用基因工程在细菌中生产的胰岛素投放市场。

1985 年，转基因烟草获得成功。

1986 年，5 种转基因材料进入田间实验；穆利斯（Mullis）发明了聚合酶链式反应（polymerase chain reaction，PCR）技术，专利转让达 3 亿美元。

1994 年，延熟保鲜的转基因番茄进入商品生产。

1996 年，美国和澳大利亚抗除草剂大豆开始种植。

1997 年，威尔穆斯等用胎儿细胞为核供体，获得了表达治疗人血友病的凝血因子Ⅸ转基因克隆羊"波莉"。

2015 年，全球转基因农作物面积达 1.797 亿公顷。

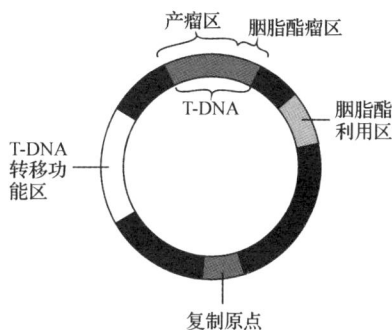

3.基因工程主要步骤

①分离和鉴定目的基因；

②利用目的基因和载体 DNA 构建重组 DNA 分子；

③利用转基因技术将重组 DNA 分子引入宿主受体细胞；

④筛选重组子,培育具有重组 DNA 的无性繁殖系或个体；

⑤外源基因在受体细胞中正常表达,翻译成蛋白质等基因产物、回收（或筛选出获得定向性状变异个体）。

二、目的基因的分离与鉴定

一般而言,一个基因编码一条多肽链的一个 DNA 片段,包括启动子、终止子、外显子及内含子等。

分离基因的方法和策略:主要为从基因文库中分离、PCR 同源扩增等方法。

1.从基因文库中分离基因

（1）基因文库（library）:是一组 DNA 和 cDNA 序列克隆的集合体。从基因文库中分离目的基因,首先要构建基因文库。

散弹枪法:

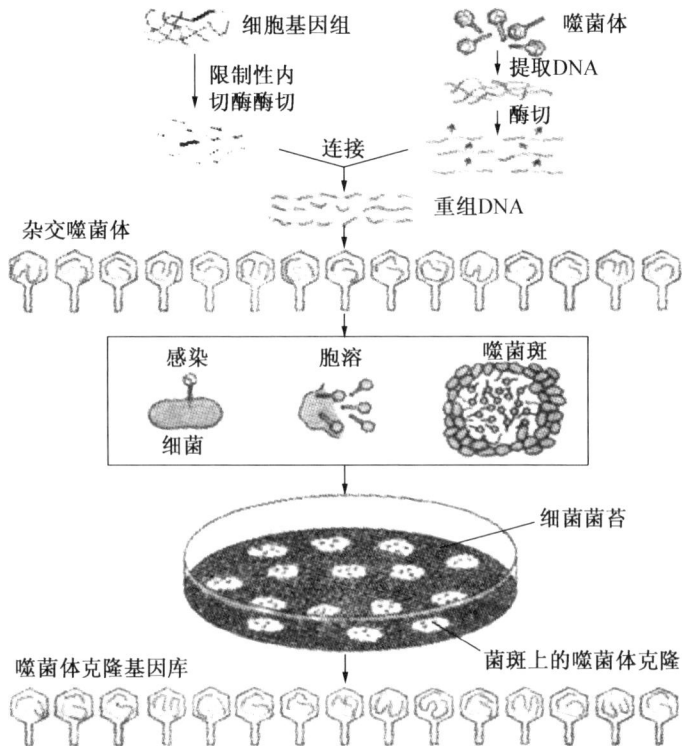

根据克隆核酸序列的来源,基因文库可分为:核基因库、染色体库、cDNA 库、线粒体库等。

（2）筛选基因文库:根据待选基因信息,确定筛选方法和条件,从基因文库中筛选、分离基因。

筛库过程:利用一段核苷酸序列（DNA、cDNA或寡聚核苷酸）或抗体做探针（probe）,用放射性同位素（或非放射性荧光素）标记探针,探针与影印在硝酸纤维膜上噬菌体DNA 变性杂交,放射性自显影（荧光显色）,杂交信号（黑点）对应的噬菌斑即为阳性克隆。

探针 DNA 片断源于何处?

如果已分离出蛋白质,则根据目的蛋白的氨基酸序列,只要其中 N 端有 15～20 个氨基酸序列,按三联密码反推出核苷酸序列,人工合成,即为探针 DNA 片段。

如有其他相近物种已克隆基因序列,可用其基因两端的引物来扩增基因。

如有紧密连锁的分子标记,则将分子标记的部分序列用作探针。

（3）阳性克隆的分析与鉴定:从基因文库中筛选出阳性克隆,分析、鉴定、测序,确定目的基因。

①限制性酶切图谱:构建阳性克隆的限制性酶切图谱,根据同源性分析,了解阳性克隆片段的酶切位点及相对位置,用于进一步亚克隆或同已知的其他序列比较。

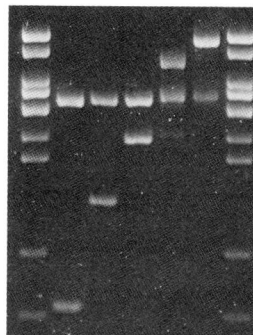

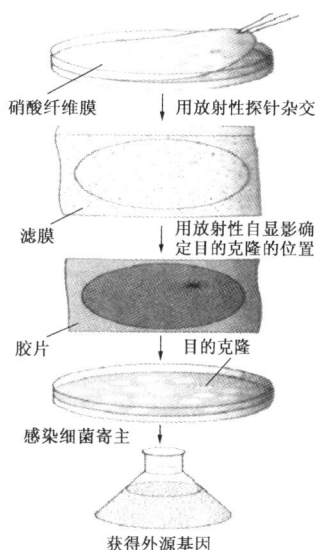

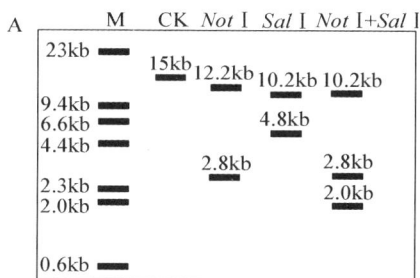

硝酸纤维膜 ↓ 用放射性探针杂交

滤膜 ↓ 用放射性自显影确定目的克隆的位置

胶片 ↓ 目的克隆

感染细菌寄主

获得外源基因

15kb DNA片段的限制性酶切图谱的构建

A. 酶切DNA片段的凝胶电泳结果;

B. 限制性酶图谱的两种排列模式。据 Not I 和 Sal I 分别酶切的结果,可有 I 和 II 两种排列方式;如果结合两种酶同时酶切的结果分析,模式 II 是正确的

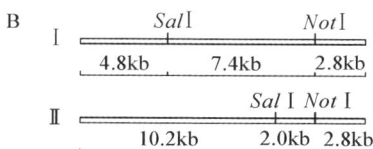

　　DNA 片段用限制性酶酶切,根据产生的多态性,即限制性片段长度多态性(RFLP)来分析 DNA 水平的变异程度,以 RFLP 作为分子标记进行基因组图谱分析。

　　②核酸分子杂交:Southern 杂交分析由英国萨瑟恩(Southern)于 1975 年发明,将琼脂糖中的 DNA 转移到尼龙膜进行 DNA 分子杂交分析的方法。

　　筛选基因库得到阳性克隆,将限制性酶酶切与 Southern 杂交结合绘制限制性酶切图谱。

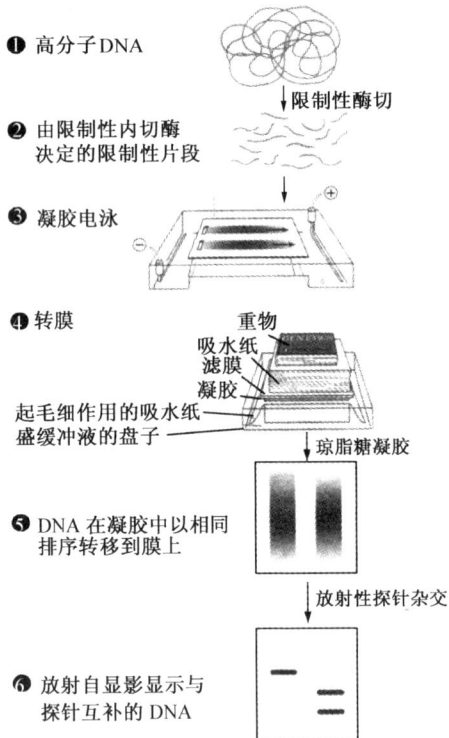

　　③核酸序列测定:测定克隆后的 DNA 片段核酸序列。一般采用桑格(Sanger F.)于 1977 年发明的双脱氧核糖核酸终止法测定核酸序列(1980 年获诺贝尔化学奖)。

ALFexpress全自动激光荧光核酸测序及片段分析系统

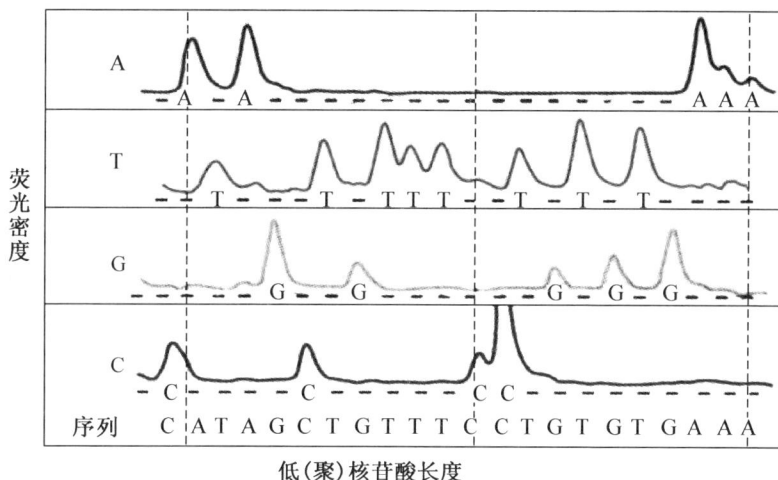

2. PCR 扩增基因

聚合酶链式反应(polymerase chain reaction,PCR)可以体外快速扩增 DNA。

该技术由美国穆利斯(Mullis K.)于 1986 年发明,对分子遗传学研究产生重大影响,是现代生物学发展史上的里程碑。

穆利斯

1985 年 12 月 20 日,*Science* 发表第一篇有关 PCR 论文。

1987 年 6 月,批准了 PCR 的专利,西特斯公司专利转让获利 3 亿美元。

1988 年,Taq 酶试剂和自动 PCR 仪上市。

1993 年,穆利斯因发明 PCR 技术而获诺贝尔化学奖。

PCR 反应原理:

1. 变性:94～95℃使模板 DNA 双链变成单链。

2. 复性:50～70℃下,引物分别与 DNA 单链互补配对。

3. 延伸:在引物的引导和 Taq 酶作用下,72℃下合成模板 DNA 的互补链。

PCR 的三个步骤为一次循环,约需 5～10min。每经一次循环,目的基因扩充一倍。经过 20 次循环,即可扩增 10^6 倍,只需几个小时。

原始目标双链DNA

(a)

分离双链和引物退火

(b) 引物2   引物1

引物延伸

(c) 互补的引物2   互补的引物1

分离双链、引物退火

(d) 新引物

引物延伸

(e) 长度变异链   长度一致链

分离双链、引物退火

(f) 互补引物2   互补的引物1

引物延伸

(g)

预期长度DNA

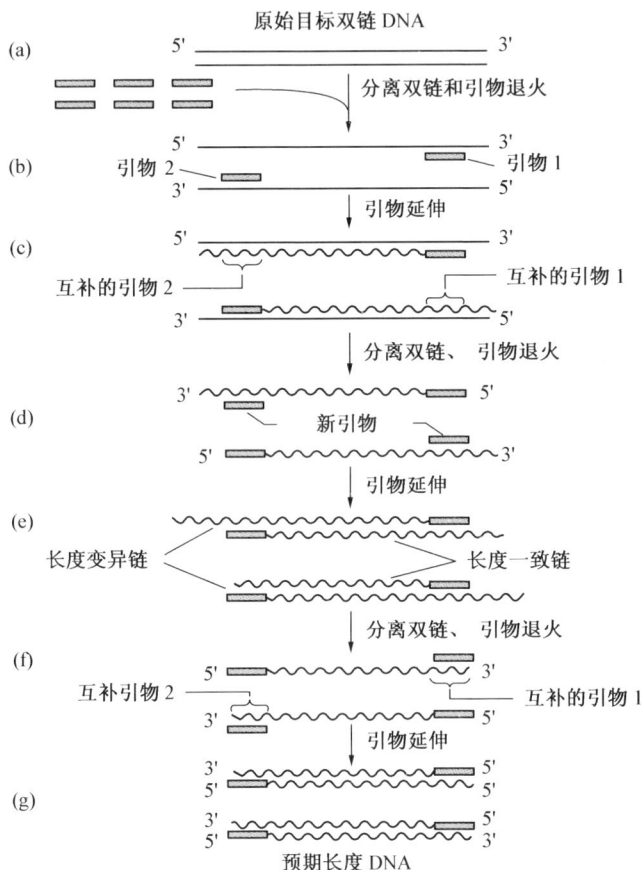

用 PCR 技术准确克隆目的基因的关键是设计目的基因两端的引物。

同源克隆：根据在其他相近物种中已克隆的基因序列(gene bank)，设计基因两端的引物来扩增基因，如根据水稻中的基因设计玉米中相关的基因。

反向遗传学：根据遗传密码，由蛋白质序列来推测基因的 DNA 序列，设计引物扩增生物体中的目基因序列。

三、DNA 分子体外重组

体外通过限制性内切酶进行 DNA 修剪；将目标 DNA 分子和载体 DNA 用连接酶共价连接，获得重组 DNA 分子；转化细菌，繁殖重组 DNA 分子，从而构建基因。

1. 限制性内切酶

一种水解 DNA 的磷酸二酯酶，遗传工程中的重要工具。

限制性内切酶的类别：

第 Ⅰ 类酶（切割部位无特异性）：基因工程中很少应用，如 $EcoB$（大肠杆菌 B 株）、$EcoK$（大肠杆菌 K 株）等。

第 Ⅱ 类酶（切割部位有特异性）：重要工具。

识别特定碱基顺序——回文对称序列（palindrome，即反向重复序列，从两个方向阅读其序列相同）。

第 Ⅱ 类酶切割有两种方式：

①以直线方式切割产生平齐末端，如 Sma Ⅰ：

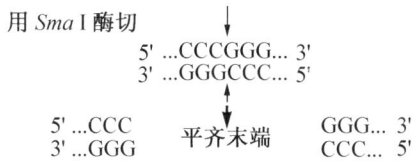

用 Sma I 酶切

```
        ↓
5' ...CCCGGG... 3'
3' ...GGGCCC... 5'
        ↑
5' ...CCC   平齐末端   GGG... 3'
3' ...GGG              CCC... 5'
```

②以交错方式切断产生黏性末端，如 BamH Ⅰ：

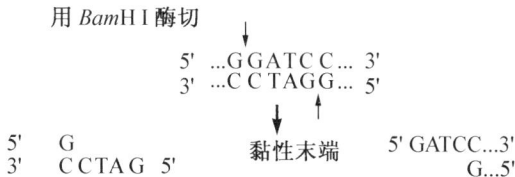

用 BamHI 酶切

```
         ↓
5' ...G GATC C... 3'
3' ...C CTAG G... 5'
          ↑
5'  G         黏性末端   5' GATCC...3'
3'  CCTAG 5'             G...5'
```

2. 载体

运载工具：将"目的"基因导入受体细胞的运载工具。

利用 DNA 片段和适合的载体 DNA 构建重组 DNA。在载体 DNA 的运载下，高效进入宿主细胞，进行复制，进行下一步的操作。

常用载体：质粒 DNA、噬菌体 DNA。

质粒 DNA：环状双链小分子 DNA，适于作为小片段基因的载体。

噬菌体 DNA：线状双链 DNA，适于作为大片段基因的载体。

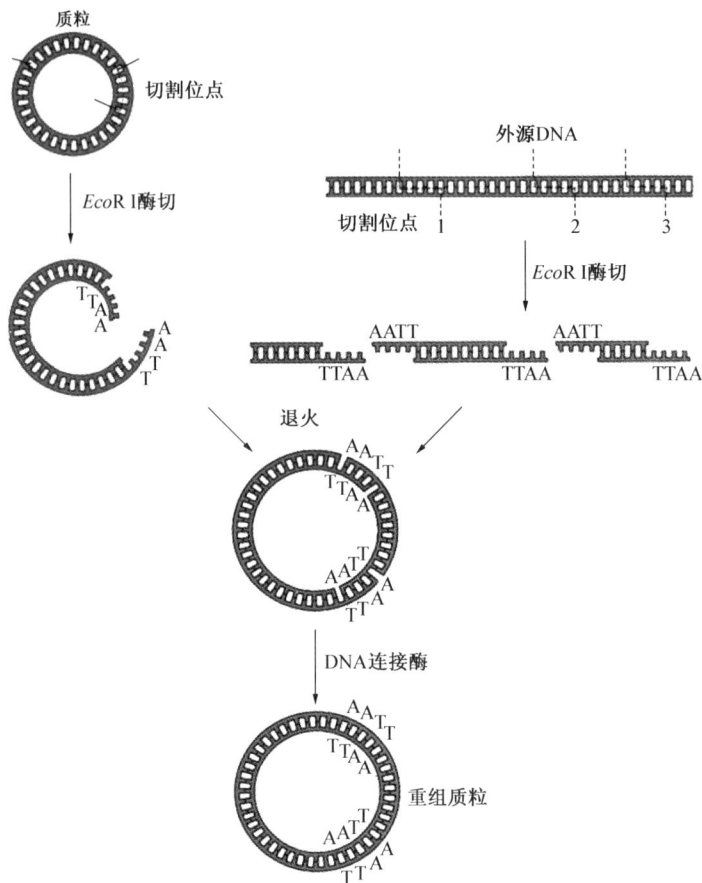

细菌质粒:质粒是细菌细胞内独立于细菌染色体而自然存在的、能自我复制、易分离和导入的环状双链 DNA 分子。

可用质粒构建重组 DNA 分子,转化细菌以繁殖重组 DNA。

λ噬菌体(温和型):基因组合全长为 49kb。

噬菌体 DNA 中间约 2/3 序列为中间基因簇,两端为 DNA 左、右臂。中间基因簇可被外源 DNA 替代而不影响其侵染细菌能力。能接受 15kb 外源 DNA 片段,作为 cDNA 或核 DNA 克隆载体。

优点:不易引起生物危害,有助于"目的"基因进入细胞并增殖;携带大片段外源 DNA 分子,占总量 25% 时仍不失活。

四、转基因的方法和技术

（一）基因转化的方法

1. 根癌农杆菌转化技术

根癌农杆菌介导的植物转化技术应用最早。

过程：将目的基因与启动子及终止子组成嵌合 DNA 分子插入到 Ti 衍生质粒构成重组质粒，转化农杆菌细胞。利用重组农杆菌去感染植物细胞，使质粒 DNA 包括目的基因，整合到植物染色体，完成遗传转化。

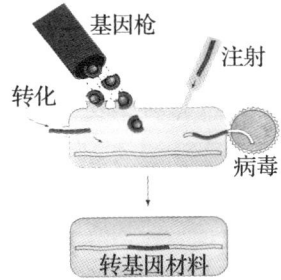

利用抗草甘膦 *E. coli* 中分离克隆的 EPSP 合成酶基因，已培育出高抗除草剂转基因植物。

棉花农杆菌介导法转基因流程：

无菌苗 ⟶ 外植体感染 ⟶ 共培养 ⟶ 诱导愈伤

诱导胚性愈伤 ⟶ 胚状体 ⟶ 再生苗诱导 ⟶ 成苗

嫁接 ⟶ 嫁接苗 ⟶ 移栽

农杆菌转化过程：

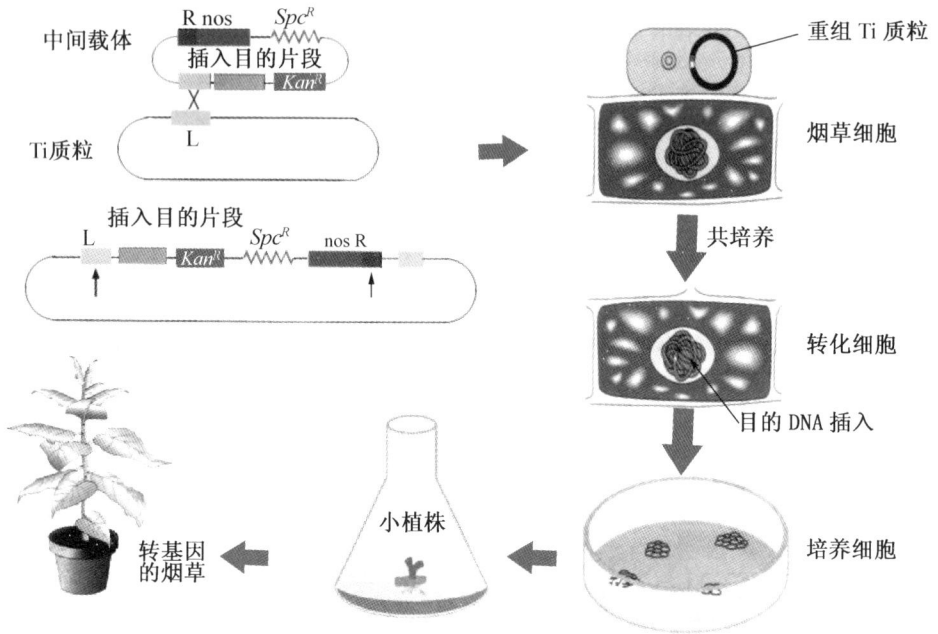

2. 基因枪转化技术

以高压气体为动力,高速发射包裹有重组 DNA 的金属颗粒,将目的基因直接导入植物细胞,整合到染色体上。

转化的载体多以 pUC 系列质粒为基础构建。通常具有细菌复制原点及抗性选择标记,可在植物中表达的启动子、终止子及调控序列、植物抗性选择标记(如除草剂、潮霉素等抗性)。

不同基因枪类型的共同特点:用动力系统将金属微粒和包被 DNA 导入受体细胞或组织进行转化。

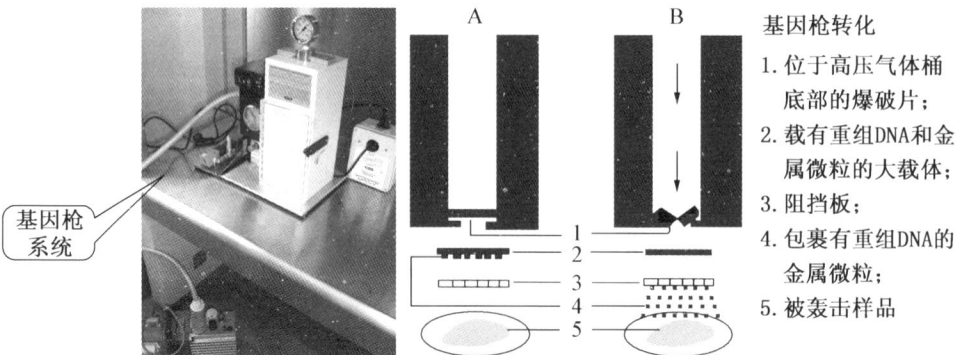

基因枪转化
1. 位于高压气体桶底部的爆破片;
2. 载有重组DNA和金属微粒的大载体;
3. 阻挡板;
4. 包裹有重组DNA的金属微粒;
5. 被轰击样品

3.受精卵细胞注射法

用于动物转基因:

利用目的基因和载体构建重组 DNA,采用微量注射法将重组 DNA 导入受体合子细胞核,完成遗传转化。

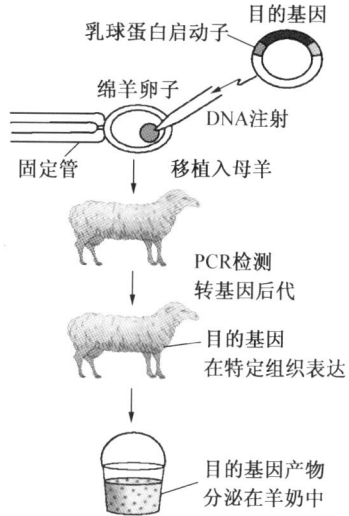

(二)转化子的筛选

转化子:整合有外源基因的细胞、组织或个体。

筛选原理:将外源基因与选择标记基因串连后,使其一起进入宿主细胞,根据标记基因在培养基中施加选择压(加相应的化学物质),未携带标记基因的细胞死亡,而携带有标记基因和目的基因的细胞可以存活并形成转化子。

水稻基因转化中,经潮霉素选择后的愈伤组织状态,箭头所示为转化子愈伤组织

(三)转基因个体再生和外源基因表达

转基因个体的产生:

植物:愈伤组织诱导,分化成苗。动物:胚胎移植,发育成个体。

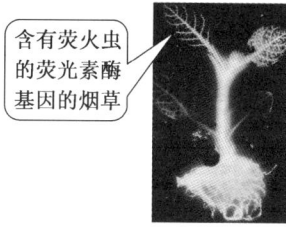

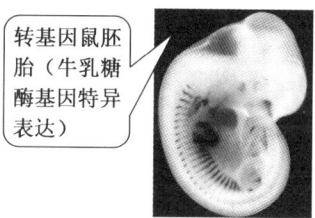

含有荧火虫的荧光素酶基因的烟草

转基因鼠胚胎(牛乳糖酶基因特异表达)

外源基因表达:

重组 DNA 分子进入寄主细胞后,需让目的基因能高效表达。生物反应器中基因工程的最后一个步骤,是把所获得的蛋白质分离纯化,得到蛋白质产品。

生产基因工程产品的生物反应器

转基因水稻(金稻):应用转基因技术把番茄红素合成酶、去饱和酶和环化酶基因同时导入水稻,将 β-胡萝卜素(维生素 A 前体)的合成途径引入水稻的胚乳中,使稻米中表达 β-胡萝卜素,而呈现金黄色。

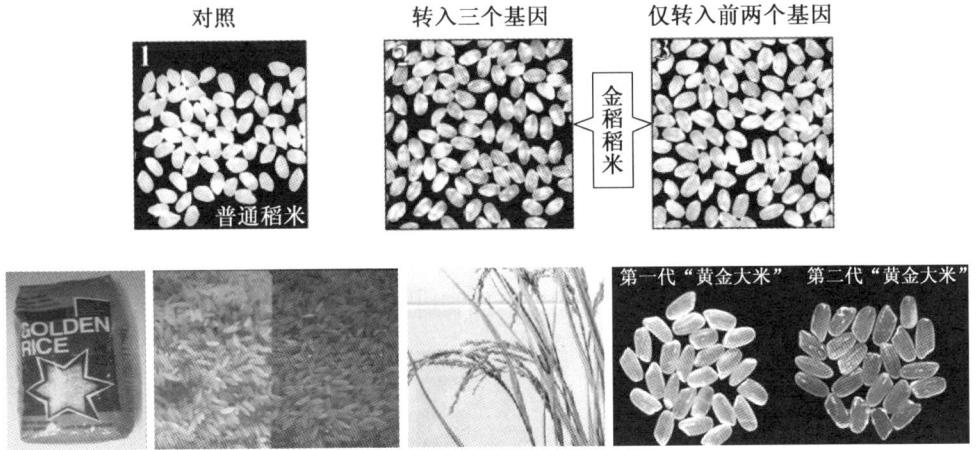

对照　　　　　　转入三个基因　　　　仅转入前两个基因

金稻稻米

普通稻米

第一代"黄金大米"　第二代"黄金大米"

第三节　细胞的全能性和克隆技术

一、细胞的全能性

1.概念

细胞的全能性指个体某个器官或组织中已经分化的细胞再生成完整个体的遗传潜力。

自然情况下,高等动植物雌雄配子受精产生合子,完成自然的去分化过程,恢复为具有全能性的分生细胞,再次发生分化,产生各种组织、器官和细胞,进而发育成完整的新个体。

体细胞克隆:分化的组织或器官细胞,经体外培养或核移植,进入去分化过程。全能性的分生细胞再次发生分化,产生新个体。

2.证据

植物:1958年,斯图尔德(Steward)用野生胡萝卜离体培养长出幼株;1965年,瓦西尔(Vasil)从烟草成熟组织的细胞培养中获得再生株;古哈(Guha)和玛赫什瓦利(Maheshwari)分别于1964年和1966年进行毛曼陀罗花药培养,诱发出单倍体植株,证明单倍体染色体数的配子体细胞也具有全能性。至今,几乎所有植物的特化组织,都可诱导出再生株。

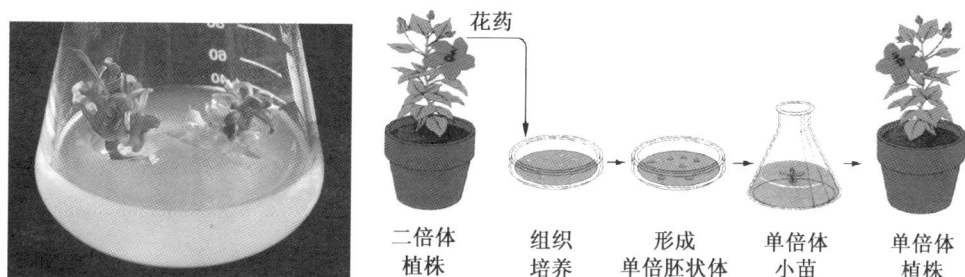

二倍体植株　　组织培养　　形成单倍胚状体　　单倍体小苗　　单倍体植株

动物:

1960 年,格登(Gurdon)进行非洲爪蟾蝌蚪肠壁细胞核移植实验;1997 年,威尔穆特(Wilmut)在 6 岁绵羊乳腺细胞成功克隆出"多莉"羊(Dolly)。到目前为止,用体细胞克隆技术已成功克隆出鼠、牛、马、绵羊、山羊、猴子、猪、兔、猫、鼠、狗等动物。

多莉

二、克隆的定义

克隆(cloning):无性系或无性繁殖系,即一个细胞或者个体以无性方式重复分裂或繁殖所形成的一群细胞或个体。

克隆概念的扩展:

基因克隆:从生物体中通过分子生物学技术分离出单个基因的过程。

细胞克隆:单个细胞通过培养进而分化成组织、器官或个体的过程。

体细胞克隆:分化的体细胞进行去分化,恢复成全能性的细胞,再培养发育成个体的过程。

1. 植物体细胞克隆

植物体细胞克隆较为容易:几乎所有常见植物的特化组织都已诱发出再生株,这已成为许多特异植物工厂化生产的常规技术。

组织培养

2.动物的克隆技术

1938 年,汉斯·斯皮曼建议用成年细胞核植入卵细胞的办法进行哺乳动物克隆。1952 年,罗伯特·布里格丝和托巴斯·金利用动物克隆技术从蝌蚪中成功克隆出青蛙。

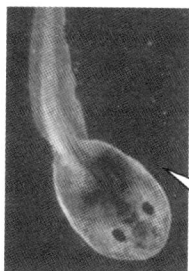

1952年,罗伯特·布里格丝和托巴斯·金使用蝌蚪细胞克隆出青蛙

1962年,哥顿利用更成熟的蝌蚪细胞克隆出青蛙

1984 年,斯蒂恩·威拉德森用胚胎细胞克隆出一只羊,这是第一例得到证实的克隆哺乳动物。

1997 年,罗斯林研究所的威尔穆特(Wilmut)成功克隆了"多莉"羊。

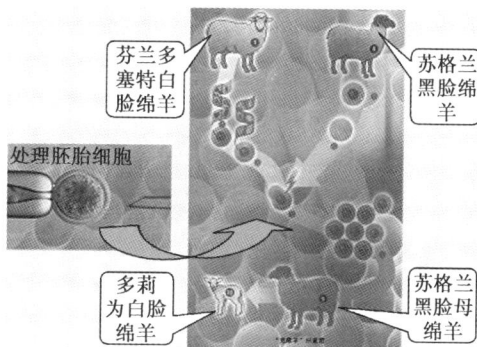

芬兰多塞特白脸绵羊

苏格兰黑脸绵羊

处理胚胎细胞

多莉为白脸绵羊

苏格兰黑脸母绵羊

1999 年,"多莉"共产 4 只小羊,证明克隆动物可以繁殖后代。

1999 年发现 4 岁"多莉"羊体内细胞开始显现老年动物的特征,有严重的关节炎。作为克隆技术及其应用象征的"多莉"带来了争论和谜团,克隆动物是否早衰?

2003 年 2 月 14 日,经兽医诊断,多莉患有严重的进行性肺病。鉴于这种情况,研究所决定为多莉实施"安乐死"。

2007 年,最初克隆羊的科学家又培育出 4 只克隆羊"Dollies"(遗传上同多莉)。

1998 年 7 月 5 日，"能都"和"加贺"成为最早的两头体细胞克隆牛(日本京都大学)。

克隆鼠：1997 年 10 月 3 日，第一只体细胞克隆鼠卡缪丽娜出生。日、英、美、意等国的科学家采用了提高克隆成功率的新技术，1998 年 7 月又培育出多只克隆鼠，而且还获得了"克隆的克隆"等第三代克隆鼠，共 50 只实验鼠。

二代克隆鼠

2000 年，Polejaeva 等将猪的移植核进行再次移植，提高了克隆的成功率，将其提升至 1/72。

2000 年 3 月 4 日，美国俄勒冈地区灵长目研究中心经无性繁殖成功克隆两只猕猴。

2000 年 6 月 16 日，世界第一只体细胞克隆山羊"元元"在西安诞生，由西北农林科技大学生物工程研究所张涌教授主持该项目。"元元"由于肺部发育缺陷，只存活了 36 小时。

笑笑 甜甜 庆庆 快 阳阳

同年 6 月 22 日，第二只体细胞克隆山羊"阳阳"又在西北农林科技大学出生。2001 年 8 月 8 日，"阳阳"在西北农林科技大学产下一对"龙凤胎"，表明第一代克隆羊有正常的繁育能力。现已四代同堂。

2002 年 2 月 21 日，美国成功用体细胞克隆猫。

2003年5月28日,第一匹克隆马"普罗梅泰亚"在意大利诞生(36kg,世界上首次由哺乳动物生下它自己的克隆体,具有母女、姐妹关系)。技术:将母马表皮细胞的细胞核移植到去核卵细胞内,850个卵细胞中22个能够顺利完成细胞分裂过程,17只母马有4只怀孕,但仅雌马"普马梅泰亚"成功。

克隆马

2005年,韩国完成体细胞克隆狗斯努皮。

中,Snuppy;左,提供成熟细胞的阿富汗猪犬;右,黄色的代孕狗拉布拉多猎狗

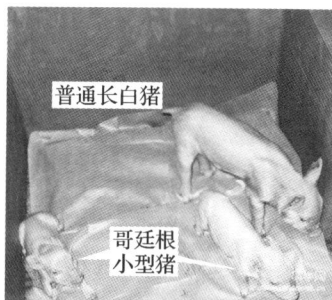
普通长白猪
哥廷根小型猪

2007年,哥廷根小型猪克隆诞生。

克隆野山羊(在近亲动物的帮助下,复活已灭绝的动物):2009年1月西班牙科学家用绝种前液氮冷冻保存的布卡多野山羊(1999年13岁雌山羊)的耳朵皮肤细胞克隆了一只野山羊。

方法:将布卡多野山羊细胞核植入家养山羊卵子(无细胞核)内,制造了439个克隆胚胎,其中57个植入代孕羊体内,7个成功怀孕,仅1只出生,但出生7分钟后因肺部呼吸困难的先天缺陷而死亡。

该工作有助于保存濒临灭绝物种的组织和细胞。通过克隆技术可能复活更多如猛犸和袋狼等珍稀物种。

赖氨酸转基因克隆奶牛:吉林大学农学部经过两年协作攻关,2011年8月6日在奶牛繁育基地获得世界第一头转赖氨酸基因的克隆牛,这是国际克隆技术的又一次重大突破。

克隆牛("织女")是一头标准的黑白花小奶牛,毛色油亮,脊背上大面积黝黑,仅肩胛和额头有一点雪白。出生时重31.5kg。检测证实体内携带所转入的赖氨酸基因。

方法:利用分子生物学技术和体细胞核移植技术。

制备"织女"克隆胚胎的体细胞,来自一个受孕 40 多天的奶牛胚胎。前 3 批都流产了,"织女"是第 4 批。

正在培育携带赖氨酸基因的公牛,如成功可与"织女"交配产生子一代,可获携带赖氨酸基因的奶牛稳定群体。

可以将牛奶中的赖氨酸含量在现有基础上提高 20％,具有巨大的经济效益和社会效益。

技术:利用分子生物学技术,将牛奶蛋白中编码赖氨酸基因片段转入"雌性黑白花奶牛"胎儿成纤维细胞内,以此体细胞为细胞核供体,通过体细胞核移植技术制备克隆胚胎,再将其移植到西门塔尔杂交母牛(黄白花)代孕母牛体内,276 天产下雌性转基因克隆牛犊(黑白花"织女")。

2011 年,南京农业大学王锋等克隆出转人乳铁蛋白基因克隆山羊。

孤雌生殖克隆猪:2013 年,云南农业大学获得世界上第一批成活的孤雌生殖克隆猪。

孤雌生殖是指卵母细胞不受精直接发育成一个胚胎,甚至一个新个体的生殖方式,在高等脊椎动物中罕见,在哺乳动物中则未发现。对研究猪孤雌生殖的机制、生殖发育、遗传疾病以及品种选育等有着重要意义。

方法:猪卵母细胞进行孤雌激活处理,使其发育为胚胎,再移入代孕母猪体内,26 天后取出胎儿建立孤雌胎儿成纤维细胞系,利用体细胞克隆技术连续克隆。

2010 年 5 月 20 日,美国克雷格·文特尔研究所宣布世界首个"人造生命"诞生,人类已可在一定程度上"操纵"自然界。

研究者在 15 年间花费 4000 万美元才得以成功,其中的难点在于如何让人造基因序列生成人造染色体。此次植入的 DNA 包含约 850 个基因。

"人造生命"起名为"辛西娅"(Synthia,意为"人造儿"),是第一个利用化学物品人工合成的基因组,是人工合成的细胞(使用可导致山羊乳腺炎的细菌),也是第一种以计算机为父母、可以自我复制的生物。

"人造生命"原理：

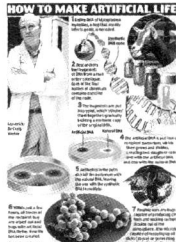

①选取丝状支原体细菌，解码其染色体，再利用化学方法重新排列 DNA。

②重组的 DNA 碎片放入酵母液中，重新聚合。

③将人造 DNA 放入另外一个受体细菌中，通过生长和分离，受体细菌产生两个细胞，各带有人造 DNA 和天然 DNA。

④培养皿中的抗生素杀死带有天然 DNA 的细胞，留下人造细胞不断增生。

⑤几小时之内，受体细菌内原有 DNA 的所有痕迹全部消失，人造细胞不断繁殖，新的生命诞生了。

2014 年 3 月 27 日，美、英、法等国科研小组宣布，利用计算机辅助设计技术、历时 7 年成功合成了第一条能正常工作的酿酒酵母 synⅢ染色体，它被整合进活体酵母细胞中。

酿酒酵母属于真核细胞，基因组复杂（1200 万碱基对）。这个新合成的酵母染色体具有 27.2871 万碱基对，可表达酿酒酵母中约 2.5% 的信息。

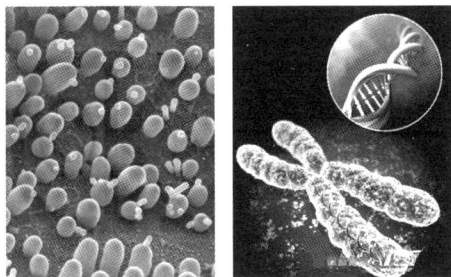

尽管只合成了酿酒酵母 16 条染色体中最小的一条，但是通往构建完整真核细胞生物基因组的关键一步，并向合成人造微生物等生命体迈出了一大步，这被誉为攀上了合成生物学的新高峰，为基于基因组重新设计的生物学新纪元奠定了基础。

该成果将有助于更快地培育新的酵母合成菌株，可用于制造稀有药物，包括治疗疟疾的青蒿素或乙肝疫苗等。

此外，合成酵母还能用于生产更有效的生物燃料，如乙醇、丁醇和生物柴油等。

第八章　遗传社会学问题

第一节　遗传病与基因治疗

代谢疾病和遗传病对人类健康的影响很大。

随着医学的进步，曾经对人类威胁很大或引起婴儿死亡率甚高的一些传染病已得到控制，但遗传病治疗方法很少。

世界上有 6000～8000 种罕见病，多数属于慢性的严重疾病，约 80％的罕见病是由遗传缺陷引起的。

中国每年出生的 2000 万婴儿中约 90 万带有先天缺陷。15 岁以下死亡的儿童中，约有 40％为遗传病所致。

我国常见遗传病有地中海贫血、先天性神经管畸形、先天愚型病（唐氏综合征）、白化病、血友病、先天性聋哑、色盲症、软骨发育不全、黏多糖贮积症等 40 多种。

一、遗传病的特征与分类

（一）遗传病的发现

1902 年，英国医生加罗德（Garrod A.）研究家族病史时，发现第一例遗传病——尿黑酸症，该病在家族中的遗传遵循孟德尔规律，由单个隐性基因控制。

加罗德预测：尿黑酸症患者缺乏尿黑酸氧化酶，这种症状称为"先天性代谢差错"。研究证明了加罗德的预见。

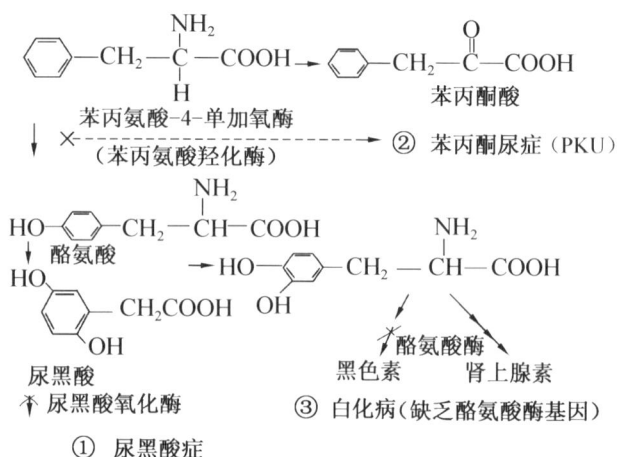

苯丙氨酸-4-单加氧酶（苯丙氨酸羟化酶）

② 苯丙酮尿症（PKU）

苯丙酮酸

酪氨酸

尿黑酸

尿黑酸氧化酶

① 尿黑酸症

酪氨酸酶

黑色素　肾上腺素

③ 白化病（缺乏酪氨酸酶基因）

加罗德的工作推动了一系列遗传病的发现。当时对遗传病的认识是:由于某个基因的缺失、突变或异常,导致一些病症的出现,且可以遗传给下一代(3%~4%婴儿出生时有严重遗传病);遗传遵循孟德尔规律。

(二)遗传病的类型和特征

目前,已明确了3000多种遗传病,已发现200多个与遗传病有关的基因。如亨廷顿病、家族性高胆固醇血症、肥厚性心脏病、扩张性心肌病、Q－T间期延长综合征、地中海贫血、血友病、唐氏综合征、脆性X综合征、囊性纤维化病、高歇氏病、镰刀形红细胞贫血等,通过基因型分析可确诊。

一般分为:染色体病、单基因病、多基因病等。

1. 染色体病

由于染色体畸变,包括染色体数目或结构改变所致的遗传病,称为染色体病。

已记录的这种疾病有500多种,其中性染色体异常占75%,常染色体异常占25%。

如:先天愚型病是因为有3条21号染色体所致(有独特的面部特征)。

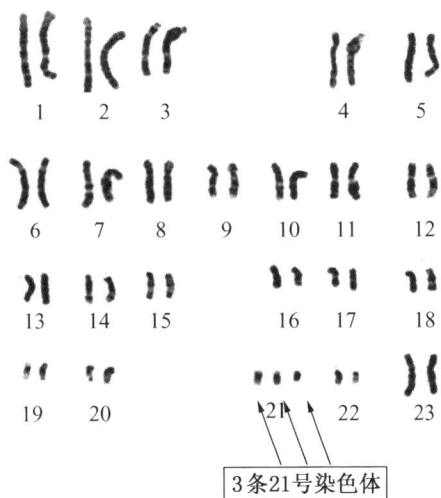

3条21号染色体

新生儿患病概率与母亲年龄的关系

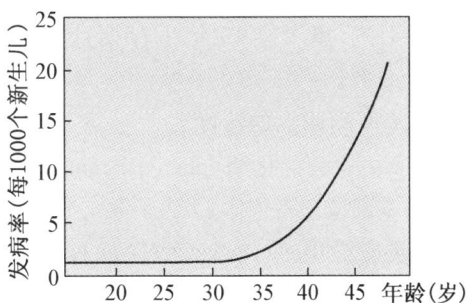

2. 单基因病

遗传病的发生由单基因控制,病因在于一对基因的突变或缺陷。

根据基因的位置与病症。可分为三类:基因在常染色体(隐性)、基因在常染色体(显性)和基因在X染色体。

单基因病中三类遗传病的特征及表现

类 型	特 征	病 例
基因在常染色体(隐性)	只有在父母同时携带缺陷基因情况下,子女才可能表现病症	苯丙酮尿症(PKU) 镰刀形红细胞贫血 囊性纤维化病(CF)
基因在常染色体(显性)	父母一方有病症,子女出现病症的概率为50%	亨廷顿病 家族性高胆固醇血症 结节性硬化综合征
基因在 X 染色体	母/女常常是缺陷基因携带者,病症更多地出现在儿子身上	血友病 红绿色盲 肌营养不良症

(1)基因在常染色体(隐性):

①苯丙酮尿症(phenylketonuria,PKU):属于一种氨基酸代谢异常的隐性遗传病,其苯丙氨酸羟化酶或辅酶四氢生物蝶呤缺乏,导致苯丙氨酸不能正常转化为酪氨酸,苯丙氨酸在体内异常积累并打破大脑氨基酸的平衡而致病。

由于脑发育受阻,严重呆滞,智商低(0～50),癫痫发作和毛发色素减少。

经我国 580 多万新生儿筛查发现,PKU 发病率为 1/11144,每年约有 1700 例 PKU 病婴出生(年出生人口 2000 万)。患者按 40 年生存期计算,社会上 PKU 患者可达33.2 万。

苯丙酮尿症的诊断:

苯丙氨酸羟化酶(phenylalanine hydroxylase,PAH)基因:PAH 基因位于染色体 12q22—q24.1,由 9 万个碱基对组成。

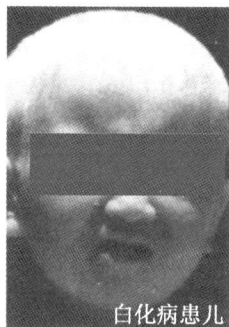
白化病患儿

突变类型多样:苯丙酮尿症有 440 多种致病突变,国内发现 40 多种突变,PHA 基因的突变位于编码区。

白化病是苯丙氨酸代谢途径中的另一种"遗传病",可由缺乏酪氨酸酶基因导致,属于常染色体隐性遗传。白化病患者毛发白色,皮肤呈淡红色,有畏光等症状。

白化病总发病率为 1/20000～1/10000。对白化病尚无有效治疗方法,因此应以预防为主。

②先天性黑矇(congenital amaurosis):是发生最早、最严重的遗传性视网膜病变。婴幼儿出生时或出生后双眼锥杆细胞功能已经或逐渐丧失,导致先天性盲眼,属常染色体隐性遗传性疾病。

先天性黑矇患者的并发症:视力减退、神经性耳聋、肥胖、糖尿病等。发病率为

1/8000。

　　检查血液中氨基己糖苷酶 A 活性,可发现致病基因携带者。根据家族发病情况,排查父母是否带有致病基因。产前诊断包括羊水细胞培养及有关的生化检查,也可进行无创 DNA(抽取孕早期或中期静脉血,准确率达 99.7％)检测筛查,以明确胎儿是否患有相关疾病。

　　③镰刀形红细胞贫血:病因在于血红蛋白 β-链上的一个谷氨酸残基变成了缬氨酸残基。

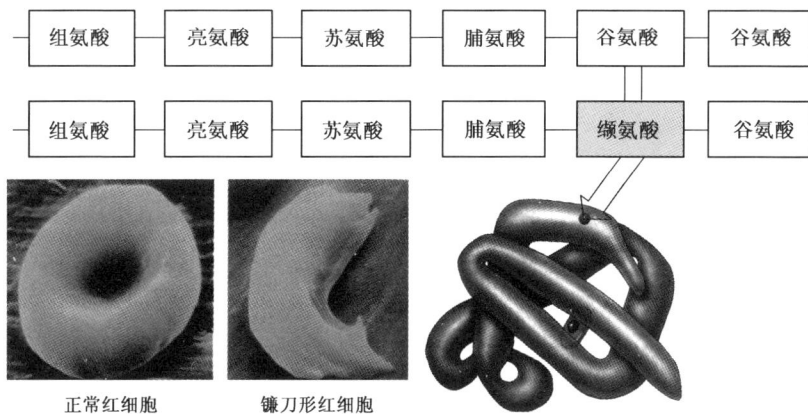

| 组氨酸 | 亮氨酸 | 苏氨酸 | 脯氨酸 | 谷氨酸 | 谷氨酸 |

| 组氨酸 | 亮氨酸 | 苏氨酸 | 脯氨酸 | 缬氨酸 | 谷氨酸 |

正常红细胞　　　镰刀形红细胞

红细胞不正常会带来严重后果。

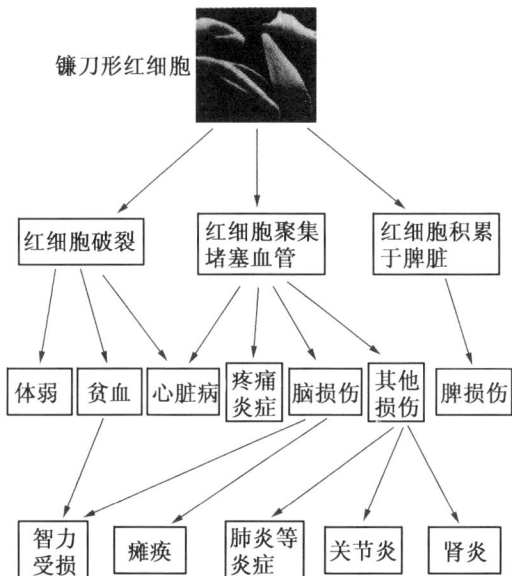

镰刀形红细胞

红细胞破裂　　红细胞聚集堵塞血管　　红细胞积累于脾脏

体弱　贫血　心脏病　疼痛炎症　脑损伤　其他损伤　脾损伤

智力受损　瘫痪　肺炎等炎症　关节炎　肾炎

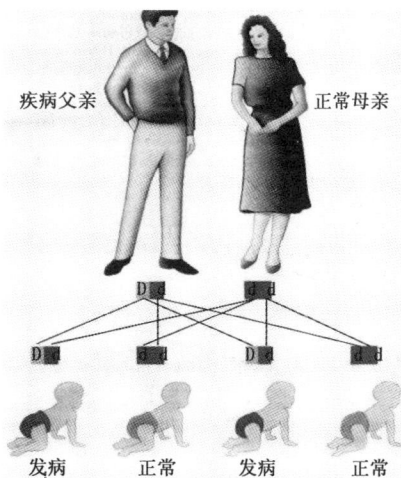

疾病父亲　　　正常母亲

发病　　正常　　发病　　正常

（2）基因位于常染色体（显性）：

①亨廷顿病（Huntington disease，HD）于 1983 年被发现，是一种中枢神经症状疾病（遗传性舞蹈症），一般在 35～50 岁时发病。患者肌肉抽搐、经常出现不由自主的动作，渐渐丧失记忆，行为失常，直至行动失控、致死。

韦克斯勒（Wexler）等对委内瑞拉西北山村一个 9000 多人的家系进行发病调查，研究发现亨廷顿病是显性遗传病。

缺陷基因位于 4 号染色体。1993 年，克隆该基因后发现此基因包含一段 37～100 个拷贝的 CAG（谷氨酸）重复序列（正常基因仅有 11～34 个）。1997 年，研究人员推测其病因是缺陷基因产生不溶性蛋白质，凝聚在神经细胞核中，导致神经细胞死亡。

2005 年，中山大学莫亚勤等建立了亨廷顿病基因诊断法，通过亨廷顿病基因（HD）的 DNA 测序，确定 CAG 的拷贝数。

案例：对 HD 家系中的 23 人进行基因诊断，发现 3 名成员有一条染色体上（CAG）n 拷贝数正常，而另一条染色体的拷贝数异常增多，分别为 39、40、41；另外 20 人的（CAG）n 拷贝数均在正常范围内。

所以，HD 基因动态突变是导致中国人患亨廷顿病的遗传基础，对 HD 可进行快速准确的基因诊断。

②家族性高胆固醇血症：患者身体内编码低密度脂蛋白（low density lipoprotein，LDL）受体的基因发生突变。

LDL 受体分布在细胞表面，其功能是把血液中的 LDL 吸收到细胞中来。LDL 受体基因位于 19 号染色体上，为不完全显性。

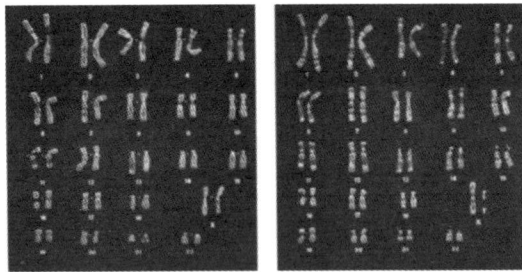

LDL 受体蛋白失去功能，导致高胆固醇血症，造成动脉粥样硬化。

hh 纯合体在年纪很小时就会得心脏病。Hh 杂合体在 30 岁左右出现心脏病症状。这是人类最常见、最严重的遗传病之一。

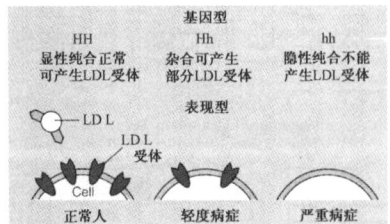

③进行性肌肉骨化症：属于显性遗传疾病，特点为骨骼先天异常及进行性肌肉骨化。此疾病最早的病例可追溯至 16 世纪末，

至今全球病例数＜2500 人。

患者肌肉、韧带和其他结缔组织中形成多余的"骨头",使人体生成一套额外的"骨架",造成胸廓呼吸困难、衰竭。肺炎、泌尿道感染是造成肌肉骨化症患者死亡的常见原因。

进行性肌肉骨化症主要的致病原因:美国宾夕法尼亚大学卡普兰等人发现第 4 对染色体长臂上的基因 *ACVR*1 产生突变。

利用这一原理在实验室里培育骨骼。不能再生的骨折损伤或骨骼畸形可以用人工培育的骨骼弥补。有助于开发治疗这种遗传性骨疾病的药物。

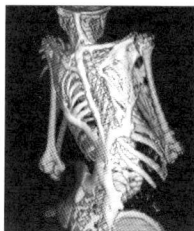

④先天性脂肪营养不良综合征:属于基因突变引起的疾病,为常染色体显性遗传发病。

特点为患者身体该有脂肪细胞的地方无脂肪,脂肪都在身体的内脏里。皮肤下面硬邦邦的。

该病很少见,但好发于 5～15 岁的女孩;国内文献报告不足 10 例。

⑤结节性硬化综合征:是以全身多器官错构瘤病变为特征的常染色体显性遗传性疾病,其基因产物参与细胞生长和肿瘤发生的调节,可影响脑、心、肾、眼、皮肤和肺等器官。它是少数临床可确诊的遗传病之一。

症状:癫痫发作、智力低下(60%～70%)、孤独症、面部血管纤维瘤、肾血管肌脂瘤和肺部淋巴血管平滑肌瘤。发病率约为 1/10000～1/6000。多见于幼儿,男女比约为(2～3):1。牛奶咖啡色斑是结节性硬化综合征的典型表现。

至今,已有 211 个 *TSC*1 和 734 个 *TSC*2 基因突变的报道,分别位于 9 号染色体和 16 号染色体上,其基因失活是该病发生的原因。

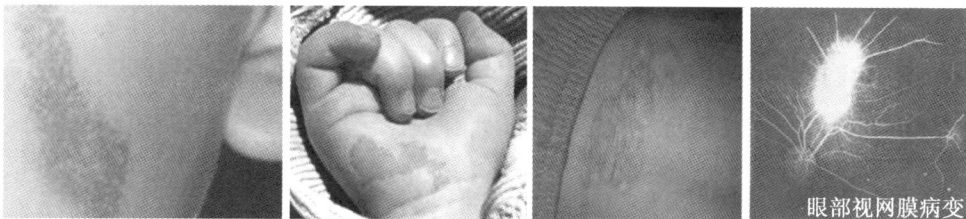

眼部视网膜病变

(3)基因在 X 染色体上:

①血友病:患者表现为血凝过程受阻,常常在有伤口时出血不止。

血凝机制涉及约 10 个凝血因子。其中凝血因子Ⅷ和Ⅸ位于 X 染色体上。血友病是由这两个因子之一的基因发生突变引起的,是 X 染色体隐性基因遗传病。患者身上的血友病缺陷基因使凝血因子Ⅸ失活,婚后传递到其他家族。

②色盲：控制色盲的基因为隐性 c，位于 X 染色体上，Y 染色体上不带其等位基因。

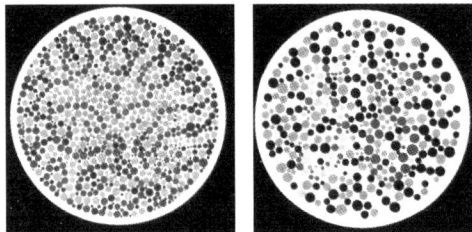

由于色盲基因存在于 X 染色体上，女人在基因杂合时仍正常；而男人在 Y 染色体上不带其对应的基因，故男人色盲频率高。

女：X^cX^c 杂合时非色盲，只有 X^cX^c 纯合时才是色盲；

男：Y 染色体上不携带对应基因，X^cY 时正常，X^cY 时色盲。

3. 多基因病

有的病受多对基因控制，这类遗传病发病与否，不但取决遗传，也在很大程度上受环境影响。相当一部分为常见病或多发病，如唇裂、糖尿病、高血压、精神分裂症、支气管哮喘、先天性心脏病等。

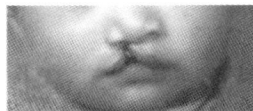

早衰症（儿童早老症）：属遗传病（多基因？），患者衰老较正常人快 5～10 倍，形貌似老人，器官衰退快，生理功能下降，身材瘦小，脱发和长牙晚。患者一般活到 7～20 岁，死于心血管等衰老疾病。早衰症发病率为 1/800 万，全世界确诊患者仅 80 人。

印度少年阿里·侯赛因患有罕见的早衰症，2013 年 14 岁却拥有 110 岁老人的身躯，其身体衰老速度较正常人快 8 倍。

随着医学生物学研究的深入，越来越多的代谢疾病被揭示出遗传因素，被归入多基因遗传病。

人群中 20%～30% 的人携带遗传致病因子，严重的环境污染可增加基因突变的概率。

遗传病对人类健康的威胁日益凸现。

（四）环境条件与遗传病的关系

饮食、创伤、情绪等环境因素对遗传病的影响程度不一，被称为"遗传易感性"。

一些常见病、多发病具有遗传易感性。

常见疾病的遗传率

疾病名称	环境因素	遗传率
支气管哮喘、神经分裂症	较小	70%
高血压、冠心病	中等	50%～60%
消化性溃疡、成年性糖尿病	较大	<40%

二、遗传病的诊断和治疗

利用重组 DNA 技术进行遗传疾病诊断,是直接在 DNA 即基因水平上进行的诊断,准确度高、速度快。如进行产前诊断,可分析胎儿是否有遗传疾病。

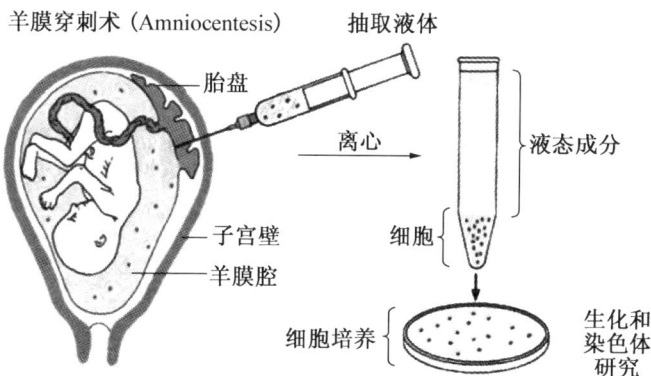

羊膜穿刺术(Amniocentesis)　　抽取液体

离心

液态成分

胎盘

子宫壁

羊膜腔

细胞

细胞培养

生化和染色体研究

1. 遗传病诊断的三个层次

(1)检查异常代谢成分,如镰刀形红细胞贫血的血红蛋白,血友病的凝血因子Ⅷ、Ⅸ 等。

(2)调查家族病史,以查明遗传病的遗传特征。

父亲(■)把遗传病传给儿子(杂合体类型),儿子再把遗传病传给下一代,其中比例接近 1∶1。该遗传病为显性类型,孙辈发病无性别特异性,所以为常染色体显性遗传

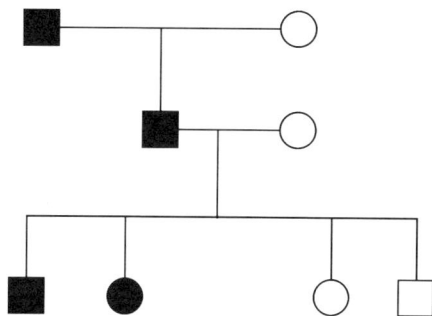

(3)检查异常基因,是遗传病确诊的关键。

采用分子诊断技术,如限制性片段长度多态性(restricted fragment length polymorphisms,RFLP)技术的应用,使异常基因的检查有可能从研究实验室进入医院。

通过开展各种先天性遗传病的早期诊断,主要是通过血液检测基因,可提前发现导致遗传病或肿瘤的致病基因(如常染色体显性遗传的成人型多囊肾症 PKD1 和 PKD2 基因)。

RFLP 技术:基因突变后,使限制性内切酶切点改变,导致电泳条带的改变。

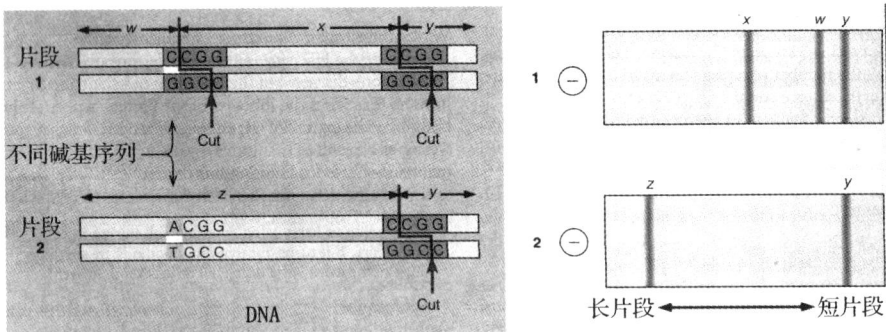

RFLP 技术具有共显性特性,亦可用于检查缺陷基因携带者。RFLP 技术还可用于其他领域,如亲缘关系确认、法医学等等。

2.遗传病的治疗

遗传病的治疗分为生理水平的治疗、药物水平的治疗和基因治疗。

(1)生理水平的治疗——对症治疗:如苯丙酮尿症治疗可通过限制膳食中苯丙氨酸含量;白化病可戴帽子和墨镜等。

(2)药物水平治疗:向患者体内补充缺失的蛋白质。

电泳图谱中
左侧:母亲
中间:儿子
右侧:父亲(?)

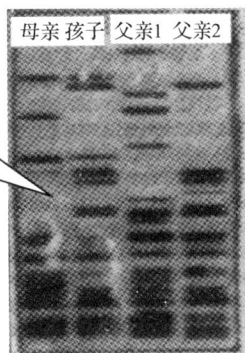

例如:血友病治疗可通过补充凝血因子Ⅷ。目前,抗血友球蛋白已可大量供应,从而大大减少了患者的死亡率。有时补充必要的酶也很起作用。又如:囊性纤维化病(cystic fibrosis, CF)是较为常见的遗传病(5 岁前可能因呼吸受阻致死),患者的肺、胰腺等处分泌黏液,阻碍呼吸、消化等功能。1990 年,发现其病因为隐性单基因遗传病,是离子通道蛋白缺陷导致的。CF 患儿吸入基因工程制备的酶粉后,可改善症状。

结节性硬化综合征(常染色体显性遗传病)的治疗手段以对症治疗为主:对于癫痫难以控制者可考虑外科手术,切除皮层或皮层下结节以达到治疗目的;对于智力发育障碍患者,进行早期干预和康复治疗,可选用有一定疗效的茴拉西坦(三乐喜)、吡拉西坦(脑复康)、中药蒲参益智胶囊等;对于皮肤损害,可用电灼、激光、冷冻、手术或皮肤磨削等治疗；对于婴儿痉挛症者，可试用促肾上腺皮质激素和氯硝西泮治疗。

（3）基因治疗：

①概念：基因治疗是将正常基因或有治疗作用的基因通过一定方式导入人体靶细胞，纠正基因的缺陷或者发挥治疗作用，从而达到治疗疾病目的的生物医学新技术。

基因治疗是从分子水平对遗传病的根治方法，目前难度很高。

②实例：

·减毒病毒载体法：重度联合免疫缺陷病（severe combined immunodeficiency disease，SCID）的病因主要是细胞中腺苷酸脱氨酶基因缺乏。该酶的缺乏会使新陈代谢过程产生的有害物质不能及时降解，在机体内聚集并破坏免疫系统的 T 细胞，使机体无法抵抗体外病菌侵染。腺苷酸脱氨酶缺乏症发病率约为 1/10 万。

美国德州的"泡沫男孩"因腺苷酸脱氨酶缺陷而出名。为防止病原体的侵害，1971 开始他就生活在一个无菌的塑料帐篷里，1979 年美国宇航局为他特别定制"宇航服"，使他能够走进大自然。

1990 年 9 月 14 日是基因治疗的诞生日，美国马里兰州的一个医疗中心进行了第一例基因治疗临床试验。4 岁小女孩亚香缇·德·西尔瓦（Ashanti De Silva）患有 SCID。通过基因治疗，使正常的腺苷酸脱氨酶基因进入骨髓细胞，治疗获得初步效果。

2000 年，法国费舍尔（Fischer）用漠洛尼氏鼠白血病病毒改造而成的减毒病毒载体治愈患有 SCID 遗传病的两个婴儿（8 个月和 11 个月），被认为是 20 世纪人类基因治疗的重大突破。

方法：将腺苷酸脱氨酶基因导入到漠洛尼氏鼠白血病减毒病毒载体，取代该病毒 DNA 中的三个基因结构（gag、pol、env），将重组后的病毒去感染 T 细胞，使腺苷酸脱氨酶基因整合到 T 细胞的染色体中，实现基因治疗。

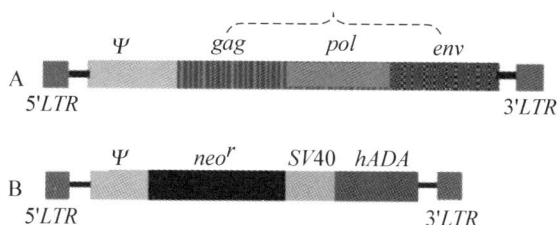

·开创性基因疗法：2009 年 10 月 27 日，英国《每日邮报》报道，一名因患先天性黑矇症致盲的 9 岁美国男童科里·哈斯在接受了注射手术后复明。该男童成为

世界上第一个接受这种开创性基因疗法来直接治疗眼睛的患者。目前他的视力与常人无异。

方法:在先天性黑矇患者视网膜下注射包含 *RPE*65 互补 DNA(cDNA)的重组腺病毒伴随病毒载体。这能够改善部分患者的视功能。

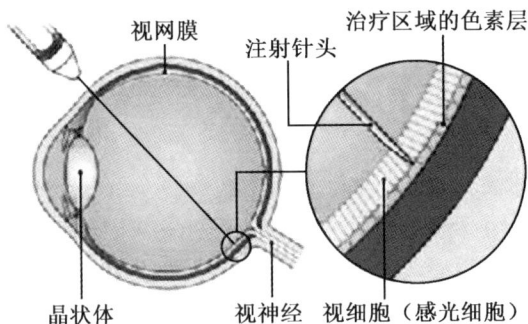

• 基因剪刀(分子剪刀)——基因编辑技术:科学家已经发展了锌指核酸酶(ZFN)、胚胎干细胞(ES)打靶和转录激活因子样效应物核酸酶(TALENs)等技术用于基因治疗的研究。利用基因剪刀治疗罕见病、疑难病、遗传性疾病是当代医学发展的一个方向。

2015 年 11 月 5 日,英国医生首次运用 TALENs 基因编辑技术成功地治愈一名患有复发性急性淋巴细胞白血病的 1 岁女孩蕾拉·理查兹(Layla Richards)。

方法:提供蕾拉·理查兹 T 细胞(基因修饰后的 UCART19 细胞)→在正常血液细胞中添加抗白血病基因→用 TALENS 技术关闭两个基因→确保捐赠的细胞不被排斥、不被治疗药物杀死。几周后蕾拉体内的白血病细胞明显消失。再通过移植配型相同供者提供的健康骨髓,重建了蕾拉体内被治疗摧毁的整个血液和免疫系统。

临床试验有望很快展开。目前对 T 细胞基因已可进行编辑、删除以治疗疾病(间接基因疗法)。用基因剪刀切除致病基因的直接疗法——CRISPR-Cas(成簇规律性间隔的短回文重复序列)基因编辑技术被美国 *Science* 选为 2015 年十大科学突破之首(2012 年发现于细菌)。

利用 CRISPR-Cas 定点消除特定基因,不仅可用于治疗疾病,还能修改胚胎,创造新的物种,甚至创造"超人"。

基因剪刀法可用于多种疾病的治疗,如肺癌、艾滋病、抑郁症、β 地中海贫血等。2015 年 11 月,美国爱迪塔斯医药公司宣布,2017 年 CRISPR/Cas9 技术将可用于临床试验,以治疗罕见眼疾。

使用基因编辑技术去除动物基因组中的有害基因,可消除其他动物器官用于人体移植的一大障碍。

目前,在小麦和水稻上也已成功使用了这种基因编辑技术。

2016 年 6 月,25 名科学家在 *Science* 杂志上宣布,将启动"人类基因组编写计划",计划在 10 年内合成一个完整的人类基因组。

③实施基因治疗的必要步骤:发现致病基因→克隆得到与致病基因相应的正常基因→采取适当方法把正常基因放回到患者身体内去→进入体内的正常基因正常表达。

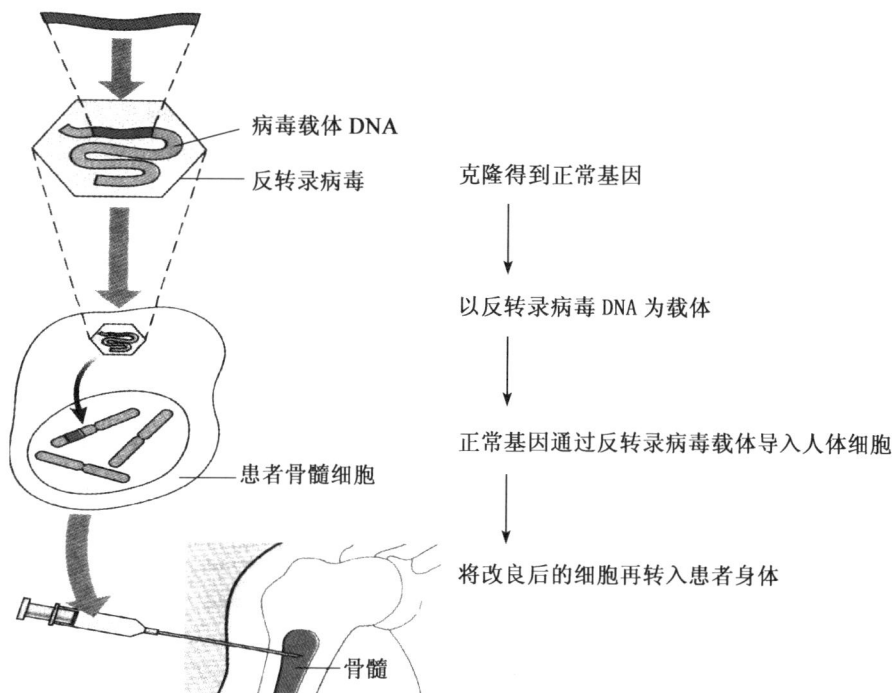

④基因治疗的安全性和展望。

1999 年,一位 18 岁美国青年因患鸟氨酸转氨甲酰酶缺乏症这一罕见遗传性疾病,在美国宾夕法尼亚州大学人类基因治疗中心进行基因治疗时死亡,成为首例死于基因治疗中的患者。

2000 年,为进一步加强临床试验监察力度,美国食品药品管理局和国家健康研究所公布了两项新措施:(1)制订了基因治疗临床试验监查计划;(2)定期开办基因治疗安全性专题研讨会。

现有基因治疗临床试验可能存在的危险:新基因插入 DNA 的位置出现错误,导致癌症和其他损伤的产生;转化基因"过表达",产生过多的缺失蛋白,导致损害;病毒载体导致炎症或免疫响应;患者可能将病毒传播给其他个体或传播到环境中。

基因治疗具有巨大的开发潜力及应用前景。尽管基因治疗仍有许多障碍有待克服,但总的趋势是令人鼓舞的。

应用范围不断扩大,单基因和多基因遗传病、癌症、艾滋病等。

临床试验日趋完善:前例中鸟氨酸转氨甲酰酶缺乏症患者因治疗而死亡,是美国 300 多个临床试验(共 5000 多例临床试验者)中因基因治疗副反应而死亡的唯一例子。

基因组测序的完成将有助于一些遗传病的深入研究,如亨廷顿病(又称为亨廷顿舞蹈症)和阿尔茨海默病(较常见的老年痴呆症,患者认知、记忆和语言功能出现障碍),两种疾病目前均无有效疗法。

水螅基因组的测序在 2010 年已经完成,其基因数目与人类相似。研究发现,水螅也存在与亨廷顿舞蹈症以及阿尔茨海默病相关的基因,这表明水螅将来可能成为研究这两种疾病的模型。

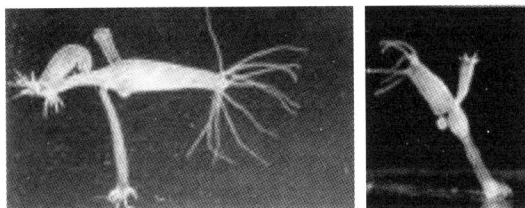

第二节　人类基因组研究的伦理学问题

世界上一门科学或者一个科学群都不是孤立存在的,都会与其他的科学和科学群(如社会科学、人文科学)发生着或疏或密的联系。

在众多的科学领域中,生命科学的发展也引起法律和社会学的注意。如克隆技术这项成果将与人类长期繁衍生息、形成的许多传统文化发生强烈的冲突,也成为人们正在争论的问题。

伦理学:在人类社会长期生活中逐渐形成的有关人们相互关系的共识。

人类基因组计划中包含有一个专门研究人类基因组计划的伦理、法律和社会问题(ethical,legal and social issues,ELSI)的子计划。ELSI 研究项目是世界上最大的生命伦理学计划。

一、社会问题

1. 与人类遗传有关的计划

人类基因组计划(Human Genome Project,HGP):完成人类 31.6 亿个核苷酸的测序,解码人类的生命奥秘。

人类基因组多样性计划(Human Genome Diversity Project,HGDP):通过分析全世界人群、家庭和个人的 DNA 来考查人类基因组的变异、人类生物史、疾病的易感性或抵抗性。

人类疾病相关基因组研究等。

HGP 从分子水平直接探索人类自身奥秘,是认识自我、追求健康、战胜疾病的重要科学研究,有助于认识生物、研究生物的进化历程,促进对致病病因的研究,促进社会发展,造福于人类。

HGP、曼哈顿原子弹计划及阿波罗登月计划被称为自然科学史上的三大计划,但是人类基因组计划对人类自身的影响将远远超过另两项计划。

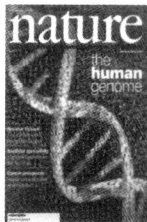

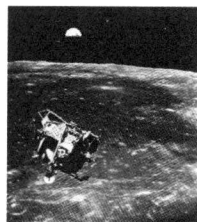

2.人类基因组计划的应用前景

(1)遗传检测：人类基因组信息在医学上的应用就是基因(分子)诊断,可提供详尽的疾病信息。美国已可利用基因技术合法检测 1055 种疾病(单基因疾病为主)。

(2)法医 DNA 鉴定：人类基因的信息已经大量被用于司法鉴定,如犯罪嫌疑人的身份证明、亲子鉴定等,有助于社会公正、错案纠正等。

(3)人类进化：不同人群的基因差异比较。

(4)基因工程与克隆：被发现的功能基因用于基因工程研究,改造物种和生产有用药物蛋白。

产生新的问题：由谁来管理这些信息? 信息的归属? 这些信息落在恐怖分子手里怎么办? 这些信息的滥用或错用又怎么办? 如通信信息等个人信息。

3.科学发展的两面性

在给人类带来好处的同时,也可带来灾难。例如：化学合成⇒化学武器、环境污染；计算机应用软件⇒病毒程序；原子能开发⇒原子弹。

1945 年 8 月 6 日,美国向日本第七大城市——广岛投掷了一颗原子弹,相当于 2 万吨 TNT 炸药,死难 78150 人,受伤和失踪 51408 人

原子弹爆炸

基因组计划⇒基因武器：通过人工改造细菌和病毒的基因制造基因武器。专家认为,花 5000 万美元建立一个基因武器库,比花 50 亿美元建立核武器库具有更大的杀伤力。

针对种族差异的基因武器更是具有杀伤力：尽管人类基因组在人与人之间的变异不到千分之一,但确实存在人种间的差异。主要反映在人对疾病的易感性或免疫性。如果恐怖分子研制出并掌握"群体特异性生物灭绝武器",将基因技术用于战争、种族灭绝的"生物恐怖主义"等行为,将产生巨大的灾难。

4.可能引发一系列的社会问题

(1)基因决定一切,将社会和其他人类问题归于遗传原因。

有人认为,疾病与健康、聪明与愚笨、性格与行为、兴趣与爱好、甚至犯罪,都是由基因决定的,都可以归结为遗传问题。

"犯罪基因"的问题:不道德或非法行为是否可以用异常基因来解释(由"基因负责"),是否可以只用基因疗法来纠正,而不需通过教育了? 精神分裂基因、嗜酒基因和其他基因等研究,会不会产生基因决定论? 需要加以密切关注。

大量事实表明,生活方式、环境、心理等因素对健康和疾病作用巨大。

国际人类基因组织伦理委员会中国委员邱仁宗认为:"人的成长及其人格的形成,都是多基因和自然、社会环境长期复杂相互作用的结果,不是单单由基因决定的。"基因只有通过同环境进行复杂的相互作用,才会表达出来。

(2)可导致对个人和人群产生歧视和侮辱。

疾病基因研究、遗传检测等会导致对特殊人群产生严重歧视? HGP 以及基因知识的应用不应该给患者、当事人、受试者以及相关者造成伤害。

泄漏基因型和基因检测结果可能导致:个人受到社会歧视,就业困难,得不到保险;家庭不和、破裂等。

与基因隐私密切相关的是基因歧视。致病基因携带者是患者吗? 亨廷顿病等携带者的早期诊断,会不会导致他们难以找到工作或被迫缴纳更高的保险费?

HGP 可以利用一滴血或一根头发,得到其"基因图"。基因图是一个人最重要、最基本的隐私。通过基因图可以大体上知道你的健康状况以及可能的趋势,如果掌握了一个人的遗传信息,将对此人的就业、投保、升学、结婚等产生无法估量的后果。

所以,对于携带不利基因的任何人,都应公正对待,不得歧视。工作单位、雇主和保险公司等未经本人同意,不能获取其 DNA 信息。在研究中,应该采取匿名等方法,防止被追踪。保护个人和家庭的基因隐私。

应采取一切适当措施禁止和结束基于基因组特征的歧视,必要时进行立法。

(3)基因专利和商业化争夺可能阻碍科学发展。

基因专利的保护是否阻碍相关领域的研究和合作?

有关专利问题,诺贝尔奖获得者多塞(Dausset)起草的教科文组织宣言:人类DNA 不能专利,但具体应用可以是个人或公司的财产。但从伦理学上来说,目前没有令人信服的理由来阻止将专利法延伸到人类遗传学领域。

二、伦理问题

1. 新人类和新物种

随着"多莉"羊、猴子等动物的克隆成功以及人类基因研究的发展,通过"基因造人"、基因造物种是可能的。

1997年，英国罗斯林研究所的维尔穆特成功克隆了"多莉"羊

2000年3月，美国灵长目研究中心成功克隆猴子

一些组织或个人可能正在秘密进行克隆人的实验。人工生命对人类又有什么样的影响？

如果单纯从技术角度看，克隆人也许会满足某一部分人的需求。如有些女人没有结婚但又希望有自己的后代，通过细胞核移植技术就可以满足这种愿望。

虽然克隆人最终可能会解决一个很小人群的特殊需求。但是克隆人技术一旦获得法律认可，必将带来一系列伦理和社会问题。

其明显的负面影响主要表现在以下几个方面：

（1）"克隆人"对人类遗传多样性会产生消极影响：遗传多样性是生物种群生存、进化和发展的基础。无论是自然界或是人类社会，多样性的自然状态能够带来极大的稳定性。克隆会降低生物种群的遗传多样性，将损害生物种群适应环境变化的能力，最终可能使该物种走向灭绝。

反对克隆人实验的示威者

所以，克隆人将破坏每个人所具有的"独特基因型"，使之趋于单一化或同一化，进而消融人类的多样性、复杂性和整体性。

（2）给人类安全带来可能出现的重大隐患：由于基因型比较单一，克隆人很容易受到病毒或针对某种特定基因的基因武器的袭击，遭受"灭顶之灾"。

此外，由于基因工程技术可以打破种属之间的遗传屏障而进行各种遗传重组，这样制造出的克隆人就是一种"怪物"，可能会直接威胁人类安全。

2007年，美国研究人员把人类基因与动物基因进行拼接重组，育成世界上第一只非人非兽的混种绵羊（"人兽混合体"体内含有15%的人类细胞）

（3）人造生命：2010年5月20日，美国克雷格·文特尔研究所宣布世界首个"人造生命"诞生。

科学家担心人造细菌内核可能会给人类的生存带来巨大风险。这种可以不遵守生命进化自然规则的人造生命,具有可能摧毁一些或所有生物,甚至摧毁人类自身的潜在危险性。

现在人造细菌还不具备引起"大瘟疫"的能力,也尚未达到创造出人造动物或人造植物的程度。但人造细菌的诞生确实突破了传统的生命界限,需明确其给人类可能带来的后果。

2. 基因编辑技术——定制婴儿

CRISPR/Cas9 及 CRISPR/cpf1(2015 年 9 月提出)等基因编辑系统技术精度高、成本低、操作简单,使基因编辑的"门槛"大幅降低。

对生殖细胞的基因治疗,不仅可以消除来自父母的遗传疾病,而且也可以添加其他基因。理论上可以进行各种强化,如改变孩子的发色、肤色、智商等。这些基因上的修改有可能会被遗传下去。

因此,胚胎阶段运用基因编辑技术,能够完善基因的表达和功能,减少先天性疾病,强化优良性状,甚至可能诞生"完美人类"。

一些人担心对生殖细胞的基因治疗(基因修改)可能会超出原先的范围,打破人类遗传规律,导致"定制婴儿"的出现,最终的效应尚难以预料。

对特定人群进行永久性的基因"强化"可能会导致社会不公,也有可能被强制使用。这不得不让人担心会给人类带来一场前所未有的灾难。

涉及人类基因的研究需要进行严格的伦理审视。

基因编辑技术可能开启一个现在无法想象的全新世界,最受质疑的就是制造"完美人类"的问题。

2015 年 10 月,联合国教科文组织在巴黎召开了一次专题研讨会,呼吁在安全性和功效被确切证明之前,应禁止对人类胚系基因进行"编辑"。对人类基因组的干预应仅可用于预防、诊断或治疗目的,不能用于对后代进行改造。

联合国教科文组织国际生物伦理委员会指出,对人类基因组的干预可能会"把全体人类固有的和平等的尊严置于危险境地,并且将改写优生学"。

2015 年 12 月初,在华盛顿召开了为期 3 天的人类基因编辑国际峰会,探讨了"基因编辑"这项革命性技术带来的科学、伦理和监管问题。

会议发表声明,"进行任何生殖细胞的基因编辑的临床应用都是不负责任的",并且"任何临床试验都必须在适当的监管下进行"。峰会明确划出了一道红线:禁止出于生殖目的而使用基因编辑技术改变人类胚胎或生殖细胞(非治疗性的生育筛选)。因此,基因编辑技术只能用于治病,不能用于制造"完美人类"。

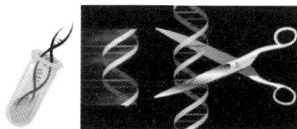

三、资源问题

1. 人类基因研究蕴含着商业价值和社会效益

从可持续发展角度而言,人类基因(尤其是疾病有关的基因)作为一种自然资源必须得到国家的充分保护,受国家主权的管辖,可作为疾病治疗的靶子,用于开发某些基因工程产品。如可作为临床疾病的诊断指标,开发诊断试剂;可用于基因治疗,并揭示疾病的发病机制;认识生命现象等。

人类共有 3 万～5 万个基因,疾病相关的基因更是有限。一旦拥有了某个基因的专利,垄断了以该基因开发的相关产品,便可以获得巨额利润。一般开发的基因药物年销售额可高达几十亿美元。

美国 Amgen 公司利用促红细胞生成素(EPO)基因的专利,进行开发应用,从一个濒临破产的企业成为美国生物工程医药领域的领头羊。2013 年,促红细胞生成素的全球销售收入超过 69 亿美元的销售额。

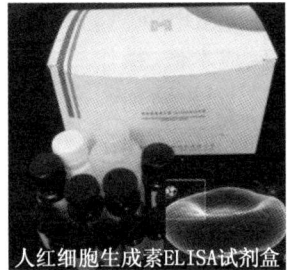

人红细胞生成素ELISA试剂盒

2. 基因专利转让可获巨额利润

一个重要疾病相关的基因专利,转让价值可以达到千万美元以上。

1994 年 11 月,美国 Amgen 公司出资 2000 万美元向 Rockefeller 大学购买了一个肥胖基因的独占型开发许可权,随后又支付了后期产品的销售提成,达 1.4 亿美元。

1996 年 7 月,美国 Millennium 公司与 Wyeth-Ayerst 公司签订中枢神经疾病相关基因合作协议,Wyeth-Ayerst 公司在 7 年内支付专利使用费和研发费用约9000 万美元。

3. 人类基因资源有限,基因抢夺战日趋激烈

HGP 项目的实施,已在世界范围内引起了一场"基因争夺战"。因为人类基因是不可再生资源,其中约 1% 基因有巨大的开发前景,从而产生显著的经济效益和社会效益。

疾病相关基因的克隆往往通过发病个体家系的追踪、调查、研究得以实现。西方发达国家的家庭结构变动过快,可用于连锁分析的大家系基因资料缺乏。

一些人将目光瞄向了发展中国家。如一些国家和地区的文化多样化明显、同族婚配多、遗传病相对较多,是比较基因组差异的最佳材料。

夜盲症的基因:印度一家眼科医院将 6 个夜盲症家族 80 个成员的血样寄到美国,对方仅付了 8 万美元的报酬。有些人非法收集私人眼科医院患者的 DNA 和血样,未经许可便偷偷运到国外,这在印度引起了很大的反响。目前,印度正在加紧

立法保护基因资源。

中国历史悠久、人口众多,遗传多样性和多态性丰富,56 个民族中存在大量集群繁衍的独立家族和人群,甚至能找到溯源数代的谱系记录。一些人类基因研究者和商人已开始把目光投向了中国。对此,我国科学家们呼吁:保护中国基因!

为防止基因资源流失,我国应加快立法,保护民族基因资源。同时加入基因争夺战中,积极参与竞争,申请基因专利,保护我国基因资源。

第三节 转基因研究的讨论

一、转基因产品的发展

目前,转基因产品已进入市场,并产生了巨大的经济效益。联合国粮食与农业组织预测,21世纪全世界90%以上的作物品种将通过生物技术育种。

第一阶段:以抗虫、抗病、抗除草剂为主的抗性转基因农作物。

第二阶段:以品质和营养为主的转基因产品。

第三阶段:治疗性功能性食品、植物工厂、生物能源等。

1.获2013年世界粮食奖(WFP)的3位转基因作物科学家

马克·冯·蒙塔谷(Marc Van Montagu):比利时根特大学发展中国家植物生物技术研究所(IPBO)的创始人,致力于冠瘿病研究,是携带环状DNA分子"Ti质粒"农杆菌的发现者之一。

玛丽-德尔·奇尔顿(Mary-Dell Chilton):先正达生物技术有限公司的创始人,研究农杆菌转化机制,获得转基因烟草,证明用这种方式改造植物基因组比传统植物育种更准确。

罗伯特·弗莱里(Robert Fraley):孟山都公司执行副总裁兼首席技术官。他使用农杆菌转化法开发出第一批转基因植物,也是抗除草剂转基因大豆的主要研究人员之一,积极向小农户推广生物技术。

2.伦理-生命科学的困惑

生命科学的发展,技术的巨大进步,已触及传统意义上社会价值体系、伦理观念和法律体系中的敏感问题,震撼社会和公众。

社会舆论已明显地形成两种不同意见:科学技术的进步不能超越人们可接受的伦理范围;随着科学技术和社会的进步,人们的道德、伦理观念将会随之变化。

3.争论-原因错综复杂

①文化背景:人与理念和自然之间的关系。

②穷国和富国:极为复杂。

③媒体与公众舆论:不可忽视的影响。

④政治:政治家对民众支持率和国家利益的选择。

⑤商家利益:新兴行业与传统行业之间的冲突。

⑥国际贸易:农产品出口国与进口国之间的矛盾。

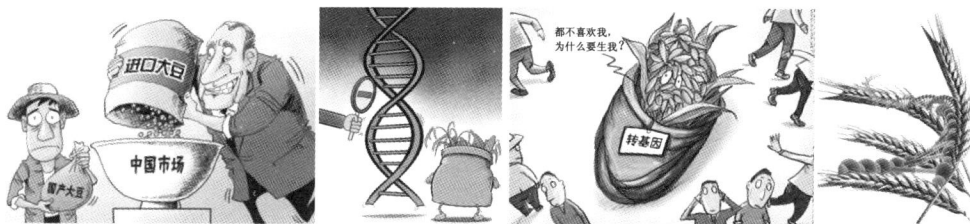

二、转基因讨论的起因

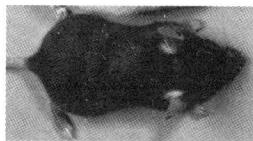

1998 年,英国 Rowett 研究院发现,用转雪莲花凝集素基因的马铃薯饲喂大鼠,其器官生长异常、体重减轻、免疫系统均受损害,这引起了国际轰动。后来虽然英国皇家学会专门组织评审、指出其实验的 6 项缺陷,但已引起公众对转基因食品安全性的质疑。

1999 年,*Nature* 一篇报道转基因作物毒性的论文引起世界的震惊。美国康奈尔大学洛希(Losey)等在苦苣菜叶片上撒布转基因 Bt 玉米的花粉后,发现黑脉金斑蝶的幼虫食量下降、长得慢、死得快,4 天后的幼虫死亡率达到 44%,而对照组无一死亡,认为转基因 Bt 玉米的花粉中含有使幼虫容易死亡的毒素。

尽管存在着争论,但目前转基因食品已经进入市场,成就辉煌。

转基因是生物遗传改良的重要技术途径,可提高作物的产量和品质,改善植株对各种病虫害的抗性和对环境的适应性。

由于转基因产品原先在自然界一般是不存在的(特别是带有重组基因组的生物),而这些产品又需在开放的大田中大量种植,对生态环境和人类生存可能具有一定危险性。

目前,转基因作物的生态安全及其相关食品的消费安全问题,在科学上尚难以给出定论。

为防止转基因作物对环境和人体造成的不良影响,许多国家先后建立符合本国实际的生物安全管理政策和评价体系。目前全世界已有 30 多个国家制定了转基因标识法,消费者可知道由转基因原料制成的食物。

然而,各国政府现行的政策和所持的态度,可能更多地被归属为经济问题,与公众所关注的环境生态安全和健康问题有一定差距。

《人民日报》10月14日刊登军事医学科学院生物工程研究所马清钧、朱联辉的文章说,生物技术给人类社会带来了福祉。但是,生物技术是一把双刃剑,"人造生物"的出现使人类面临着新的威胁。人类和多数烈性病原体的基因组测序已完成,人类的基因序列成了可共享的公共数据;分子生物学的发展,使人类针对特定的调控环节设计新的病原体成为可能。2001年,澳大利亚在应用遗传工程技术研制鼠绝育疫苗时,意外发现,将白细胞介素—4基因插入鼠痘病毒后,可以导致60%以上的鼠死亡;美国科学家重复了该实验,通过改进,可以使100%的受试动物死亡。可以想象,这类新病原体一旦泄漏或被恐怖分子使用,人类将面临重大的劫难。

三、转基因研究中应该重视的一些问题

1.自然界生物多样性的保护

利用生物技术培育出抗旱、抗盐、抗病虫害作物,其被大规模种植后也可能导致该作物多样性遭受破坏,选择优势产生不利的生态后果。

有人把转基因技术称为"灭绝技术",理由是目前转基因品种控制在极少数跨国公司手里,如美国孟山都公司目前掌握着世界大多数的转基因种子。这些不育的转基因种子使农民边缘化,不能自行留种。如果大片土地只生长一种转基因植物,如转基因大豆,生物多样性明显下降。

另外,通过食物链的传递也可能对生物多样性产生影响:实验发现,与喂食正常马铃薯叶片的蚜虫相比,喂食转基因马铃薯叶片蚜虫的生殖能力降低且存活时间减少。

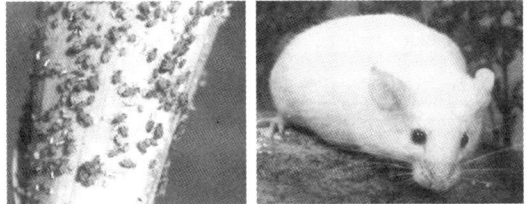

小白鼠肺炎事件,曾经终止了澳大利亚一项转基因豌豆研究计划。转基因豌豆中原本抗象鼻虫基因产物对小白鼠的健康产生了严重影响,导致喂饲豌豆的小白鼠发生了肺炎。

2.对害虫为害的影响

①增加目标虫害抗药性:害虫对Bt杀虫剂也能产生抗性,如第3～4代棉铃虫已对转基因抗虫棉产生抗性。转基因Bt作物可能不再有提高农作物生产力的能力,而且需喷施更多农药。

②对非靶标生物的不利影响:害虫也可能转移到其他作物进行危害。

3. 基因产物通过食品对消费者健康产生的影响

随着转基因植物的商品化,生态和食品安全开始受到人们的关注。目前争论较多的一个问题是转基因食品是否安全、是否适合人们食用。

引起该问题的主要原因:

①人类对转基因生物的安全性认识程度有限;

②对转基因食品的安全检测的知识和经验不足;

③商业利益的驱动使得一些转基因食品的生产者只重视制造技术,而忽视其安全性。

对于某些基因的人工添加,可能在达到预想效果的同时,也会积聚食物中的微量毒素,对一些食用者产生一定的影响。

抗虫作物残留的毒素和蛋白酶活性抑制剂可能对其他生物有害。因为抗虫作物叶片、果实、种子中的毒素和蛋白酶活性抑制剂可使咬食昆虫的消化系统功受到损害,就有对其他生物产生类似伤害的可能性。

抗生素抗性基因是目前转基因植物中常用的标记基因,与插入的目的基因一起转入目标作物中,用于遗传转化筛选和鉴定转化的细胞、组织和再生植株。标记基因本身并无安全性问题,有争议的是其在基因水平上有发生转移的可能性,如抗生素标记基因有可能转移到肠道微生物上皮细胞中,从而会降低抗生素在临床治疗中的有效性。

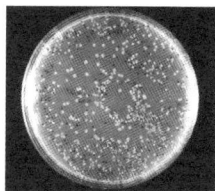

虽然目前仅在少数情况下在花粉内发现转基因植物的基因产物,但这些基因产物(特别是一些对人类有害产物)可能通过蜜蜂的采蜜而污染蜂产品,进而影响消费者的健康。

有些转基因作物插入基因所表达的蛋白属于过敏源,如巴西坚果 2S 清蛋白基因(增加含硫氨基酸)转入大豆,导致一些人过敏。

转基因大豆的除草剂残留严重:2014 年 10 月 23 日,《参考消息》报道,中国 2013 年从美国、巴西、阿根廷进口 6300 多万吨转基因大豆。转基因大豆会增加食物中草甘膦除草剂残留量,阿根廷儿科医生发现出口中国的大豆含草甘膦 100mg/kg,远远超过世界卫生组织的要求(<20mg/kg),这可能会增强其对人类、动物的毒性。

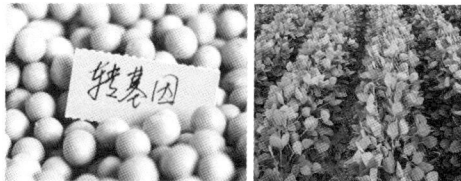

4.转基因植物转变为野生植物的影响

如果一种抗除草剂作物进入野生状态就会转变为野生植物。

当同一种作物内转入多种抗除草剂基因,在收获后残留在田间的种子萌发后可能成为下季作物的"杂草",难以用除草剂加以消除。加拿大专家认为"杂草化转基因油菜"将可能是一些草原地区危害最为严重的野草。

5.转基因逃逸或基因漂移对生态环境的影响

转基因植物通过农杆菌把转入的基因转移给其他植物、微生物(产生新的微生物等)、动物和人类,可能会破坏原有的自然生态平衡,产生遗传污染。例如:转基因植株抗性基因向其他杂草转移,导致杂草等产生转基因植物的抗逆性,可能产生超级杂草,将会增加控制的难度。2001年,丹麦科学家发现,与抗除草剂转基因油菜生长在一起的杂草也获得了抗除草剂特性。而抗除草剂杂草的快速出现,也可能导致大量使用毒性更强的除草剂。

2001年,美国加州大学研究人员在 *Nature* 发表论文,发现转基因玉米 DNA 片段已经污染 6 个墨西哥地方品种玉米。

转基因植株中除草剂、杀虫剂、病毒的抗性基因通过花粉等途径向其他植物转移,可能产生野生近缘种之间的杂交,产生有害生物。

2003 年,吕山花等发现抗草甘膦转基因大豆的外源基因可以通过天然杂交逃逸到普通大豆中,且能够在后代中遗传。

由于目前尚不能排除转基因生物产品对生物多样性、生态环境和人体健康产生危害的可能性,故需坚持"预先防范"原则。既不能为了局部的经济利益而牺牲赖以生存的环境,也不能放松生物技术特别是转基因技术对促进经济发展、提高人类生活质量的巨大潜能的探求。

主要参考文献

[1]河北师范大学生物系遗传育种教研组.生物进化论.北京:人民教育出版社,
    1975.

[2]华北农业大学等.植物遗传育种学.北京:科学出版社,1976.

[3]Schulz-Schaeffer J.细胞遗传学.刘大均,译.南京:江苏科学出版社,1986.

[4]李国珍.染色体及其研究法.北京:科学出版社,1987.

[5]孙勇如,安锡培,赵功民.遗传学手册.长沙:湖南科学技术出版社,1989.

[6]罗鹏,袁妙葆,王晓惠.植物细胞遗传学.北京:高等教育出版社,1991.

[7]刘祖洞.普通遗传学:上册.2版.北京:高等教育出版社,1991.

[8]刘祖洞.普通遗传学:下册.2版.北京:高等教育出版社,1991.

[9]李懋学,张赞平.作物染色体及其研究技术.北京:中国农业出版社,1996.

[10]盛志廉,陈瑶生.数量遗传学.北京:科学出版社,1999.

[11]马立人,蒋中华.生物芯片.北京:化学工业出版社,2000.

[12]余其兴,赵刚.人类遗传学导论.北京:高等教育出版社,2000.

[13]张玉静.分子遗传学.北京:科学出版社,2000.

[14]赵寿元,乔守怡.现代遗传学.北京:高等教育出版社,2001.

[15]童克中.基因及其表达.2版.北京:科技出版社,2001.

[16]贺林.解码生命:人类基因组计划和后基因组计划.北京:科学出版社,2001.

[17]顾健人,曹雪涛.基因治疗.北京:科学出版社,2001.

[18]刘谦.生物安全.北京:科学出版社,2001.

[19]李育阳.基因表达技术.北京:科学出版社,2002.

[20]陈永福.转基因动物.北京:科学出版社,2002.

[21]刘良式.植物分子遗传学.北京:科学出版社,2003.

[22]闫新甫.转基因植物.北京:科学出版社,2003.

[23]顾万春.统计遗传学.北京:科学出版社,2004.

[24]孙开来.人类发育与遗传学.北京:科学出版社,2004.

[25]祝水金.遗传学实验指导.2版.北京:中国农业出版社,2005.

[26]刘祖洞,乔守怡.遗传学.3版.北京:高等教育出版社,2006.

[27]杨业华.普通遗传学.2版.北京:高等教育出版社,2006.

[28]李集临,徐香玲.细胞遗传学.北京:科学出版社,2006.

[29]盛祖嘉,陈永清,季朝能.微生物遗传学.3版.北京:科学出版社,2006.

[30]第二届遗传学名词审定委员会.遗传学名词.北京:科学出版社,2006.

[31]孔繁玲.植物数量遗传学.北京:中国农业大学出版社,2006.

[32]朱玉贤,李毅,郑晓峰,等.现代分子生物学.3版.北京:高等教育出版社,2007.

[33]杨金水.基因组学.2版.北京:高等教育出版社,2007.

[34]戴灼华,王亚馥,粟翼玟.遗传学.2版.北京:高等教育出版社,2008.

[35]赵寿元,乔守怡.现代遗传学.北京:高等教育出版社,2008.

[36]艾利斯,詹内怀恩,赖因伯格,等.表观遗传学.北京:科学出版社,2008.

[37]徐刚标.植物群体遗传学.北京:科学出版社,2009.

[38]佟向军,张博.遗传学学习指导与题解.北京:高等教育出版社,2009.

[39]傅松滨.医学遗传学.北京:北京大学医学出版社,2009.

[40]刘洪珍.人类遗传学.北京:高等教育出版社,2009.

[41]吴常信.动物遗传学.北京:高等教育出版社,2009.

[42]徐刚标.植物群体遗传学.北京:科学出版社,2009

[43]宋同明,陈绍江.植物细胞遗传学.北京:科学出版社,2010.

[44]李振刚.分子遗传学.4版.北京:科学出版社,2010.

[45]穆平,乔利仙.遗传学实验教程.北京:高等教育出版社,2010.

[46]刘曙东.遗传学.北京:高等教育出版社,2011.

[47]李振刚.分子遗传学.3版.北京:科学出版社,2011.

[48]翟中和,王喜忠,丁明孝.细胞生物学.4版.北京:高等教育出版社,2011.

[49]徐晋麟,徐沁,陈淳,等.现代遗传学原理.3版.北京:科学出版社,2011.

[50]王玉凤.发育生物学.北京:科学出版社,2011.

[51]张献龙.植物生物技术.2版.北京:科学出版社,2012.

[52]韩贻仁.分子细胞生物学.4版.北京:科学出版社,2012.

[53]卢龙斗.普通遗传学.北京:科学出版社,2013.

[54]潘大仁.细胞生物学.北京:科学出版社,2013.

[55]李雅轩.遗传学综合实验.2版.北京:科学出版社,2013.

[56]龙敏南,楼士林.基因工程.3版.北京:科学出版社,2014.

[57]梁金钟.微生物遗传育种学.北京:科学出版社,2014.

[58]卢龙斗,常重杰.遗传学实验技术.2版.科学出版社,2014.

[59]陈铭.生物信息学.北京:科学出版社,2014.

[60]刘庆昌. 遗传学. 3 版. 北京:科学出版社,2015.

[61]石春海. 遗传学. 2 版. 杭州:浙江大学出版社,2015.

[62]Morgan T H,Sturtevant A H,Muller H J,et al. The Mechanism of Mendelian Heredity. New York:Henry Holt,1919.

[63]Swanson C P. Cytology and Cytogenetics. Berlin Heidelberg:Springer, 1957.

[64]Brewbaker J L. Agricultural Genetics. New Jersey:Prentice Hall,1964.

[65]Sybenga J. General Cytogenetics. London : North-Holland,1972.

[66]Strickberger M W. Genetics. 2nd ed. New York:Macmillan,1976.

[67]Suzuki D T,Griffiths A J F. An Introduction to Genetics Analysis. New York:W. H. Freeman and Company,1976.

[68]Schulz-Schaeffer J. Cytogenetics. Berlin Heidelberg:Springer,1980.

[69]Swanson C P,Merz T,Young W J. Cytogenetics. 2nd ed. New Jersey: Prentice Hall,1981.

[70]Gardner E J,Simmons M J,Snustad D P. Principles of Genetics. 8th ed. Chichester:John Wiley & Sons Ltd,1991.

[71]Raven P H,Johnson G B. Biology. 3rd ed. Boston:McGraw-Hill, 1992.

[72]Russell P J. Fundamentals of Genetics. Harpercollins College Div, 1994.

[73]Griffiths A J E,Miller J H,Suzuki D T,et al. An Introduction to Genetic Analysis. 6th ed. New York:W. H. Freeman and Company,1996.

[74]Winter P C,Hickey G I,Fletcher H L. Genetics. Science Press, 1999.

[75]Klug W S,Cummings M R. Genetics. 6th ed. Prentice Hall College Div, 2000.

[76]Malcolm S,Goodship J J. Genotype to Phenotype. 2nd ed. Garland Science, 2001.

[77]Klug W S,Cummings M R. Essentials of Genetics. High Education Press, 2002.

[78]Dandekar T,Bengert P. RNA Motifs and Regulatory Elements. Berlin Heidelberg:Springer,2002.

[79]Barnes R M,Gray I C. Bioinformatics for Geneticists. Chichester:John Wiley & Sons Ltd,2003.

[80]Knopf J S. The Genome War:How Craig Venter Tried to Capture the Code of Life and Save the World. New York:Knopf,2004.

[81]Galun E,RNA Silencing. Singapore:World Scientific Publishing Co Pte

Ltd，2005.

[82]Moody S A. Principles of Developmental Genetics. New York：Academic Press，2007.

[83]Hartwell L，Hood L，Goldberg M L，et al. Genetics，from Gene to Genome. 3rd ed. New York：McGraw-Hill Companies，2008.

[84]Krebs J E，Goldstein E S. Genes X. High Education Press，2010.

[85]Halford N G，Genetically Modified Crops. London：Imperial College Press，2011.

[86]Kreuzer H，Massey A. Molecular Biology and Biotechnology. 3rd ed. Science Press，2011.

[87]Tollefsbol T. Handbook of Epigenetics：The New Molecular and Medical Genetics. New York：Academic Press，2011.

[88]King R C，Pamela M，William S. A Dictionary of Genetics. Oxford：Oxford University Press，2012.

[89]Burnette R. Biosecurity：Understanding，Assessing and Preventing the Threat. Chichester：John Wiley & Sons Ltd，2013.

[90]Cibelli J，Wilmut I S，Jaenisch R，Principles of Cloning. 2nd ed. New York：Academic Press，2013.

[91]Miglani G S. Gene Expression. Alpha Science International Limited，2013.

[92]Poltronieri P，Burbulis N，Fogher C. From Plant Genomics to Plant Biotechnology. Woodhead Publishing，2013.

[93]Smith S. Handbook of Fruit Breeding：Scientific Methodologies and Technologies. London：Koros Press Limited，2013.

[94]Streelman J. Advances in Evolutionary Developmental Biology. Wiley-Blackwell，2013.

[95]Aluízio B. Biotechnology and Plant Breeding. New York：Academic Press，2014.

[96]Graham B. The Evolution of Life. Oxford：Oxford University Press，2014.

[97]Guy O，Brian N. Cell Structure & Function. Oxford：Oxford University Press，2014.

[98]Lewis. Human Genetics. 11th ed. Boston：McGraw-Hill，2014.

[99]Nancy C，Rachel G，Carol G. Molecular Biology. Oxford：Oxford University Press，2014.

[100]Nayar N M. Origins and Phylogeny of Rices. New York：Academic Press，

2014.

[101]Sally M. Principles of Developmental Genetics. 2nd ed. New York：Academic Press，2014.

[102]Brooker R. Concepts of Genetics，2nd ed. Boston：McGraw-Hill，2015.

[103]Gayatri M C，Kavyashree R. Plant Tissue Culture. Alpha Science International Limited，2015.

[104]He Z，Grotewold E. Plant Genes，Genomes and Genetics. Wiley-Blackwell，2015.

[105]He Z. Data Mining for Bioinformatics Applications. Woodhead Publishing，2015.

[106]Jones H. Biotechnology of Major Cereals. CABI Publishing，2015.

[107]Newton D E. Cloning：A Reference Handbook. California：ABC-CLIO Press，2015.